Brian M. Fagan
Aufbruch aus dem Paradies

Brian M. Fagan

Aufbruch aus dem Paradies

Ursprung und frühe Geschichte
der Menschen

Verlag C. H. Beck München

Übersetzt und für die deutsche Ausgabe eingerichtet von Wolfgang Müller
Der Übersetzung liegt folgende Ausgabe zugrunde:
Brian M. Fagan, The Journey from Eden.
The Peopling of Our World
© 1990 Thames and Hudson Ltd., London

Mit 45 Text- und 49 Tafelabbildungen

Für Shelly Lowenkopf

Die Deutsche Bibliothek – CIP-Einheitsaufnahme

Fagan, Brian M.:
Aufbruch aus dem Paradies : Ursprung und frühe Geschichte der Menschen / Brian M. Fagan. [Übers. und für die dt. Ausg. eingerichtet von Wolfgang Müller]. – München : Beck, 1991
    Einheitssacht.: The journey from Eden <dt.>
ISBN 3 406 35480 7
NE: Müller, Wolfgang [Bearb.]

ISBN 3 406 35480 7

© C. H. Beck'sche Verlagsbuchhandlung (Oscar Beck), München 1991
Gesamtherstellung: Kösel, Kempten
Printed in Germany

Inhalt

Erster Teil
Auf der Suche nach Eva

1. Die Kardinalfrage 11
   Der Vernunftbegabte 14 – Die Große Eiszeit 15

2. Kandelaber und Arche Noah 18
   Die Urmenschen 18 – Der Frühmensch 21 – Der Auszug aus Afrika 23 – Ein Kandelaber 24 – Die Arche Noah 25

3. Die Gen-Detektive 29
   Die Molekular-Uhr 30 – Die Mitochondrien-DNS 33 – Der Mitochondrien-Stammbaum 34 – Genfrequenzen und afrikanische Ursprünge 38 – Existierte Eva? 41

4. Heimat Savanne 43
   Die afrikanische Savanne 43 – Jagd in der Savanne 45 – Grundzüge des Wildbeutertums 46 – Technologie 47 – Ein ökologisches Planspiel 50

5. Unsere afrikanischen Ahnen 53
   Der Mensch von Broken Hill 53 – Border Cave 55 – Die Höhlen am Klasies River Mouth 57 – Das Rätsel von Howieson's Poort 61 – Systematik der afrikanischen *Homo sapiens*-Fossilien 63 – Menschen der Savanne 66

Zweiter Teil
Diaspora

6. Die pulsierende Sahara 71
   Die Große Wüste 71 – Im Sog der Wüste 73 – Fossildokumente aus Nordafrika 75 – Die urgeschichtliche Besiedlung der Sahara 76 – Die Waffen der Atérianer 77 – Der Nil 78 – „Jenseits von Afrika" 79

7. Die europäischen Neandertaler   81
Die Welt der Neandertaler 81 – Der Aufstieg der Neandertaler
83 – Wer waren die Neandertaler? 83 – Die Anatomie der
Neandertaler 88 – Die Lebensweise der Neandertaler 91 –
Artefakt-Variabilität 93 – Fürsorge für die Toten – Rituale für
die Lebenden 94 – Konnte der Neandertaler sprechen? 96 –
Eine Sackgasse der Evolution 98

8. Qafzeh und Skhūl 100
Die Fundstätten des Karmelberges 101 – Stratigrafische Erkenntnisse 103 – Qafzeh 104 – Nachgrabung in et-Tabūn 106 –
Boker Tachtit 108 – Eine neue Datierung für Qafzeh 109

Dritter Teil

Von Bambus und Booten

9. Die ersten Asiaten 115
Frühmenschen in Asien 116 – Hacksteingeräte 120 – Der
„Bambus-Vorhang" 122 – Kao Pha Nam 126

10. Die ersten Seefahrer 127
Ngandong und Niah 127 – Sangiran und Kow: Beispiele regionaler Evolution? 129 – Kulturelle Innovationen 132 – Sundaland, die Wallacea und Sahul 133 – Archäologische Stätten auf
Sundaland 134 – Die Erstbesiedlung Sahuls 136 – Neuguinea
und vorgelagerte Inseln 140 – Australien 142 – Tasmanien
145 – Wer waren die Ureinwohner Sahuls? 146

Vierter Teil

Der Sieg über den Winter

11. Der Aufstieg des Cro-Magnon-Menschen 151
Der eisige Norden 151 – Die Allmacht des Wortes 152 – Der
Cro-Magnon-Mensch und das Aurignacien 153 – Das nahöstliche Aurignacien 154 – Südost- und Mitteleuropa 155 – Châtelperronien und Aurignacien in Westeuropa 158 – Kontinuität oder Verdrängung 161

Inhalt 7

12. Ein kulturelles Apogäum 163
    Mörderische Winter 163 – Die Rentierjäger 165 – Der Taschenmesser-Effekt 168 – Späne und Splitter 170 – Waffenspitzen, Harpunen und Speerwerfer 172 – Kleidung gegen die Kälte 174 – Gesellschaftliche Beziehungen und Sozialordnung 175 – Die geheimnisvolle Welt der Symbole 177

13. Die Bewohner der Ebenen 186
    Die Neandertaler der mittelrussischen Ebene 186 – Erstarrt im Frost 187 – Der Steppenzoo 188 – Überlebensstrategien 190 – Die Ankunft des modernen Menschen 192 – Mammutjäger 193

14. Die Bewohner Nordostasiens 198
    Der Fossilbefund 198 – Das Mikroklingen-Phänomen 199 – Japan 200 – Zentralasien und Südsibirien 202 – Djuchtai und die Besiedlung Nordostasiens 205 – Sinodonte und Sundadonte 207

15. Die Besiedlung Amerikas 210
    Die Bering-Landbrücke 210 – Wann kam der Mensch nach Amerika? 212 – Die ersten Amerikaner 215 – Die Abstammung der Indianer und Eskimos 216 – Die Einwanderung 219 – Die Paläo-Indianer 220

Fünfter Teil
Das Vermächtnis

16. Vom Eise befreit 227
    Die Erde erwärmt sich 227 – Die Herausforderung des Holozän 228 – Die Entstehung multiplexer Gesellschaften 230 – Die Besiedlung der Pazifischen Inseln 233

17. „Jenseits von Eden" 238

Ein Wort des Dankes 247

Abbildungsnachweis 000

Weiterführende Literatur 000

Register 000

Erster Teil

Auf der Suche nach Eva

„Und Gott sprach: Lasset uns Menschen machen, ein Bild, das uns gleich sei, die da herrschen über die Fische im Meer und über die Vögel unter dem Himmel und über das Vieh und über die ganze Erde und über alles Gewürm, das auf Erden kriecht..."

1. Mose 1:26

„Und Gott der Herr baute ein Weib aus der Rippe, die er von dem Menschen nahm, und brachte es zu ihm..."

1. Mose 2:22

1. Die Kardinalfrage

„Und Adam hieß sein Weib Eva, darum daß sie Mutter sei aller lebendigen (Menschen)..." Auch die Urgeschichtsforschung taufte die menschliche Stammutter Eva, zögernd zwar, weil der Name zu Mißverständnissen Anlaß gibt. Die biblische Eva wurde von der hinterlistigen Schlange verführt, kaum eine Woche nach Krönung der Schöpfung. Eva versuchte Adam und lebt in unserer Erinnerung als willensschwache Person. Die Künstler der Renaissance malten eine milchhäutige Schönheit mit betörenden Formen, festgehalten in dem Moment, als sie makellose Äpfel vom Baum der Erkenntnis pflückte. Über die Jahrhunderte hat sich dieses Klischee hartnäckig gehalten: Weich, aufregend langhaarig und stets nackt wohnt Eva, die Frau des Uranfangs, in einem mit verschwenderischer Fülle ausgestatteten Garten Eden, wo Obst das ganze warme Jahr über reift und Gras nie vergilbt.

Die Wissenschaftler kennen ihre Eva nicht annähernd so gut, aber sie vermuten eine schwarzhaarige, muskulöse und dunkelhäutige Frau, die vor etwa 200 000 Jahren in der afrikanischen Savanne lebte. Als Glied einer kleinen Wildbeutergruppe mußte sie stark genug sein, um schwere Lasten Früchte oder Nüsse zu schleppen und Wildbret mit bloßen Händen aufzubrechen. Weder war sie damals die einzige Frau auf Erden, geschweige die attraktivste, noch nicht einmal die mit den meisten Kindern. Doch war sie sicher die fruchtbarste, vorausgesetzt, man mißt Fruchtbarkeit an der erfolgreichen Weitergabe eines bestimmten Gensets. Die Gene dieser Eva pflanzen sich bis heute fort. Alle fünf Milliarden unserer Art sind Blutsverwandte, Urenkel zehntausendsten Grades der Afrikanerin. Natürlich glaubt keiner der Genetiker, in deren Berechnungen die afrikanische Eva Gestalt annahm, er sei auf das erste weibliche Wesen der Welt gestoßen. Kontur gewann vielmehr ein Idealtypus – der des gemeinsamen Vorfahren aller modernen Menschen.

Die Suche nach unseren Ahnen hat eine lange Geschichte. Eigentlich beginnt sie mit der Entdeckung eines primitiv aussehenden Schädeldaches 1856 in Deutschland. Die seltsame Kalotte aus dem Neandertal bei Düsseldorf-Mettmann entfachte eine hitzig geführte wissenschaftliche Kontroverse. Einige Anatomen verwarfen sie als Überbleibsel eines pathologisch Schwachsinnigen. Andere hielten das Schädelfragment für den sterblichen Rest eines Kosaken aus dem Armeekorps des russischen Generals Černičev, der 1814 desertiert sein und sich im Neandertal versteckt haben soll. Dann, in seinem Werk *Man's Place in Nature* (1863), verglich der große britische Biologe Thomas Henry Huxley, „Darwins Bulldogge", die Hirnschale mit den Crania nichtmenschlicher Primaten und denen unserer eigenen Art, *Homo sapiens*. Huxley kam zu dem Schluß, der Neandertaler-Schädel gehöre tatsächlich „einer uralten menschlichen Rasse" an. Und er stellte die „Kardinalfrage ... (nach) der Ermittlung des Ranges, den der Mensch in der Natur einnimmt". Diese Frage beschäftigt die Gelehrten bis zur Gegenwart.

Huxley wagte noch eine weitere Prognose: „Selbst die gemäßigteste Vermutung über das historische Alter des Menschen wird gegenstandslos angesichts der Zeiträume, die uns die Evolution erschließt." Wie recht er hatte! Vielleicht dachte Huxley an Zeiträume von einigen zehntausend Jahren. Heute wissen wir, daß die allerersten werkzeugherstellenden Hominiden vor wenigstens 2,5 Mio. Jahren in Ostafrika auftauchten, und wir überblicken ein Panorama der Evolution, das alles übertrifft, was sich ein viktorianischer Zeitgenosse vorzustellen vermochte.

Das Ehepaar Leakey und die Olduvai-Schlucht, Donald Johanson und Hadar – Namen von Paläoanthropologen und ihrer Wirkungsstätten in Ostafrika, die, dank der in den letzten Jahrzehnten aus Grabungsbefunden gewonnenen Erkenntnisse über Millionen Jahre alte Urmenschen, weltweit Berühmtheit erlangten. Diese und andere Funde haben uns unsere entferntesten Ahnen näher gebracht. Sie erscheinen im grellen Focus öffentlicher Aufmerksamkeit, während sich die Spurensuche nach jüngeren Fossilien, Überresten unserer unmittelbaren Vorfahren, ohne Mediengetöse vollzieht. Ein romantischer Schleier liegt über den Anfängen der menschlichen Urgeschichte, über dem Bild schweifender Jäger und Sammler in der Weite afrikanischer Savannen vor Millionen Jahren. Die Wirklichkeit ist prosaischer. Wir wissen nun, daß die Urmenschen in ihrem Verhalten viel äffischer gewesen sind, als man früher annahm. Viele Fachleute glauben jetzt, daß erst das Erscheinen anatomisch moderner Menschen, des *Homo sapiens sapiens*, eines Hominiden mit fortgeschritteneren geistigen Fähigkeiten, den größten Entwicklungssprung der Urgeschichte darstellt. Dahingehende neue Forschungsergebnisse werfen eine ganze Reihe interessanter Fragen auf – Fragen, denen wir in unserem Buch nachspüren wollen.

Der Disput um den Ursprung von *Homo sapiens sapiens* wird ebenso kontrovers geführt wie die Debatte über die ersten Schritte der Urmenschheit. Entwickelten sich anatomisch moderne Menschen monolokal oder an mehreren Orten? Falls sich die Menschwerdung regional begrenzt vollzog, wie, wann und warum verdrängten unsere Vorfahren ihre Vorgänger? Begleiteten radikale Verhaltensänderungen den biogenen Wandel? Wie zuverlässig sind die anatomischen, archäologischen und genetischen Belege?

Die Fachwissenschaft teilt sich in der Diskussion über diesen manchmal „Humanrevolution" genannten Abschnitt der Menschwerdung in zwei Lager. Auf der einen Seite sammeln sich die Anhänger der These, daß sich die Menschheit unabhängig voneinander und mehr oder weniger gleichzeitig in verschiedenen Winkeln der Erde – in Afrika, in Asien, in Europa – entfaltete, ungeachtet der Präsenz werkzeugherstellender Urmenschen in Afrika. Die Gegenposition beziehen die, die glauben, daß sich unsere unmittelbaren Vorfahren auf dem Schwarzen Kontinent entwickelten und von dort aus alle übrigen Weltgegenden besiedelten. Im folgenden werden die Indizien gegeneinander abgewogen. Wir gewinnen daraus ein Destillat, das uns in die Lage versetzt, ein Evolutionsszenar des modernen Menschen zu entwerfen.

Homo sapiens sapiens ist der erfolgreichste Hominide, dessen Fähigkeiten die seiner Vorläufer weit in den Schatten stellen. Unsere anatomisch modernen Ahnen waren genauso intelligent und anpassungsfähig wie wir es sind. Sie verstanden es sogar, sich die unwirtlichsten Lebensräume auf dem Globus zu erschließen. Das vorliegende Buch hat sich daher ein weiteres Ziel gesteckt, die Beantwortung der Frage nämlich, wie es der moderne *Homo sapiens* schaffte, den ganzen Erdball zu kolonisieren – selbst Kontinente, auf die kein urmenschlicher Jäger zuvor seinen Fuß setzte. Welche biologischen und technologischen Voraussetzungen oder Innovationen ermöglichten es diesem Kosmopoliten, sich das ganze biosphärische Spektrum, vom tropischen Regenwald bis zur arktischen Tundra, zu unterwerfen?

Unsere Reise in die Vergangenheit folgt den vielen verschlungenen, kaum ausgetretenen Pfaden des urgeschichtlichen Labyrinths und beschreibt archäologische Funde aus jeder noch so entlegenen Ecke unseres Planeten. Wir begleiten Antilopenjäger in der afrikanischen Savanne und heften uns auf die Spur von Rentierjägern in Europa. Wir betrachten die Arbeit steinzeitlicher Werkzeughersteller im Nahen Osten und von Erfindern einer einzigartigen Bambustechnologie in Südostasien. Schließlich setzen wir das erstaunliche Mosaik der Erstbesiedlung Australiens und Amerikas zusammen. Doch ehe wir unsere Reise antreten, müssen wir kurz die Hauptpersonen unserer Geschichte vorstellen. Wer waren diese Menschen und vor welcher ökologischen Kulisse fanden die Ereignisse statt, die hier nachgezeichnet werden sollen?

Der Vernunftbegabte

Homo sapiens sapiens, das ist der Schlaue, das vernünftige Wesen – ein Tier, fähig zur Heimtücke, zur Manipulation, zur Selbsterkenntnis. Was eigentlich trennt uns wirklich von den Mitgeschöpfen, worin besteht die Gabe, die uns die Arroganz verleiht, uns als einsichtig und weise über alle Kreaturen zu erheben?

Der auffälligste Unterschied zwischen uns und anderen Arten liegt in der Fähigkeit, Werkzeuge zu entwerfen und anzufertigen, in unserem Sprachvermögen und unserer Selbstreflexion, in unseren intellektuellen und schöpferischen Leistungen sowie in dem Bereich, den man salopp als „Psyche" bezeichnen könnte.

Schimpansen, unsere nächsten nichtmenschlichen Verwandten, fabrizieren ebenfalls Geräte, doch sind die von ihnen gebastelten Stöckchen, mit denen sie in Termitenbauten angeln, nur ein dürftiger Abklatsch der verwirrenden Vielfalt an Artefakten, die der menschliche Genius hervorbringt. Die Herstellung von technischen Hilfsmitteln mit großer Anwendungsbreite, nicht nur die Fertigung von Gerätschaften für einen eher beschränkten Zweck, ist allein dem Menschen möglich. Seine allerersten Artefakte waren einfache Stöcke, Geröllsteine und grobe Faustkeile. Diese rohen Werkzeuge jedoch stehen an der Schwelle einer Entwicklungskette hin zu unserer neuzeitlichen Hochtechnologie. Verfügten morphologisch moderne Menschen über besondere Fertigkeiten bei der Herstellung funktionaler Objekte, die ihnen – als kulturelle Morgengabe in die Wiege gelegt – einen Selektionsvorteil gegenüber früheren Menschenformen verschafften? Die jahrhunderttausendealte Tradition der Steinbearbeitung nimmt in unserer Geschichte aus gutem Grund breiten Raum ein.

Es gehört zum menschlichen Wesen, daß individuelles Verhalten von bestimmten Mechanismen modelliert und geregelt wird. Der wohl wichtigste Regelschalter ist die Sprache. Wir kommunizieren, erzählen Erfundenes und Überliefertes, geben Kenntnisse und Ideen weiter, alles über das Medium Sprache. Wenn wir aus irgendeinem Grund nicht reden können oder dürfen, fühlen wir uns ausgegrenzt, gesellschaftlich kaltgestellt. Außer dem Menschen verfügen auch die anderen Primaten

Die Kardinalfrage

über eine nuancenreiche akustische Kommunikation, ohne allerdings volle Sprachfähigkeit zu erreichen. Wann also und wie erwarben Hominiden ihr Vermögen zu artikulierter Rede? Wie wir noch sehen werden, glauben einige Forscher, die Antwort auf diese Frage zu kennen.

Bewußtsein, Kognition, Selbsterkenntnis, Vorausschau und die Gabe, sich mitzuteilen oder anderen Gefühle vermitteln zu können, bilden Voraussetzungen der sprachlichen Entfaltung. Sie sind mit weiteren Attributen eines wachen Geistes gekoppelt: der Fähigkeit zu sinnbildlichem und transzendentalem Denken, das über Subsistenzsicherung und materielle Ausgestaltung des Alltags hinausgreift zu den Grenzen der Existenz, zu dem Netz zwischen Individuum, Gruppe und Universum. In allen Kulturen verarbeitet man solche Themen in Kunst und Religion. Wann reiften diese Formen abstrakter Kreativität und die Vorstellungen vom Jenseitigen? Die steinzeitlichen Bildergrotten Westeuropas sind weltberühmt. Wisente und Wildpferde stürmen über die Wände der Höhlen von Lascaux in Südfrankreich und Altamira in Nordspanien. Gezeichnete oder eingeritzte Figuren und Symbole finden sich aber auch unter australischen, tasmanischen und südafrikanischen Felsschutzdächern. Begleiteten künstlerische und spirituelle Begabungen erst den *Homo sapiens sapiens* oder materialisierten sie sich bereits bei seinen Vorgängern?

Erblühtes schöpferisches Gestalten, die Ausbildung einer Vollsprache und ausgereifte Werkzeugherstellung dürfen als Siegel des Menschseins gelten. Ausgerüstet mit diesen Segnungen kolonisierten unsere Vorfahren die Ökumene. Wider die Unbilden eines sich stetig wandelnden Klimas vollzog sich eine Revolution – zu einer Zeit, da die Welt ganz anders als heute aussah.

Die Große Eiszeit

Wir beziehen unsere Kenntnisse über das Weltklima vorwiegend aus den Nachrichten, von der täglichen Wettervorhersage oder aus Zeitungen, die uns durch die Mitteilung aufschrecken, als Folge des vom Menschen verursachten Treibhauseffektes würden in ein paar Jahren die Polkappen abschmelzen. Es ist nicht einfach, sich von solchen Bildern, die höchstens einige Jahre oder Jahrzehnte abdecken, zu lösen und eine zehntausende oder gar hunderttausende Jahre umfassende Zeitskala zu betrachten. Doch gerade das ist erforderlich, wenn wir die universell wirksamen klimatischen Veränderungen verstehen wollen, die mehr als alles andere die Ausbreitung der Menschheit lenkten und ihr Bahn brachen.

Entgegen der vorherrschenden Meinung ist die Eiszeit keineswegs zu Ende. Wenn die anthropogene Aufheizung der Erdatmosphäre klimatische Langzeittrends nicht umkehrt, müssen wir in einigen tausend Jahren mit einem neuen Glazial rechnen. Noch ist es verfrüht, ein Gesamturteil über die globale Erwärmung zu fällen. Trotzdem erleben wir die Tendenz, jede Dürre oder überdurchschnittliche Sommertemperaturen als Anzeichen einer heraufziehenden Umweltkatastrophe auszuschlachten. Die Wissenschaft hat sicher recht, uns vor einem drohenden ökologischen Harmagedon zu warnen, faktisch jedoch lebten Menschen zu allen Zeiten in einer Welt kolossaler klimatischer Umschwünge, an die es sich anzupassen galt.

Solche Fluktuationen setzten vor etwa 35 Mio. Jahren ein, als sich die ersten Gletscher auf dem Rücken der Antarktis bildeten. Vor 3,2 Mio. Jahren begann sich auch die Nordhalbkugel mit Eis zu panzern, ein Prozeß, der sich vor 2,5 Mio. Jahren beschleunigte und jene Phase steten Klimawandels einleitete, in der wir uns auch gegenwärtig noch befinden. Bohrkerne aus der Tiefsee verraten, daß diese Wechsel bis vor ca. 900 000 Jahren relativ unbedeutend blieben, seit 730 000 Jahren jedoch zunehmend intensiver wurden und in einen glazialen Zyklus mündeten, der uns bisher acht Eisvorstöße bescherte, unterbrochen von (oft sehr viel) wärmeren Abschnitten, den Interstadialen und Warmzeiten.

Das letzte Interglazial, also die Warmzeit vor der unsrigen, liegt 128 000 Jahre zurück. Die weltweite Erwärmung verlief dramatisch, dauerte aber, legt man die üblichen eiszeitlichen Maßstäbe an, nur kurz. Etwa 10 000 Jahre lang lagen die Temperaturen im Mittel 1–3 °C höher als gegenwärtig. Ein dichtes Waldkleid hüllte damals Europa ein, ehe sich dort baumlose Tundra breit machte. Ein großer Teil der Sahara war Steppe. Der Meeresspiegel stieg sechs Meter über NN (von heutiger Warte aus gesehen), überflutete weite Gebiete in Skandinavien und die Niederlande; der Graben zwischen Australien und dem südostasiatischen Festland verbreiterte sich. Einen neuerlichen Kälteeinbruch brachte die letzte Vereisung, die vor 75 000 Jahren (nach anderer Auffassung vor 115 000 Jahren) herankroch.

Dieses Glazial, in Mitteleuropa Würm-Eiszeit genannt, erreichte seine Kälteklimax vor 20 000–18 000 Jahren. Die gewaltigen skandinavischen Gletscherschilde überzogen die gesamte Nordwesthälfte Eurasiens, ihre alpinen Gegenstücke drangen bis zur Donau und nach Frankreich vor. Steppentundra breitete sich vom Atlantik bis zum Ural und weiter aus. Örtlich fiel der Pegel der Weltmeere 130 Meter unter den momentanen Stand. Sibirien verschmolz mit Alaska, der Sunda-Archipel verband sich

Die Kardinalfrage

mit Hinterindien. Australien und Neuguinea bildeten eine Landmasse, das Sahul der Paläogeografen.

Vor etwa 15 000 Jahren zogen sich die Eispanzer langsam zurück. Die dramatischen Umweltveränderungen, die mit diesem „Warm-up" (vgl. Kapitel 16) einhergingen, verurteilen den von Untergangspropheten für das nächste Jahrtausend vorhergesagten Klimawandel zur relativen Bedeutungslosigkeit. Klimaforscher glauben, daß die Warmzeit, in der wir leben, vor einigen tausend Jahren, als sich sommergrüne Laubwälder in Europa und Nordamerika weit nach Norden verschoben, kulminierte. Gletscher und die Zonen des ewigen Schnees verzeichneten seither vielerorts kräftige Zuwächse; andererseits gewannen Trockenlandschaften während der letzten 5000 Jahren an Boden. Der zunehmenden Abkühlung steht der Treibhauseffekt entgegen, der diesen Trend aufschieben, u. U. sogar kippen könnte.

Die ungeheuren klimatischen Fluktuationen des Eiszeitalters stellten die Menschheit über Jahrzehntausende vor außergewöhnliche Herausforderungen. Unsere Vorfahren verstanden es meisterhaft, die Hürden der Natur zu nehmen, und eroberten Lebensräume, die härter waren als alles, was wir heute kennen. In den folgenden Kapiteln sehen wir Wissenschaftlern bei der Rekonstruktion des menschlichen Stammbaums über die Schulter und erzählen die Geschichte der Kolonisierung unseres Planeten.

2. Kandelaber und Arche Noah

Zwei wissenschaftliche Schulen streiten über den Ursprung des modernen Menschen. Der Harvard-Anthropologe William Howells erfand für beide hübsche Etiketten: Kandelaber-Modell und Arche-Noah-Hypothese. Diejenigen, die das Kandelaber-Modell vorziehen, glauben, unsere unmittelbaren Vorfahren hätten sich voneinander getrennt entwickelt, parallel (wie die Arme eines Leuchters) in verschiedenen Teilen der Welt – Afrika, Asien und Europa. Anhänger der Arche-Noah-Schule sind dagegen überzeugt, daß der *Homo sapiens sapiens* seine ersten Schritte in Afrika wagte und sich von dort aus über den Erdkreis verteilte, daß wir alle also einem Boot entstiegen, um in Howells' Bild zu bleiben. Jede der Theorien zieht weitreichende Konsequenzen nach sich. Unser Entwicklungsweg, ja unser Menschsein überhaupt steht zur Disposition. Kein Wunder, daß die vorgetragenen Argumente hitzige Tagungsdebatten entfesselten. Und nicht immer wurde Überzeugung mit wissenschaftlichen Fakten aufgewogen.

Wir wollen dem Leser die Wahl zwischen beiden Extremen selbst überlassen. Damit deutlich wird, welche Zutaten der von den jeweiligen Parteigängern angerührte Kuchen wirklich enthält und welche Folgerungen sich daraus ergeben, müssen wir zunächst die Uhr der Evolution 2 Mio. Jahre vor Auftreten des *Homo sapiens sapiens* zurückstellen, auf die Zeit der ersten Werkzeugbesitzer. In diesem Punkt sind sich die Streithähne einig: Unsere ältesten bekannten Vorfahren entwickelten sich in Afrika.

Die Urmenschen

Nach neuesten Erkenntnissen, gewonnen durch DNS-Hybridisierung (vgl. Kapitel 3), trennten sich die Abstammungslinien des Menschen und seines nächsten Verwandten, des Schimpansen, vor etwa 7 Mio. Jahren. Die ältesten gut dokumentierten Hominiden* sind aus Hadar in Nordostäthiopien bezeugt und werden auf 3,75 bis 3 Mio. Jahre datiert. Das Ende eines Oberschenkelknochens und ein Stirnbeinfragment aus der gleichen Gegend (Maka, Belohdelie) scheinen sogar ein Alter von 4 Mio.

Jahren zu erreichen. Diese Vormenschen gingen bereits aufrecht, wie kürzlich bei Laetoli (Tansania) in fossilen Vulkanaschen freigelegte, etwa 3,6 Mio. Jahre alte Fußspuren beweisen. Ihr Gehirn jedoch war nur unwesentlich größer als das eines Schimpansen. Die Paläoanthropologen Don Johanson und Tim White, beide aus Berkeley/Kalifornien, ordneten die äthiopischen Skelettfunde der Gattung *Australopithecus* zu, einer Gruppe menschenaffenähnlicher, bereits seit 1924 aus Südafrika bekannter Hominiden, und nannten die neue Art, die wohl auch in der Gegend um Laetoli vorkam, *Australopithecus afarensis*.

Vor ca. 2,3 Mio. Jahren entwickelte sich aus einem Zweig der Australopithecinen ein morphologisch fortgeschrittener Hominide mit größerer Hirnkapazität, höherem und runderem Kopf sowie flacherem Gesichtsschädel. Bei dieser Form handelt es sich um den *Homo habilis*, wie Louis Leakey und seine Frau Mary die Art tauften, nachdem sie 1960 in den fossilreichen Ablagerungen der Olduvai-Schlucht (Tansania) deren Überreste ausgegraben hatten. Sie ist der älteste Vertreter der Gattung *Homo*, zu der auch wir gehören.

Homo habilis bedeutet „geschickter Mensch", weil er als erster Hominide gilt, der Steinwerkzeuge herstellte. Seine biomechanische Ausstattung, insbesondere seine manuellen Fähigkeiten, erlaubten ihm nicht nur das Greifen und Halten, sondern auch das Gestalten von Objekten. *Homo habilis* erzeugte scharfkantige Steinabschläge, die als Häute- und Schlachtmesser dienten, als Schnitzwerkzeuge und Mittel zur Bearbeitung weichen pflanzlichen Materials. Keiner der Abschläge glich dem anderen, ihre Form war also noch nicht standardisiert.

Nur wenige Grabungsstätten erschließen uns das Leben des *Homo habilis*. Der Archäologe Glynn Isaac aber fand in den 70er Jahren bei Koobi Fora (East Turkana District) in Kenya gleich mehrere solcher Plätze. Isaac und sein aus Doktoranden der Universität Berkeley zusammengesetztes Team gingen sehr sorgfältig zu Werke. Sie spannten vor Ort ein Meßraster und untersuchten jeden der so entstandenen Quadranten gründlich, wobei sie mit Kelle und Pinsel behutsam alle Artefakte und Knochenfragmente freipräparierten. Eine Station lag in einem ausgetrockneten Flußbett, wo eine Gruppe Hominiden vor 1,9 Mio. Jahren auf den Kadaver eines Flußpferds stieß. Mit kleinen Steinabschlägen zerlegten sie das tote Tier und entfernten Knochen und Fleisch. An anderer Stelle lagerten Urmenschen nahe einer schattigen Erosionsrinne, unweit eines Ortes, wo sie sich mit Steinrohlingen versorgen konnten. Hier entdeckten Isaac und seine Mitarbeiter über 2100 Tierknochen – vorwiegend von Antilopen –, die man mittels Abschlägen durchtrennt und mit Steinhämmern aufgeschlagen hatte. Vielen der Schenkelknochen fehlten die Enden, als ob sie von Löwen, Hyänen oder anderen Räubern abgebissen worden seien. Die Urmenschen fingen wahrscheinlich nur kleineres Getier und sammelten Wildpflanzen; an größere Beute gerieten sie eher zufällig, etwa wenn Raubtiere ihren Riß vorzeitig verließen. Isaac glaubt, daß an Gelegenheiten orientiertes, opportunistisches Verhalten zu den frühesten Kennzeichen der Menschheit gehört – als Motor der Evolution wirkte, vergleichbar natürlicher Auslese und der Ausbildung von Mutationen.

Die immer vollkommenere Anpassung an opportunistische Wirtschaftsweisen mag zur Erhöhung der Hirnkapazität des Urmenschen beigetragen haben. Reichen aber Subsistenzstrategien aus, um die Entfaltung der Intelligenz zu erklären? Sicher spielten längere Kinderfürsorge und der Ausbau sozialer Kontakte ebenfalls eine Rolle. Die Beckenhöhle des Menschen ist aufgrund seines aufrechten Ganges verhältnismäßig schmal, Geburten erfolgen daher in einem recht frühen ontogenetischen Stadium. Um die geringe Reifezeit im Uterus zu kompensieren, brauchen unsere Kinder länger mütterliche Fürsorge. Das menschliche Gehirn ist zum Zeitpunkt der Geburt noch menschenaffenähnlich, im Vergleich zu dem eines Schimpansenbabies sogar kleiner. Nach der Geburt wächst unser Gehirn sehr rasch, wodurch sich eine verlängerte Tragzeit erübrigt. Dieser biologische Entwicklungsschritt dürfte sich beim *Homo habilis*, dessen Mütter ihren Nachwuchs länger betreuten, vollzogen haben – mit weitreichenden sozialen Implikationen.

Die zunehmende Vernetzung sozialer Interaktionen scheint für die Evolution des menschlichen Gehirns von größter Bedeutung gewesen zu sein. Es ist von einer urmenschlichen Wirtschaftsgemeinschaft auszugehen, die das breite Nahrungsangebot kooperativ ausschöpfte, – einer aus mehreren Kernfamilien zusammengesetzten Gruppe von vielleicht 25 Personen. Solche Verbände sahen sich gezwungen, die gewachsene Komplexität sozialer Beziehungen und die Unwägbarkeiten bei der Sicherung des Lebensunterhalts verträglich zu steuern. So sind die großartigen technologischen, künstlerischen und expressiven Leistungen späterer Menschen wahrscheinlich Folge einer sich bereits auf relativ früher Stufe entwickelnden sozialen Charta.

Der Frühmensch

Vor ca. 1,7–1,6 Mio. Jahren paßten sich viele ostafrikanische Säugetiere trockeneren, steppenartigen Umweltbedingungen an. Etwa um diese Zeit betrat eine neue Menschenform die Bühne des Lebens, ein Hominide mit beachtlichem Hirnvolumen, ausgezeichnetem Sehvermögen und einer Biomechanik, die ihm voll aufgerichtetes Gehen gestattete. Paläoanthropologen nennen die Art, die aus dem Urmenschen hervorging, *Homo erectus*. Die Hände dieses Frühmenschen, der mit 1,65 m größer war als seine Vorgänger, eigneten sich zum Präzisionsgriff und zu vielfältiger Werkzeugherstellung. Sein Schädel sieht runder aus als der älterer Hominiden, weist aber immer noch eine fliehende Stirn und stark vorspringende Supraorbitalbögen auf. Der *Homo erectus* war zahlreicher und anpassungsfähiger als der *Homo habilis* und, nach unserer heutigen Kenntnis, langlebiger. Aus dem archäologischen Befund ergibt sich, daß die Art in höher gelegeneren und gemäßigteren Gegenden Süd-, Ost- und Nordafrikas vorkam. Möglicherweise jagte *Homo erectus* Großwild, organisierte mit Geschick ausgedehnte Jagd- und Sammelexkursionen und verwendete multifunktionale Gerätschaften.

Wahrscheinlich hatte auch der Frühmensch – wie alle Jäger und Sammler – gelernt, mit Feuer umzugehen und fürchtete sich nicht mehr davor. Indem er glimmende Holzscheite, die von einem durch Blitzschlag entzündeten Baum oder aus einem Buschbrand stammen mochten, mit sich führte, erwies er sich als fähig, Feuer zu bewahren. Vielleicht schon vor 1,5 Mio. Jahren erfolgte der nächste Schritt: *Homo erectus* befreite sich vom Zwang des Zufalls und entfachte selbst Feuer. Verkohlte Tierknochen aus einer Höhle nahe dem südafrikanischen Swartkrans legen dies nahe, das letzte Wort hierüber ist aber noch nicht gesprochen. Feuer wärmt nicht nur, es bietet auch Schutz vor Raubtieren und kann zur Treibjagd genutzt werden; auf der Strecke bleiben – sozusagen als Abfallprodukte – geröstete Insekten und gebratene Nager. Ferner verlieren manche Pflanzen durch Erhitzen (etwa in heißer Asche) giftige Inhaltsstoffe und sind dann zum Verzehr geeignet.

Homo erectus benötigte sicher größere Mengen Nahrung als seine Vorgänger, um die gestiegene Stoffwechselrate zu sättigen. Das bedeutet, daß er weiträumigere Jagdgebiete beanspruchen mußte, sich eventuell in offenere Landschaften vorwagte, wo reichere Beute als in baumbestandenen Gegenden zu erwarten war. Vermutlich trugen die Jagdscharen Holzfackeln als Waffe bei sich, die ihnen abseits potentieller Fluchtbäume Schutz gewährten, und die ihnen gestatteten, finstere Höhlen

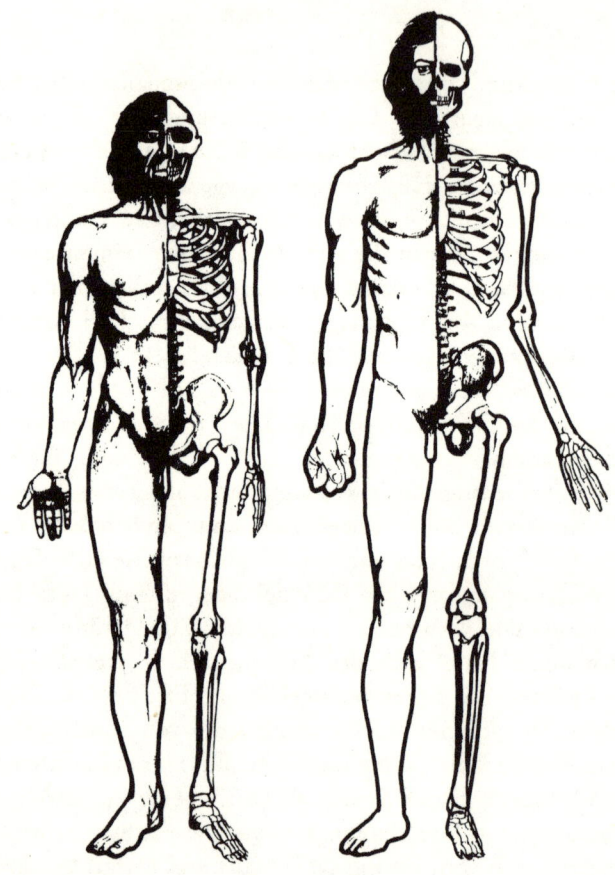

Anatomie des Jetztmenschen (rechts), verglichen mit der von *Homo erectus*. Auffällig die fliehende Stirn und die markanten Überaugenbögen des Frühmenschen.

aufzusuchen, wo oft Gefahr von Raubtieren drohte. Feuer ermöglichte darüber hinaus die Besiedlung kühlerer Landstriche. Es ist daher gewiß kein Zufall, daß auch Teile Europas und Asiens kolonisiert wurden, nachdem der frühmenschliche „Prometheus" das Feuer gezähmt hatte und es kontrollierte.

Der Auszug aus Afrika

Wie vollzog sich die Ausbreitung des Frühmenschen über die Grenzen des Schwarzen Kontinents? Gab es bewußt ausgeführte Wanderzüge kleiner Jagdscharen, die ihre vertraute Umgebung auf der Suche nach Neuland verließen? Oder ist das Szenar komplexer, Resultat zusammenwirkender ökologischer und klimatischer Faktoren?

Die Biologin Elizabeth Vrba vom Transvaal Museum in Pretoria, Südafrika, verweist auf die Bedeutung eines globalen Temperaturabfalls vor etwa 900 000 Jahren. Eine ähnliche Absenkung vor 2,5 Mio. Jahren fiel nicht allein mit dem Erscheinen des *Homo habilis* zusammen, sondern führte auch zu einer Verbreiterung des Artenspiegels von Säugetieren, insbesondere neuer Formen aus der Familie der Hornträger (Rinder, Antilopen, Gazellen etc.).

Laut Vrba setzte eine breitere Artenfächerung unter den Hornträgern auch mit dem Temperatursturz vor 900 000 Jahren ein. Bohrkerne aus den Tiefen des Atlantischen und Pazifischen Ozeans verdeutlichen, daß sich Klimaschwankungen nach diesem Ereignis häuften. Das Weltklima fluktuierte ständig zwischen kühleren und wärmeren Abschnitten über mehr als 75% der letzten 720 000 Jahre. Es gab längere Perioden, in denen die afrikanische Savanne vorübergehend auf Verbreitungsinseln zusammenschmolz. Wenn sich die Klimaverhältnisse änderten, vereinigten sie sich wieder. Selbst kleinere Abweichungen bei der Verteilung von Niederschlägen führten zur Ausdehnung arider Zonen oder umgekehrt zur Verbreitung des regenbedürftigen Steppengürtels in vorher trockenen Landstrichen.

Falls Frau Vrbas These zutrifft, mußten sich frühmenschliche Gemeinschaften seit etwa einer Million Jahre vor unserer Zeit den sich wandelnden Umweltbedingungen anpassen. Entweder folgten sie, wie andere Säuger auch, den Rückzugs- und Frontlinien der „pulsierenden" Biome, oder sie richteten sich in weniger wildreichen Lebensräumen neu ein, ihren Nahrungsverbrauch gleichzeitig umstellend. Andererseits konnten sie tropische Breiten überschreiten und Biotope erschließen, die kein menschliches Wesen zuvor betreten hatte. Hominiden wie der *Homo erectus* sind Gemischtköstler und von anderen Säugetierarten abhängig. Daher verhielten sich die Frühmenschen wohl ähnlich wie die übrigen Säuger ihres Ökosystems.

Paläontologen fanden heraus, daß sich die Zusammensetzung der europäischen Theriofauna vor etwa 900 000–700 000 Jahren auffällig veränderte. Flußpferde, Waldelefanten, bestimmte Wiederkäuer, Löwen,

Leoparden und Hyänen tauchten damals in nördlicheren Regionen auf. Sie verließen Afrika während einer feuchteren Klimaphase, die in der Sahara reiches Tierleben zuließ. Möglicherweise traf das auch auf Gruppen des *Homo erectus* zu, die ihre tropische Heimat gegen neue Jagdgründe in Europa und Asien eintauschten.

Obwohl sie ihre erstaunliche Fähigkeit bewiesen, sich jahreszeitlichen Klimaschwankungen ebenso wie einer Fülle gemäßigter Lebensräume in Mitteleuropa, Nordchina und dem Nahen Osten anzupassen, drangen frühmenschliche Populationen doch niemals in arktische oder periglaziale Bereiche vor, noch überquerten sie die (landfeste) Beringstraße Richtung Amerika. Das gelang erst dem *Homo sapiens*.

Ein Kandelaber

Die Debatte um den Ursprung anatomisch moderner Menschen bewegt sich auf oft recht trügerischem Grund und verdeutlicht den mitunter wetterwendischen Charakter akademischer Argumentation. Jeder bis dato unbekannte Fossilfund, jede neue Datierung kann eine weitere Runde der Auseinandersetzung einläuten. Dennoch gibt es zwei Fixpunkte, über die sich die Kombattanten verständigten. Unbestritten ist, daß die Wiege der Urmenschheit in Afrika stand und daß sich ihre Nachfahren vor ca. einer Million Jahre anschickten, auch andere Teile der Alten Welt in Besitz zu nehmen. Weiterhin besteht Einigkeit hinsichtlich der Bedeutung des frühmenschlichen Formenkreises, aus dem der *Homo sapiens* abgeleitet wird.

Darüber hinaus aber sind keine Übereinstimmungen mehr zu erkennen. Es stehen sich, wie bereits angedeutet, zwei wissenschaftliche Lager gegenüber – die Anhänger der Kandelaber-Schule, die für eine multiple Anthropogenese eintreten und die Arche-Noah-Parteigänger, deren Credo monogenetisch ausgerichtet ist.

Das Kandelaber-Modell geht davon aus, daß sich frühmenschliche Populationen, nachdem sie Afrika verlassen hatten, unabhängig voneinander zu archaischen Formen des *Homo sapiens* entwickelten, den direkten Ahnen des anatomisch modernen Menschen, *Homo sapiens sapiens*. Demnach wäre das morphologische Spektrum der Jetztmenschheit an verschiedenen Stellen der Erde entstanden und blickte auf stammesgeschichtliche Wurzeln zurück, die sich vor mindestens 700 000 Jahren verzweigten. Unterschiedliche phänotypische Merkmale unserer Art hätten sich dieser Theorie zufolge bereits sehr früh herausgebildet, vielleicht schon auf der Stufe des *Homo erectus*. Milford Wolpoff von der Universität Michigan, einer der Hauptvertreter des Kandelaber-Modells, glaubt, daß es tatsächlich solche regionalen Kontinua, wie er den beschriebenen Graduationsprozeß nennt, gab. Kontinuierliche Graduation sei insbesondere für das Erscheinen des *Homo sapiens sapiens* in Asien verantwortlich gewesen. Einige Autoren sehen regionale Kontinuität auch in Europa, belegt durch die Neandertaler – den *Homo sapiens neanderthalensis*. Neandertaler betraten vor rd. 100 000 Jahren die Szene und gehören, wie uns die Regionalisten versichern, in die Ahnenreihe des modernen Menschen.

Andere Wissenschaftler jedoch haben die über 300 bislang aus Nordafrika, Europa, Vorder- und Mittelasien vorliegenden Überreste von Neandertalern sorgfältig geprüft und darauf hingewiesen, wie sehr sich diese Menschenform von anatomisch modernen Vertretern unterscheidet. Solche Aussagen stammen von Forschern, die die Arche-Noah-Hypothese favorisieren – den afrikanischen Ursprung aller heute lebenden Menschen.

Die Arche Noah

Meine Mutter hielt unseren Familienstammbaum – eine verstaubte Papierrolle von beachtlichem Format, die normalerweise in einem Schrankkoffer auf dem Dachboden ruhte – in hohen Ehren. An Winterabenden kramte sie die Rolle hervor und verfolgte unsere Familiengeschichte durch das viktorianische Zeitalter zu Grundbesitzern im Yorkshire des 18. Jh. und schließlich väterlicherseits über Irland zurück ins 12. Jh. Meines Vaters Urahne stammte von „O'Reilly's Scholle" in Nordirland. Wie echt das gute Stück wirklich war, sei dahingestellt, meine Mutter aber fand in der Lektüre des Dokumentes Trost. Etwas tröstliches liegt auch in der Vorstellung, daß wir alle auf einen gemeinsamen Vorfahren zurückblicken können. Daher wohl lassen sich entsprechende Legenden in den Ursprungsmythen vieler Völker nachweisen.

Die Arche-Noah-Hypothese (oder – nach gusto – „Garten Eden"-Theorie) vertritt den Standpunkt, daß morphologisch moderne Menschen verhältnismäßig spät aus einer afrikanischen Ursprungsbevölkerung hervorgingen und erst gegen Ende des Pleistozäns die ganze bewohnbare Erde kolonisierten. Unterschiedliche Merkmale der einzelnen „Rassen" des *Homo sapiens sapiens*, wie Hautfarbe, Haarform, Körperbau usw., werden als Anpassungen an die Vielfalt irdischer Lebensräume

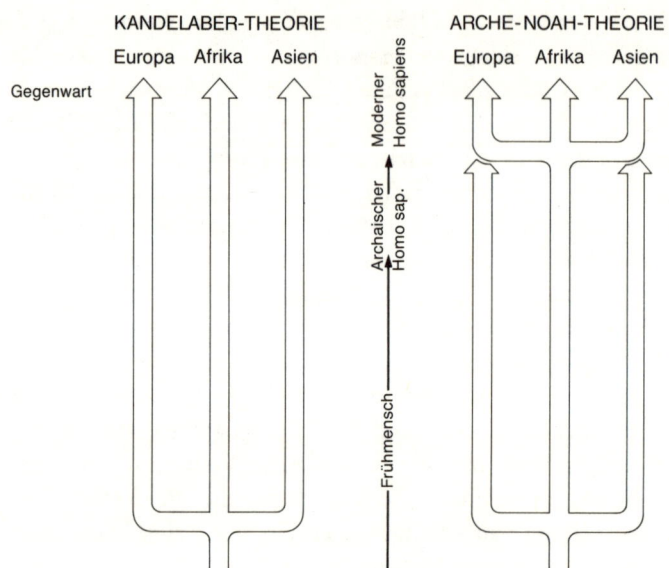

Unsere Abstammung aus zwei extremen Blickwinkeln. Nach Ansicht der Kandelaber-Schule entwickelte sich *Homo sapiens sapiens* aus frühmenschlichen Formen in verschiedenen Teilen der Erde. Demgegenüber vertreten die Anhänger der Arche-Noah-Theorie die Überzeugung, der Jetztmensch sei in Afrika entstanden und habe sich vor etwa 100 000 Jahren von dort aus über andere Kontinente verbreitet.

gedeutet. Nach dieser Theorie reichen die stammesgeschichtlichen Wurzeln geografischer Abarten des Jetztmenschen nicht weit in die Vergangenheit zurück, sind also das Ergebnis eines relativ rezenten Speziationsprozesses.

Das Kandelaber-Modell erfreute sich weitreichenden Zuspruchs, solange die meisten bedeutenden Fossilfunde aus Europa, dem Nahen Osten und Asien kamen. In den 70er Jahren unseres Jahrhunderts jedoch entdeckte man Vertreter des *Homo erectus* und des frühen *Homo sapiens* auch in Afrika. Diese Belegstücke schlossen eine gewaltige Lücke in der afrikanischen Funddokumentation zwischen 1,6 Mio. und 100 000 Jahren vor unserer Zeit. Einige der bruchstückhaft überlieferten Fossilien sahen überraschend modern aus, stammten aber aus Höhlenablagerungen, die auf wenigstens 100 000 Jahre datiert wurden (vgl. Kapitel 5). Nach landläufiger Meinung (und der Kandelaber-Hypothese) entwickelte sich die Jetztmenschheit aus den Neandertalern oder anderen Populationen des archaischen *Homo sapiens* vor nur 40 000 Jahren. Die neuen, modern wirkenden Funde aus Ost- und Südafrika brachten das scheinbar unerschütterliche Bild der Humanevolution nun ins Wanken. Peter Andrews und Chris Stringer vom Natural History Museum in London versuchten deshalb, die Arche-Noah-Theorie unter den Gesichtspunkten phyletischer Kladistik neu zu überdenken.

Bei der Rekonstruktion des menschlichen Stammbaums kommen gewöhnlich drei wissenschaftliche Methoden zur Anwendung. Die traditionelle, anatomisch ausgerichtete Taxonomie errichtet ihre klassifikatorischen Hierarchien auf dem Fundament physischer Ähnlichkeiten. Sie stützt sich auf das evolutive Endprodukt, auf Adaptionen, die sich im Entwicklungsverlauf herausbildeten und bewährten. Demgegenüber studiert die kladistische Methode phylogenetische Beziehungen. Tatsächliche Verwandschaft wird hier höher bewertet als funktionale Übereinstimmungen, die nicht selten lediglich konvergente Anpassungen spiegeln. Einen Mittelweg geht die Entwicklungssystematik, die sowohl signifikante Adaptionen als auch phylogenetische Erkenntnisse ins Kalkül zieht. Andrews und Stringer analysierten nach kladistischen Prinzipien frühmenschliche Fossilien aus Afrika, Asien und Europa. Als Ergebnis ihrer Untersuchung präsentierten sie eine Neubewertung der Art *Homo erectus*. Die meisten Merkmale, die herangezogen werden, um *Homo erectus* zu definieren, sind, so glauben die Londoner Wissenschaftler, Plesiomorphien aus älterer Zeit. Da sie auch bei früheren Hominiden auftreten, könne man solche Primitivmerkmale nicht zur Kennzeichnung einer neuen Art zulassen. Zöge man aber diese Plesiomorphien ab, blieben nur wenige abgeleitete Merkmale übrig, die sich allein bei frühmenschlichen Populationen Südostasiens und Chinas fänden (dem *Homo erectus* i.e.S.), nicht aber bei den afrikanischen Vertretern. Damit nicht genug. Andrews und Stringer sind überzeugt, daß die asiatischen Frühmenschen ohne Nachkommen ausstarben, während aus der euro-afrikanischen Zwillingsart, die nach dem „Senior" dieses Formenkreises, einem 1907 aus der Kiesgrube von Mauer (Kreis Heidelberg) geborgenen Unterkiefer, *Homo heidelbergensis* heißen müßte, zunächst archaische Unterarten des *Homo sapiens* hervorgingen und aus dessen afrikanischem Zweig schließlich der *Homo sapiens sapiens*. Anatomisch moderne Menschen hätten demzufolge vor über 100 000 Jahren Afrika verlassen und andere Weltgegenden besiedelt.

Die kladistische Theorie trifft nicht jedermanns Geschmack, argumentieren doch viele Forscher, angeführt von Milford Wolpoff aus der Kandelaber-Schule, daß gerade anatomische Abweichungen, wie sie innerhalb des frühmenschlichen Spektrums vorkommen, für geografisch isolierte und weit verbreitete Populationen einer Art typisch seien.

Dann betraten Mitte der 80er Jahre Molekularbiologen die Arena. Allan Wilson von der University of California und andere glauben aufgrund genetischer Analysen nachweisen zu können, daß sich der *Homo sapiens sapiens* vor etwa 150000 Jahren südlich der Sahara aus dem archaischen *Homo sapiens* entwickelte.

Die Kandelaber- und Arche-Noah-Modelle sind Pole gegensätzlicher theoretischer Positionen. In den folgenden Kapiteln betrachten wir beide näher und sammeln archäologische wie biologische Belege für das Auftreten und die Verbreitung des modernen Menschen.

3. Die Gen-Detektive

Eine Nadel im Heuhaufen zu entdecken ist ebenso schwierig wie paläoanthropologische Spurensuche. Auf das Skelett oder den Schädel eines frühen Hominiden zu stoßen, gleicht einem Haupttreffer in der Lotterie. Wie bei anderen Säugetieren auch, zogen sich Alte und Kranke unserer Urahnen zum Sterben in die Einsamkeit zurück. Die einem Unfall erlagen oder die der Tod durch Blitzschlag, Ertrinken und ähnliches ereilte, blieben dort liegen, wo sie niedersanken, von Raubtieren zerrissen oder zu Staub zerfallend – von aller Welt vergessen. Erst vor 100000 Jahren gingen menschliche Gemeinschaften dazu über, ihre Lieben im Glauben an ein Fortleben nach dem Tod zu bestatten. Solche an religiöse Vorstellungen geknüpfte Begräbnisse schmälern zwar das Handikap der Forschung, die Ausbeute bleibt nichtsdestoweniger gering und führt in dem Bemühen, schmerzliche Fundlücken auszufüllen, zu mancher Enttäuschung.

Abgesehen von der Schwierigkeit, winzige Knochenbruchstücke in verwitterten Fossillagerstätten aufzuspüren, bereitet auch die Interpretation der Funde Probleme. Es ist fast ausgeschlossen, von der Form eines einzigen Knochens abzuleiten, ob das entdeckte Fossil einer bereits bekannten Art angehört oder ob es sich als ausreichend verschieden zeigt, um darauf die Beschreibung einer neuen Spezies zu gründen. Deswegen und weil sich Neufunde oft als Zankapfel im Widerstreit der Lehrmeinungen erwiesen, kann aus Skelettfragmenten allein kein vollständiges Bild der Abstammung des *Homo sapiens* zusammengesetzt werden. Glücklicherweise sind aber Knochen und Artefakte nicht länger die einzigen Wegweiser der Humanevolution. In den letzten Jahren gelang es nämlich Biochemikern, wichtige Abschnitte der menschlichen Phylogenese aus lebenden Zellen zu rekonstruieren.

Ein klimatisiertes biochemisches Labor ist gewiß kein Arbeitsplatz, der atmosphärisches Flair verbreitet. Das leise Summen der Kühler, gedämpfte Computerdisplays und das Gemurmel der betriebsamen Laboranten können es nicht mit den Begeisterungsstürmen aufnehmen, die die Bergung eines 1,6 Mio. Jahre alten Hominiden in Ostafrika hervorruft. Handwerkszeug der Biochemiker sind allwissende Computer, Zellgewebsproben, Zellmühlen, Zentrifugen und Mikroskope – kein Vergleich mit den Spachteln, Zahnarzthaken und Pinseln, die in Olduvai oder Koobi Fora Verwendung fanden. Doch ungeachtet des wenig spektakulären Ambientes haben die Laborergebnisse für wissenschaftlichen Zündstoff gesorgt, der die spärlichen Fossilfunde in neuem Licht erscheinen läßt, und – schemenhaft zwar – die Umrisse eines gemeinsamen Vorfahren der Jetztmenschheit skizziert.

Genetisches Datenmaterial hat einen festen Platz in der Urgeschichtsforschung erobert, weil es überall verfügbar und mit modernen technischen Hilfsmitteln leicht zu vergleichen ist. Wie der Harvard-Paläontologe Stephen Jay Gould ausführt, besaßen wir ursprünglich, die Arche-Noah-Hypothese zugrundegelegt, gemeinsame Vorfahren und verfügen demzufolge auch über ein kollektives genetisches und morphologisches Erbe. Als sich die Ausgangsbevölkerung jedoch teilte, auseinanderstrebte und vielgestaltiger wurde, nahmen analog die genetischen Varianten zu. Je größer die Unterschiede, desto länger liegt die Zeit der Trennung zurück. Ein auf diese Prämisse gegründeter menschlicher Stammbaum fügte sich demnach aus zeitlichen Trennungseinheiten, wobei die Verzweigung nur dann korrekt zu berechnen wäre, wenn große Mengen genetischen Materials aus der ganzen Welt zur Verfügung stünden, um kleinere, oft lokal begrenzte Irritationen auszuschalten. Nur Gene liefern die richtigen Bausteine für eine reichhaltige und bunt gemischte Datei, die ein unabhängiges Maß zur Bestimmung des Abstandes zwischen unterschiedlichen menschlichen Gruppen hergibt.

Die Molekular-Uhr

Vor etwa 30 Jahren begannen Wissenschaftler mit der Untersuchung unseres Erbmaterials, um Aufschluß über die Entwicklung des Lebens zu gewinnen. Gene, die Erbanlagen aller Lebewesen, liegen, so wußte man schon vorher, in linearer Anordnung auf den Chromosomen – schleifenförmigen, im Kern einer jeden Zelle vorhandenen Trägern der Erbinformation. Wie konnten nun selbst geringfügige Veränderungen der Erbanlagen beträchtliche Abweichungen in Größe, Aussehen und Verhalten eines Tieres hervorrufen? Schließlich wurde entdeckt, daß sich Gene aus Sequenzen der Desoxyribonukleinsäure (DNS) zusammensetzen. Diese Abschnitte schreiben Informationen für ein Gen-Produkt (Polypeptid): den genetischen Code der Proteinbiosynthese. Jede DNS-Sequenz besteht aus zwei langen gewendelten Doppelsträngen, deren Untereinheiten, die gruppenweise angeordneten Nukleotide, die Fähigkeit zu identischer Reproduktion besitzen. Ein Satz aus drei abfolgenden Nukleotidpaaren (Tripletts) codiert für jeweils eine Aminosäure in einer Eiweißkette. Wenn sich DNS-Moleküle vervielfältigen, kommt es gelegentlich vor, daß Nukleotidsätze mutieren, sich also verändern, ein Umstand, der auch Mutationen des aufgebauten Proteins nach sich ziehen kann. Evolutiver Wandel, das liegt auf der Hand, beginnt im Regelfall mit der Mutation genetischer Strukturen.

Der für unsere Geschichte wichtigste Erkenntnisschritt erfolgte 1962, als Linus Pauling und Emile Zuckerkandl am California Institute of Technology nach Gründen forschten, warum einige Primaten nicht unter Malaria oder Sichelzellenanämie leiden. In diesem Zusammenhang untersuchten sie, wodurch sich das Atmungspigment Hämoglobin, der rote Blutfarbstoff, von Art zu Art unterscheidet, und entdeckten – rein zufällig – eine Beziehung zwischen dem Differenzierungsgrad zweier verschiedener Hämoglobin-Moleküle und der Entwicklungsspanne der entsprechenden Spezies. Hätten sich zum Beispiel zwei Affenarten vor 10 Mio. Jahren von einem gemeinsamen Vorfahren getrennt, wäre ihre Hämoglobinstruktur zweimal so verschieden von der anderer Formen, die vor nur 5 Mio. Jahren eigene Wege gingen. Hämoglobin ist ein Chromoproteid, enthält also eine Eiweißkomponente. Galt die erkannte Korrelation, so fragte man sich, auch für weitere Eiweiße? Konnten sich solche Proteine in gleichmäßigen Raten verändert haben? Wenn es gelänge, diese Abstände zeitlich zu fassen, bestünde die Möglichkeit, durch Auszählen der mutativen Abweichungen in von verschiedenen Arten genommenen Proben deren evolutive Verzweigung zu berechnen.

Mitte der 60er Jahre beschäftigten sich Vincent Sarich und Allan Wilson, zwei Biologen aus Berkeley, mit Albuminen, Eiweißen im Blutserum, die hier den Nährstofftransport übernehmen. Die Forscher maßen die Mutationsraten von Aminosäuresequenzen in Albuminen bei Menschenaffen und gewöhnlichen altweltlichen Primaten, von denen man aufgrund geophysikalisch-paläontologischer Befunde zu wissen glaubte, daß sie vor rd. 30 Mio. Jahren getrennte Entwicklungswege einschlugen. Nach ihren Berechnungen verändern sich Albumine im Rahmen der Aminosäuresubstitution alle 1,25 Mio. Jahre. Anhand dieser Meßlatte galt es nun, die Proteine von Menschen und Menschenaffen miteinander zu vergleichen. Erstaunlicherweise kam heraus, daß sich unsere Familie vor nur 5 Mio. Jahren von den Afrikanischen Menschenaffen abspaltete. Schimpansen und Gorillas, so ein weiterer Befund, stehen uns verwandtschaftlich näher als der Orang-Utan.

Zunächst wurden Sarich und Wilson allenfalls milde belächelt, als sie ihre Ergebnisse 1967 publizierten. Viele Paläoanthropologen, „Stein- und Bein-Leute", lehnten die Schlußfolgerungen der Biochemiker rundweg ab, zumal man in den 60er Jahren den letzten gemeinsamen Vorfahren von Mensch und Menschenaffen noch tief im Oligozän, vor etwa 25 Mio. Jahren wähnte. Dann fanden sich paläontologische Belege, daß die Gattung *Sivapithecus* (= Ramapithecus), deren Arten damals als älteste Hominiden galten, in die Ahnengalerie der Asiatischen Menschenaffen gehört. Gleichzeitig machte die Laborbiologie Fortschritte.

Wilson und seine Kollegen verfeinerten ihr ursprüngliches Verfahren, indem sie DNS-Moleküle mittels sogenannter Blocker-Enzyme „kartierten" und dann elektrophoretisch behandelten. Die im elektrischen Kraftfeld getrennten Segmente ließen sich jetzt leicht auf einem Filterpapierstreifen photometrisch quantitativ bestimmen und ergaben eine Art „Fingerabdruck" für jede untersuchte Spezies. Genetische Unterschiede waren nun viel deutlicher zu erkennen.

Die Frage der Datierung allerdings kam erneut ins Gerede, als man feststellte, daß die Annahme einer konstanten Änderungsrate, von der man ja ausging, bei einer ganzen Reihe Proteine nicht zutrifft. Mehr Vertrauen setzt die Wissenschaft daher neuerdings in ein Verfahren, das als DNS-Hybridisierung bekannt ist. Zwei Biologieprofessoren, Charles Sibley und Jon Ahlquist, hatten diese Methode erfolgreich angewandt, um die Verwandtschaftsverhältnisse der Vögel zu klären. Bei der DNS-Hybridisierung vergleicht man Genome (ein Genom vertritt die Summe aller Erbanlagen einer Art) und nicht die Veränderung einzelner Nukleotidsequenzen. Gemessen wird die Energiemenge, die nötig ist, um künstlich vereinigte, radioaktiv markierte DNS-Stränge zweier Vergleichsarten wieder zu dissoziieren. Die unterschiedlichen Energiequanten ergeben die Anzeige auf der DNS-Uhr; als Eichung dient wie im Fall der Molekular-Uhr ein gesichertes paläontologisches Datum. Das Trennungsalter von Mensch und Schimpanse konnte nun auf ca. 7 Mio. Jahre festgelegt werden. Mehr noch: Beide Arten sind untereinander enger verwandt als Schimpanse und Gorilla, der bereits vor 9 Mio. Jahren vom gemeinsamen Entwicklungsweg abwich. Bestätigen ließ sich die schon von Wilson und Sarich geäußerte Vermutung über die marginale Stellung des Orang-Utan im System der Hominoidea (Menschenähnlichen).

Die Mitochondrien-DNS

Ende der 70er Jahre wandten einige Biochemiker ihre Aufmerksamkeit besonderen Zellstrukturen zu – den Mitochondrien. Zellen, die kleinsten vitalen Einheiten aller Lebewesen, bestehen aus dem Kern mit seinen Chromosomen und dem Zytoplasma, einer den Nukleus umgebenden flüssigen Matrix, die eine Fülle stoffwechselaktiver Organellen enthält, darunter auch die tropfenförmigen Mitochondrien. Sie sind gewissermaßen die Kraftwerke der Zellen, sorgen sie doch für die Umwandlung von Nährstoffen und Wasser in Energie. Ihre Entstehung reicht vermutlich weit in die Geschichte des Lebens zurück, sicher über eine Milliarde Jahre, als ein neu gebildeter bakterioider Einzeller eine ältere Form inkorporierte. Beide Organismen verschmolzen zu einer Lebensgemeinschaft auf symbiotischer Grundlage, wobei der kleinere Symbiont Nahrung für sich und seinen größeren Partner synthetisierte. Das würde erklären, warum Mitochondrien jahrmillionenlang ihre eigene DNS bewahrten. Die mitochondrisch gebundene DNS verfügt lediglich über 16 000 paarige Nukleotidsätze (sogenannte Basen) – gegenüber Millionen der Zellkern-DNS –, was ihre Analyse wesentlich vereinfacht.

Mitochondrien-DNS hat einen weiteren Vorteil: Sie wird ausschließlich über die mütterliche Linie vererbt. Einige Fachleute glauben, dies sei so, weil bei der Befruchtung nur der Kern des Spermiums in die weibliche Geschlechtszelle eindringe. Da das Ei sein ganzes Zytoplasma in die Bildung der Zygote investiert, vererbe sich lediglich die mütterliche Mitochondrien-DNS der nächsten Generation, pflanze sich also fort. Mitochondrisch gebundene DNS ist gegen die Rekombination elterlicher Gene immun; genetische Irritationen von dieser Seite sind demnach ausgeschlossen, und der Forscher kann sich auf mutative Veränderungen konzentrieren.

In einem weiteren Schritt wird die Mitochondrien-DNS-Uhr geeicht, indem man die Zahl der Mutationen bestimmt, die in den entsprechenden Organellen von Primaten, deren evolutive Verzweigung vor Millionen Jahren paläontologisch abgesichert ist, abliefen. Wie die Biochemiker herausfanden, pendelt die Mutationsrate der Mitochondrien-DNS im Einmillionenjahrerhythmus zwischen 2 und 4%, fünf bis zehnmal schneller als bei der Zellkern-DNS. Das liegt wohl daran, daß sich die im äußeren Zellbereich angesiedelte genetische Trägersubstanz weniger gut vor externen Schadeinflüssen abschirmen kann als die eiweißummantelte DNS des Kerns. Weil signifikante Veränderungen der Mitochondrien-

DNS alle paar hunderttausend Jahre stattfinden, gibt sie der Forschung ein ideales Kurzzeitmaß in die Hand, das gestattet, den Fahrplan abzulesen, nach dem sich die Jetztmenschheit aus einem gemeinsamen Vorfahren entwickelte.

Der Mitochondrien-Stammbaum

1979 begann Rebecca Cann, damals Doktorandin bei Allan Wilson in Berkeley, zusammen mit ihrem Lehrer und dem Biochemiker Mark Stoneking aus Nachgeburten Mitochondrien-DNS zu synthetisieren. Der postnatal ausgestoßene Mutterkuchen weist die gleiche Genstruktur auf wie die Neugeborenen selbst und ist eine leicht zugängliche Quelle großer Mengen menschlichen Zellgewebes. Nach sieben Jahren hatten Frau Cann und ihre Mitarbeiter Proben von 147 Kindern, deren Vorfahren ursprünglich aus Afrika, Asien, Europa, Australien und Neuguinea stammten, gesammelt. Die Plazenten wurden eingefroren, ihr Gewebe in Wilsons Labor untersucht. Zunächst zerkleinerten die Forscher die Substanz in Zellmühlen, schleuderten sie in einer Zentrifuge und versetzten sie mit einem Zellwände aufschließenden Detergens, dem ein Leuchtstoff beigemischt war, ehe man sie erneut schleuderte. Die entstandene klare Flüssigkeit enthielt reine DNS. Jede Probe wurde segmentiert, um sie mit der DNS anderer Babies zu vergleichen. Danach verbrachte man Monate mit der Trennung der Abschnitte in über 300 Fragmente, wobei sich die Wissenschaftler Blocker-Enzyme zunutze machten. In Stärkegel elektrophoretisch behandelt, ordneten sich die Fragmente musterhaft an. Computer berechneten nun die Zahl der mutativen Veränderungen, die sich in der DNS-Struktur der Vergleichsproben seit dem Zeitpunkt ihrer anfänglichen stammesgeschichtlichen Gabelung vollzogen haben mußten. Das Team registrierte 133 verschiedene Typen mitochondrisch gebundener DNS. Einige Individuen ließen sehr ähnliche Nukleotidbasen erkennen, als ob sie einer Generationenfolge von nur wenigen Jahrhunderten angehörten, andere jedoch erweckten den Anschein der Bindung an eine Ahnin, die vor Jahrzehntausenden lebte.

Dann entwarf der Computer einen Stammbaum, dessen Äste in den genannten 133 DNS-Typen endeten. Er gruppierte die Typen mit den geringsten Abweichungen ihrer Basensequenz in Zweigbündel. Jedes Bündel ist dort mit anderen verbunden, wo die mutmaßliche Trennung von gemeinsamen Vorfahren erfolgte. Je weiter die Abspaltung zurück-

Die Gen-Detektive 35

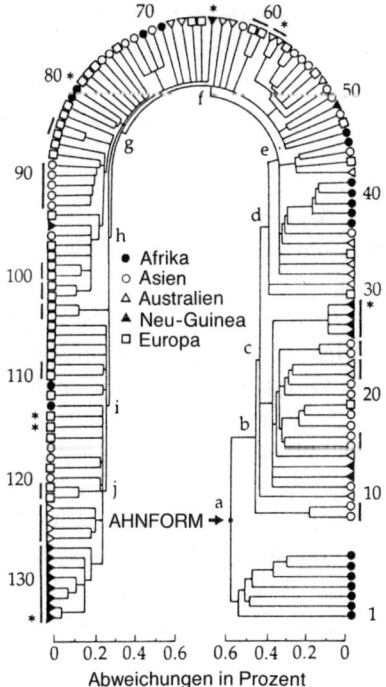

DNS-Stammbaum der Menschheit nach Cann. Maßeinheit ist der genetische Abstand zwischen Personengruppen, deren Vorfahren aus Afrika, Asien, Australien, Neuguinea und Europa stammen. 133 verschiedene mitochondrisch gebundene DNS-Typen sitzen an den Zweigenden. Bemerkenswert die Gabelung an der Basis, wo sich, ausgehend von einem gemeinsamen Ahnen, der nicht-afrikanische Ast vom afrikanischen trennt.

liegt, desto näher rücken die Bündel zum Stamm. Außer sieben DNS-Typen befinden sich alle an Zweigen, die auf einen einzigen Ast zulaufen. Dieser Ast vereinigt bunt gemischt das DNS-Material der in der Serie vertretenen Nachkommen von Menschen aus fünf geografischen Bereichen. Ein zweiter Ast, viel dünner als der erste, trägt die verbliebenen sieben Typen, alle von Babies afrikanischer Provenienz. An der Basis des Stammes, der Stelle, wo sich beide Äste aufzufächern beginnen, muß es eine Urmutter gegeben haben – Eva. Es waren ihre Kinder, die den Stammbaum erklommen und sich auf seine verschiedenen Zweige verteilten.

Rebecca Cann und ihre Kollegen sind überzeugt, daß Eva Afrikanerin gewesen ist. Afrikaner können, legt man das Entwicklungsschema der

Forscher aus Berkeley zugrunde, ihre Abstammung bis zur Basis des menschlichen Stammbaumes verfolgen, ohne auf nicht-afrikanische Ahnengruppen zu stoßen. Menschen aus anderen Erdteilen dagegen blicken auf wenigstens einen „Vorfahren" afrikanischer Herkunft zurück. Darüber hinaus zeigt das Schema, daß der exklusiv afrikanische Ast mehr verschiedene mitochondrisch gebundene DNS-Typen aufweist als die übrigen geografischen Segmente. Der evolutive Wandel innerhalb der afrikanischen Bevölkerung muß daher die Veränderungen anderer Populationen übertroffen haben.

Warum war das so? Obwohl weite Teile der Erde Klimafluktuationen größeren Ausmaßes erlebten, als die Evolution den modernen Menschen formte, blieben die Verhältnisse im tropischen und subtropischen Afrika relativ konstant. Es gab zwar gewisse regionale Abweichungen bei der Verteilung von Niederschlägen, doch dürften solche Unregelmäßigkeiten kaum ausgereicht haben, um die ungewöhnliche mutative Radiation unter den Savannenbewohnern zu erklären. Frau Cann und ihre Mitarbeiter glauben daher, die hohe Mutationsrate sei schlicht Ausdruck großer zeitlicher Tiefe – Hinweis darauf, daß die Wiege der Jetztmenschheit in Afrika stand. Das Spektrum mitochondrisch gebundener DNS bei Asiaten zeige sich demgegenüber als annähernd homogen, was auf ihren vergleichsweise rezenten Ursprung hindeute. „Aus diesen Gründen nehmen wir an, daß Eva Afrikanerin gewesen ist und von ihren Nachkommen einige blieben, andere aber ausschwärmten und den Planeten bevölkerten", schrieb „Becky" Cann 1987.

Wann etwa lebte diese Eva? Die Biochemiker aus Berkeley verweisen auf den Umstand, daß bei einer großen Zahl Wirbeltiere die Transformationsrate mitochondrisch gebundener DNS 2–4% pro Jahrmillion beträgt. Diese Divergenz und eine maximale Abweichung von 0,6% zwischen beiden Ästen ihres Stammbaums eingerechnet, ergibt sich als Antwort auf die eingangs gestellte Frage eine Spanne zwischen 285 000 und 143 000 Jahren vor unserer Zeit oder ein Mittelwert um 200 000 Jahren. Ebenso wurde berechnet, daß der zweite Split, der Populationen des *Homo sapiens,* die in Afrika verweilten, von solchen, die auswanderten, schied, etwas später stattfand, irgendwann zwischen 180 000 und 90 000 Jahren vor unserer Zeit. Allan Wilson verbesserte jüngst seine Erhebungstechnik. Er ist nun in der Lage, Proben mitochondrisch gebundener DNS Körpern zu entnehmen, die nicht größer als ein menschliches Haar sind. Das ermöglichte ihm, Belegmaterial von !Kung-Buschleuten der Kalahari und anderen afrikanischen Ethnien zu bekommen, die nie Plazenten für Forschungszwecke zur Verfügung stellen würden.

Seine neuen Ergebnisse zwangen ihn zu einer Korrektur des chronologischen Abschnitts, in dem die Urmutter lebte, auf etwa 140000 Jahre vor unserer Zeit. „Wir stammen alle von einer Linie ab, die zu den modernen !Kung führt", formulierte Wilson auf einer internationalen Genetikertagung 1989 in San Diego, Kalifornien.

Eine Arbeitsgruppe Genetiker mit Douglas Wallace von der Emory University in Atlanta an der Spitze stimmt dem von Frau Cann vorgeschlagenen zeitlichen Szenario zu, vermutet die menschliche Urahnin allerdings nicht in Afrika, sondern in Asien. Wallace' Team nahm bei 700 Personen rund um den Globus Blutproben, wandte eine etwas andere Technik der DNS-Segmentierung an und entwickelte aufgrund des Befundes ein phylogenetisches Schema. Ihr Stammbaum reicht ebenfalls bis zu einer Urmutter zurück, die zwischen 200000 und 150000 Jahre vor unserer Zeit lebte. Da aber menschliche Rassen unterschiedliche DNS-Bausätze aufwiesen und die DNS-Spielart, die den Strukturen von Menschenaffen am nächsten komme, in Südostasien am häufigsten auftrete, glauben sie an die Genese archaischer Formen des *Homo sapiens* in dieser Region. Wallace gibt zu, daß sein Material mehrere Deutungen zuläßt, je nachdem, von welcher Grundannahme man ausgehe, kritisiert die Forscher aus Berkeley aber wegen ihrer, wie er meint, unsauberen Vorgehensweise. So stammten einige Proben ihrer Testserie von Afro-Amerikanern, in deren Ahnenreihe sich unter Umständen Personen europäischer und indianischer Abkunft mischten. Einigkeit besteht darin, daß es nötig sei, noch mehr Tests durchzuführen und an der Methodik zu feilen, ehe man wirklich unangreifbare Resultate vorweisen könne.

Unbeschadet der theoretischen Dissonanzen, gehen beide Denkschulen von einem nicht allzu fernen Ursprung der Jetztmenschheit aus, die Verläßlichkeit ihrer chronologischen Vorstellungen jedoch ist schwer abzuschätzen. Mark Stoneking von der University of California und Rebecca Cann äußern sich zurückhaltend, was zeitliche Festlegungen anbelangt, wissen sie doch, daß Abweichungen im Befund von der gezogenen Probenzahl ebenso abhängen wie von anderen Variablen, die nicht leicht zu berechnen sind und beachtliche Dimensionen annehmen können. „Es scheint lediglich festzustehen, daß der gemeinsame Vorfahre vor mindestens 50000 und maximal 500000 Jahren auftauchte", schreiben sie. Dieser Spielraum ist nur durch weitere Grundlagenforschung und Fossildokumentation einzuengen. Bis dahin müssen wir uns mit seriösen *Schätzungen* begnügen.

Milford Wolpoff und andere Kandelaber-Anhänger haben auch die

Molekular-Uhr in ihre Überlegungen einbezogen. Ihr Angriffsziel ist die Eichtabelle, die dem Kreis um Rebecca Cann zur Bestimmung mutativer Sprünge in mitochondrisch gebundener DNS diente. Sie glauben, daß das Berkeley-Team die Mutationshäufigkeit zu hoch ansetzte. Der Genetiker Masatoshi Nei von der University of Texas errechnete nämlich eine Mutationsgeschwindigkeit von 0,71% pro Jahrmillion, zwischen 2,8 und 5,6mal langsamer als die von Frau Cann ermittelte Rate zwischen 2 und 4%. Wolpoff stützt sich also auf Nei, wenn er argumentiert, der menschliche Stammbaum habe sich bereits vor 850 000 Jahren verzweigt.

Diese Annahme paßt zu der von den Kandelaber-Jüngern vertretenen Sicht, daß die geografische Variation der Menschheit bereits mit dem Auszug des *Homo erectus* aus Afrika einsetzte. Stoneking, Cann und ihre Parteigänger kontern mit der Frage, wie dann das hohe Alter des Genpools heutiger Afrikaner zu erklären sei. Der Meinungsstreit um Analysemethoden und Ergebnisse tobt in·der einschlägigen Literatur weiter, eine Auseinandersetzung nicht allein unter Biochemikern, sondern auch Anthropologen, die als Feldzeichen den Kandelaber oder Noahs Arche in die Schlacht führen.

Genfrequenzen und afrikanische Ursprünge

Im Bemühen um den Nachweis des afrikanischen Ursprungs der Jetztmenschheit steht die DNS-Forschung nicht allein. Populationsgenetiker und Anthropologen untersuchen seit Jahren die Häufigkeit des Vorkommens bestimmter Erbanlagen bei verschiedenen Bevölkerungsgruppen, um der Humanevolution auf die Schliche zu kommen. Ihr Arbeitsschwerpunkt ist die Messung genetischer Abstände zwischen menschlichen Rassen unter Einbeziehung von Genfrequenzdaten aus aller Welt. Mittels Elektrophorese gelang es Wissenschaftlern, von der Häufung einzelner genetisch verankerter Merkmale auf Variationsamplituden in und zwischen menschlichen Populationen zu schließen – und zwar auf Ebene der sogenannten Codons, Nukleotidtripletts, die im genetischen Code gewissermaßen als „Satzzeichen" fungieren. Das war nur möglich, weil sich Veränderungen der DNS-Bausätze auch dem Protein-Spektrum mitteilen. Masatoshi Nei entwickelte ein neues Meßverfahren, das erlaubt, den Differenzierungsgrad bestimmter Codons auf einer Chromosomenschleife zu schätzen. Dabei zeigte sich, daß der genetische Abstand zwischen Europäern, Afrikanern und Ostasiaten gering blieb

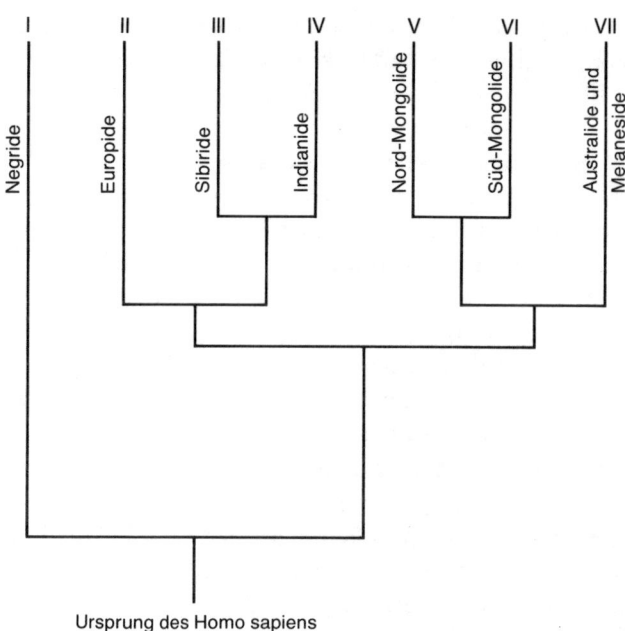

Das Baumdiagramm Cavalli-Sforzas, nach dem die Menschheit in sieben Hauptgruppen zerfällt.

verglichen mit Abweichungen im Genrepertoire zweier willkürlich herausgegriffener Angehöriger einer Großrasse. Obwohl die genetische Distanz also klein war, bewegten sich die Abweichungen dennoch in einer Größenordnung, die man erwarten mußte, wenn sich eine Bevölkerungsgruppe vor 50 000–120 000 Jahren teilte.

Resultate dieser Art ermutigten eine Reihe Wissenschaftler, unter ihnen Nei und Arun Roychoudhury von der University of Texas, Stammbäume für verschiedene heutige Menschenrassen zu konstruieren. Die Texaner berechneten, daß Negride (Schwarzafrikaner) und Europide (Nordafrikaner, Europäer, Vorder- und Südwestasiaten) vor 113 000 Jahren eigene entwicklungsgeschichtliche Wege einschlugen, daß sich die Negriden vor etwa 116 000 Jahren von den Mongoliden (Zentral-, Ost- und Südostasiaten) trennten, die Europiden von den Mongoliden vor ca. 41 000 Jahren. In globaler Perspektive stehen sich Negride und Europide näher als Negride und Mongolide. Demnach, so folgerte man, gibt es gute Gründe für die Annahme, daß *Homo sapiens sapiens* afrikanischen Wurzeln entsproß.

Luigi Luca Cavalli-Sforza von der Universität Stanford und seine italienischen Kollegen entwarfen kürzlich anhand bestimmter Genfrequenzen, die in untersuchten Aminosäurefolgen von Enzymen und anderen Eiweißen zutage traten, einen „menschlichen Stammbaum, gegründet auf 42 ethnische Gruppen aus allen Teilen der Erde". Cavalli-Sforzas Team sammelte zu diesem Zweck Proben von Naturvölkern, die nur geringe Kontakte zur Außenwelt hatten. Notgedrungen ergaben sich durch das Einbringen von Material aus geografisch weit gestreuten Räumen Durchschnittswerte. Dort, wo solche Angleichungen genetische Unterschiede verwischten, nutzten die Wissenschaftler linguistische Befunde, um die Gruppen schärfer zu konturieren. In dem so entstandenen Schema zerfällt die Jetztmenschheit in sieben Zweige. Eine erste Gabelung trennt die Bewohner des Schwarzen Kontinents von den Nicht-Afrikanern, ein Split, der möglicherweise die Migration einiger Verbände des *Homo sapiens sapiens* aus Afrika markiert. Die nächste Verzweigung scheidet die Bevölkerungen der Holarktis und Südamerikas von den Südostasiaten und Ozeaniern. Der holarktisch-südamerikanische Ast vereinigt einerseits die Europiden und andererseits Nordostasiaten und Indianer; das austro-asiatische Zweigbündel fächert in die festländischen und indo-pazifischen Gruppen auf, zum anderen in die entfernter verwandten Schwarzaustralier und Papuas.

Dieser schlichte und doch einleuchtende Stammbaum ist nichtsdestoweniger eine hypothetische Skizze, die Cavalli-Sforza und seine Kollegen gegen den archäologischen Datenbestand testeten. Falls der evolutive Wandel bei allen ermittelten Gruppierungen die gleiche Schrittlänge hatte, sollte das Verhältnis zwischen genetischer Entfernung und zeitlicher Trennung ungefähr die Waage halten. Die Forscher setzten den Split von Afrikanern und Nicht-Afrikanern bei 92 000 Jahren vor unserer Zeit an, gingen von einer Erstbesiedlung Australiens und Neuguineas vor 40 000 Jahren aus und veranschlagten die Abspaltung des nordostasiatisch-indianischen Zweiges von den Europiden auf 35 000 Jahre. Dann zogen sie Masatoshi Neis Verfahren zur Bestimmung genetischer Abstände heran und stellten fest, daß sich diese Ergebnisse mit dem zeitlichen Szenario deckten. Die These konstanter Änderungsraten fand so eine überzeugend positive Bestätigung.

Der Ansatz Cavalli-Sforzas besticht durch die unkomplizierte Logik seiner Schlußfolgerungen. Selbst wenn weitere Untersuchungen präzisere Erkenntnisse über die Differenzierung der Menschheit und ihrer Wanderungen liefern, liegt hier ein grundsätzliches Exposé globaler menschlicher Verwandtschaft vor. Dieses Beziehungsnetz konnte weder

1 *Das Paradies.* In der Fantasie von Künstlern des 19. Jh. versucht Eva Adam inmitten einer tropisch-üppigen Gartenlandschaft. Nach heutiger Auffassung stand die Wiege der Menschheit in der afrikanischen Savanne, denn hier, so behaupten Genetiker, lebte vor 200000 Jahren unsere dunkelhäutige Stammutter.

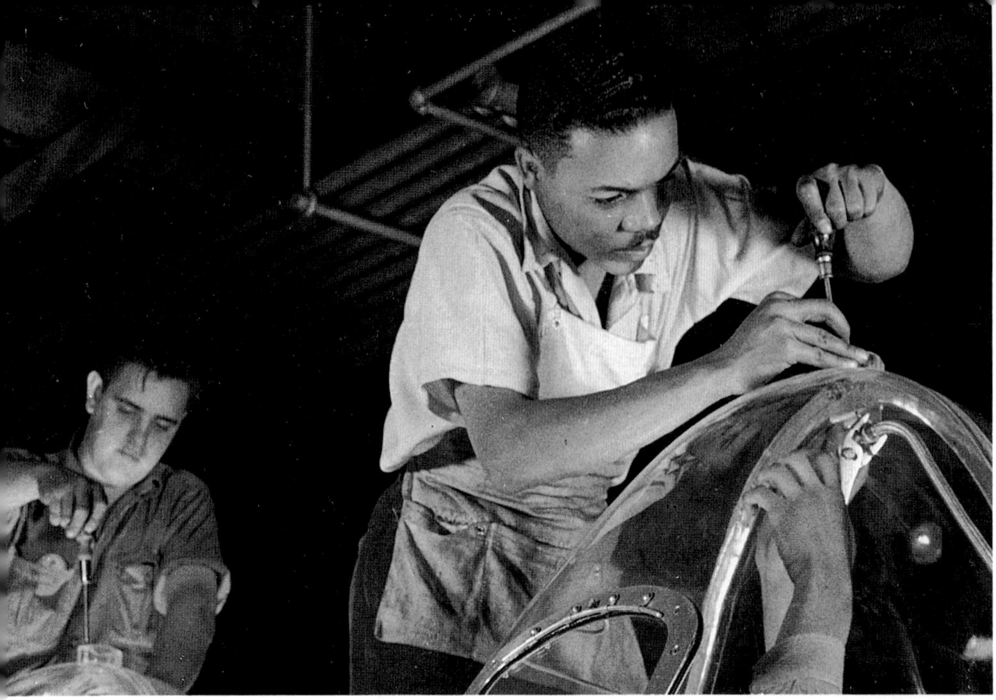

2, 3 *Werkzeuge verändern die Welt.* Seit der Steinzeit haben rührige Hände den technischen Fortschritt vorangetrieben *(rechts,* ein Archäologe führt die alte Kunst der Steinbearbeitung vor; *oben,* Fließbandarbeiter). Aber waren auch frühe Hominiden bereits so geschickt wie der anatomisch moderne Mensch? Steingeräte und Fossilfunde geben die Antwort.

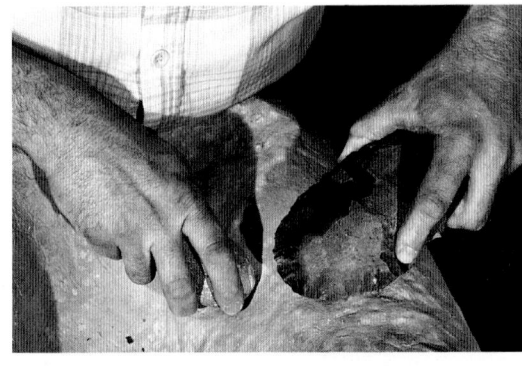

4 *Die Geburt der Sprache.* Neben der Herstellung von Gerätschaften ist die Befähigung zu voll artikulierter Sprache ein weiterer Ausweis des Menschseins. Wir kommunizieren miteinander, erzählen Geschichten und geben unsere Erfahrungen an die nächste Generation weiter. Ein Kind erlangt mit vier oder fünf Jahren volle Sprachfähigkeit. Wann hat sich diese erstaunliche Begabung entfaltet? Nach Ansicht der meisten Forscher konnte bereits der Frühmensch sprechen, doch erst *Homo sapiens sapiens* perfektionierte die Möglichkeiten verbaler Verständigung.

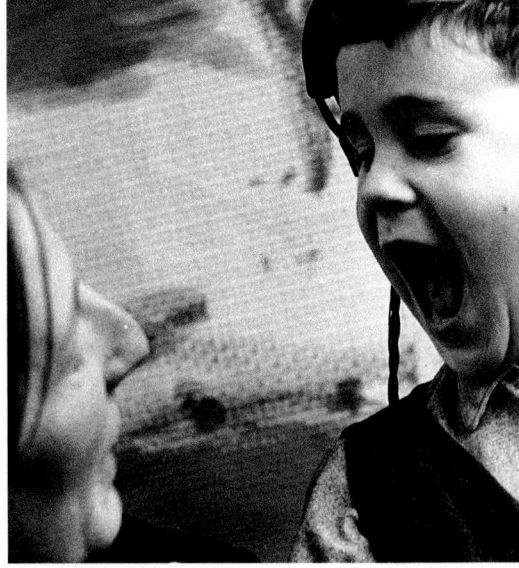

5, 6 *Schöpferisches Gestalten.* Auch unser Kunstverständnis – die Befähigung zu Imagination und expressiver Visualisierung von Gedanken – stellt den Menschen über das Tier. Setzt man einen Orang-Utan *(unten)* vor eine Staffelei, entsteht ein höchst eigenwilliges »Gemälde«. Doch ist dies überhaupt nicht mit der Gabe zu akkurater Darstellung (wie im Falle der französischen Handschrift aus dem 14. Jh., *links*) zu vergleichen. Archäologen sind der Frage nachgegangen, ob auch unsere Vorfahren künstlerisches Verständnis aufbrachten.

7, 8 *Unsere Ahnenreihe.* Unter Wissenschaftlern herrscht Einvernehmen, daß die ersten werkzeugherstellenden Hominiden – Angehörige der Art *Homo habilis* (*oben, links*) – vor 2,3 Mio. Jahren in Afrika auftraten. Ihre größeren und mit mehr Hirnmasse ausgestatteten Nachfolger, die Frühmenschen (*links* und *oben, zweiter von links*), erschienen vor 1,6 Mio. Jahren auf der Bildfläche. Vermutlich waren sie es, die das Feuer zähmten und die Grenzen Afrikas nach Europa und Asien erstmals überschritten. Wo aber und wie fand die Fortentwicklung zum *Homo sapiens* (*oben, dritter von links* Ante-Neandertaler, *zweiter von rechts* Neandertaler, *rechts* Jetztmensch) statt? Vertreter der Kandelaber-Schule gehen von multi-regionaler Evolution aus, Anhänger der Arche-Noah-Theorie sind vom afrikanischen Ursprung unserer Art überzeugt und glauben, sie habe sich von dort aus über die anderen Kontinente ausgebreitet.

9–11 *Heimat Savanne.* Die südafrikanischen Buschleute haben ein hunderttausende Jahre altes Wildbeutererbe bewahrt. Pfeil und Bogen *(links)* gehörten zwar noch nicht zur Bewaffnung früher Jäger, sondern Speere, aber die Jagdmethoden blieben prinzipiell die gleichen: große Geduld, Vertrautheit mit den Gewohnheiten des Wildes und die Beharrlichkeit, einem verwundeten Tier stunden- oder gar tagelang zu folgen, ehe man seiner Beute habhaft wurde *(oben, links).* Die Pflanzen und Kleintiere sammelnden Frauen *(oben)* leisteten bereits damals den wichtigsten Beitrag zur Subsistenz, denn dank ihrer genauen Naturkenntnisse verstanden sie es, selbst in Notzeiten Eßbares herbeizuzaubern.

12 *Blick aus der Vergangenheit*. Die Höhlen an der Mündung des Klasies River in Südafrika lieferten entscheidende Hinweise, daß bereits vor 100000 Jahren anatomisch moderne Menschen in diesem Teil der Erde lebten.

durch rezente, eher kurzfristige Anpassungen noch von Eroberungen, Migrationen oder anderen historischen Ereignissen zerstört werden. „Wir sind Kinder unserer Vergangenheit", schrieb der Harvard-Wissenschaftler Stephen Jay Gould 1989, als er der Hoffnung Ausdruck verlieh, die Humangenetik könne eines Tages ein lebensechtes Portrait unser aller Abstammung zeichnen.

Existierte Eva?

Wenn wir die These akzeptieren, daß unsere Wiege in Afrika stand, bleibt die reizvolle Frage, ob es tatsächlich eine Urmutter des Menschengeschlechts gab, eine Frau aus Fleisch und Blut, mehr als eine Rechengröße in den Planspielen der Genetiker? Wer eine einzelne Person erwartet, eine identifizierbare alleinige Ahnin des *Homo sapiens*, wird enttäuscht sein. Die Antwort lautet dann nämlich nein. Nur in Überlieferungen und Legenden leben solche Individuen – Erstgeborene, Spender des Lebens oder, wie bei Adam und Eva, die ersten Sünder. Die Eva der Heiligen Schrift gehört diesem mythischen Personenkreis an, heißt es doch, sie sei ihrzeit das einzige weibliche Wesen auf Erden gewesen. Als legendäre Gestalt, Frau des Uranfangs, steht sie als Symbol für das Erwachen der Menschheit. Aus dem Blickwinkel der Wissenschaft stellen sich die Verhältnisse anders dar, denn Gene sind nicht Ausweis einer Einzelpersönlichkeit, sondern Summe interagierender Personen – Männer und Frauen. Vielleicht existierte in der Tat einmal eine „Eva", doch ist ausgeschlossen, sie irgendwann zu entdecken. Ihre Identität verbirgt sich unter tausenden archaischer Menschen, die vor rund 200 000 Jahren südlich der Sahara umherstreiften. Die Eva der Forscher tritt uns daher notgedrungen als Idealtypus entgegen, als anonymes Subjekt, dessen schemenhafte Konturen wir hinter dem Paravent genetischer Daten bestenfalls erahnen. In ihrer Eigenschaft als menschliche Stammutter mag sie dem Formenkreis des archaischen *Homo sapiens* angehört und ihre Mitochondrien-DNS Hominiden weitergegeben haben, die sich, Generationen später, zum *Homo sapiens sapiens* entwickelten.

Stephen Jay Gould feiert den Mitochondrien-Stammbaum, wie er von Rebecca Cann entworfen wurde, als wissenschaftlichen Meilenstein – jene eindrucksvolle und schnörkellose Topologie eines Baumes mit zwei sich an der Basis treffenden Ästen. Er hebt hervor, daß genetische Detektivarbeit ein historisches Faktum geschaffen habe, das die Zusammengehörigkeit der Menschheit glanzvoll untermauere, ein Umstand, der allzu gerne vergessen werde. Trotz aller somatischen Unterschiede – Hautfarbe, Haarform, Größe etc. – eint uns alle die gemeinsame Urgeschichte, die vor verhältnismäßig kurzer Zeit in Afrika begann. Falls die Berechnungen der Genetiker zutreffen, blicken wir auf einen historischen Fixpunkt zurück, den Anfang einer langen Reise.

Die Humangenetik hat den Stoff für das Szenario der Menschheitsentwicklung geliefert. Er enthält Hinweise auf die Existenz miteinander verflochtener Populationen des archaischen *Homo sapiens*, der ab 200 000 Jahren vor unserer Zeit im subsaharischen Afrika lebte. Etwas später, zwischen 130 000 und 90 000 Jahren vor unserer Zeit verzweigte sich der Stammbaum in eine Linie, die dem Schwarzen Erdteil treu blieb, und in eine weitere, deren Angehörige neue Lebensräume besiedelten. Doch, wie Rebecca Cann und andere Genetiker nicht müde werden zu betonen, reichen Retortenergebnisse allein nicht aus, um diese Thesen zu verifizieren. Archäologische, auf Fossildokumentation gestützte Belege sind zum Nachweis biologischer und kultureller Kontinuität zwischen dem archaischen *Homo sapiens* und den afrikanischen Vorfahren der Jetztmenschheit nötig. In den beiden folgenden Kapiteln wollen wir versuchen, die rohe Skizze der Humangenetik mit aus Bodenfunden gewonnenen Erkenntnissen auszumalen, ein Unterfangen, das dem in den Forschungslabors zusammengesetzten Puzzle an Spannung nicht nachsteht.

4. Heimat Savanne

Biochemiker und Paläoanthropologen stimmen überein, daß die Wiege der Menschheit in den Savannenlandschaften Schwarzafrikas stand. Die gleichen Grasländer und Trockenwälder, wildreiche Lebensräume noch zur Jahrhundertwende, waren vermutlich auch Heimat des *Homo sapiens sapiens*. Was zeichnet diese Biotope aus? Welche ökonomischen Anpassungen mußten entwickelt werden, um hier zu überleben? Und schließlich: welche Gerätschaften brauchten die steinzeitlichen Jäger und Sammler, um Tiere aller Größen und ein Heer von Pflanzen zu verwerten? Die Antworten auf solche Fragen geben wichtige Fingerzeige bei der Suche nach dem Ursprung unserer Art.

Die afrikanische Savanne

Östliches und südliches Afrika erinnern im Profil an eine umgestülpte Suppenschüssel. Die flachen Küstenebenen bilden den Rand, der steil zum 365–1220 m hohen Binnenplateau emporsteigt. Auf dem Hochland, dem „Bauch" der Schüssel, war der archaische *Homo sapiens* zu Hause, lebten vor etwa 200000 Jahren „Eva" und die Mitglieder ihrer Wildbeuterhorde. Im gleichen Lebensraum behauptete sich knapp 2,5 Mio. Jahre früher der Urmensch. Kulisse der ersten Schritte unserer Vorfahren ist eine grandiose Naturlandschaft, in der bewaldete Hügel, offene Grasländer und schroffe Gebirge einander ablösen. Verschiebungen der Erdkruste, seismische Erschütterungen und in ihrer Intensität ständig wechselnde Niederschläge zergliederten das Hochplateau in ein Mosaik vielfältiger Lebensbereiche, das sich über tausende von Kilometern zwischen Äthiopien im Norden und Südafrika erstreckt. Der Große Afrikanische Graben durchschneidet das Hochland in nordsüdlicher Richtung, ehe er im Tanganjika- und Malawi-See ausklingt. Sein nördlicher Abschnitt, die Afar-Senke in Äthiopien, furcht einen der heißesten Landstriche auf Erden. Weiter im Süden narbt der Grabenbruch Gebirge, die vom Nil entwässert werden, und speist Süßwasserseen, darunter Lake Turkana in Kenya, an dessen Gestade vor über 2 Mio. Jahren Jagdscharen des *Homo habilis* lagerten. Zu Füßen Äthiopiens und südlich Somalias dehnen sich wellige Ebenen, Bergmassive und Plateaus, deren Bäche und Flüsse ostwärts dem Indischen Ozean zuströmen oder nach Westen in das ostafrikanische Zwischenseengebiet abfließen. Hier, wo einst Wälder und Grasfluren einen Säugetierbestand ernährten, der selbst heutige Verhältnisse übertraf, herrscht die Savanne. Über die modernen Staaten Sambia, Malawi, Teile des östlichen Zaire und Angola erreicht die Ebene den Lauf des Sambesi. Jenseits des „graugrünen, ölglatten Limpopo", dem Rudyard Kipling in seinen *Just So Stories* huldigte, weicht der allgegenwärtige wechselfeuchte Miombe-Wald nach und nach offenerem Gelände, grasigen Ebenen, die endlich in der Kalahari-Wüste Namibias und der südafrikanischen Karroo versanden.

Auf den ersten Blick stellt sich die Savanne als monotones Panorama immergrüner und laubabwerfender, locker wie in einem Obstgarten stehender Bäume dar, mit Einsprengseln schlecht drainierter Graslichtungen und saisonalen Wasserläufen. Wer jedoch näher hinschaut, entdeckt ein faszinierend vielfältiges Ökosystem, das im gleitenden jahreszeitlichen Wechsel auf bezaubernde Weise sein Gesicht verändert. Die Regenzeit kleidet den Busch in üppiges Grün, zwischen den Holzgewächsen züngeln frische Gräser. Ducker, scheue Zwergantilopen, und andere Tiere des Dickichts verlassen ihre Verstecke und äsen im Vorgarten des Waldes. Riesige Herden Gnus und Zebras bevölkern die Steppen, sich von Zeit zu Zeit an natürlichen Teichen oder ephemeren Wasserlöchern zusammenfindend, wo Löwen und andere Raubtiere auf der Lauer liegen. Myriaden Bäume erblühen ebenso wie die übrigen Pflanzen und bilden Früchte oder Nüsse aus, die Mensch und Tier gleichermaßen als Nahrung dienen.

Ich entsinne mich eines kühlen Winterabends vor einigen Jahren, als ich am Ufer eines Flüßchens in Sambia nach steinzeitlichen Lagerstätten Ausschau hielt. Die Schatten wurden bereits länger, unter den Bäumen verblaßte die Vegetation zu fahlem Grau. Aus nahegelegenen Dörfern wehte der Rauch von Holzfeuern herüber. Ich hielt inne, um die Luft einzusaugen und mich der abendlichen Stille zu erfreuen. Zwei Ducker schlüpften durchs dichte Gebüsch, aufmerksam ihre Umgebung musternd, ehe sie am rasch fließenden Wasser tranken. Einen Moment lang fühlte ich mich in die Steinzeit versetzt, an die Stelle von Jägern, die genau hier Wild erwarteten, das in der Abendkühle zur Tränke strebte. Dann lärmten Kinder im Dorf, der Zauber war gebrochen, und die Ducker flohen in den Schutz des Waldes.

Wenn die Trockenzeit heraufzieht, dörrt das Plateau aus. Gras vergilbt, das Laub der Bäume raschelt ausgezehrt im kühlen Wind. Blitze entzünden verheerende Buschfeuer, die durch die dürren Wälder rasen, die Luft mit Rauch und die Atemwege reizender Asche verpestend, großes und kleines Getier vor sich her treibend. Zurück bleibt verbrannte Erde, schwarz verkohltes Land – doch nur für kurze Zeit. Aus der Asche sprießt neues Grün, finstere Gewitterwolken sammeln sich an jedem der glutheißen Nachmittage. Antilopen knabbern an den Schößlingen. Die Savanne feiert ihre Wiedergeburt, ein Tierparadies, das seit Jahrmillionen diesen Kreislauf erlebt.

Jagd in der Savanne

Es ist gar nicht so einfach, dem Lebensraum Savanne wirtschaftliche Erträge, in unserem Fall durch Jagd, abzuringen, wenn man keine modernen Feuerwaffen besitzt, noch nicht einmal Pfeil und Bogen benutzen kann. Die europäischen Entdeckungsreisenden, die das Innere Afrikas durchstreiften, hinterließen griffig-stereotype Beschreibungen des „Schwarzen Erdteils": geheimnisumwittert, wildreich, bewohnt von exotischen Völkerschaften, gepeinigt von Sklavenjägern und Elfenbeinhändlern. Mit Repetiergewehren ausgerüstete „Sportschützen", Prospektoren und Farmer folgten den Reisenden. Ihre Schilderungen erweckten den Anschein, als warteten unermeßliche Herden Wildtiere nur auf den Jäger. Tatsächlich verdankten diese Leute ihren Jagderfolg neben den durchschlagskräftigen Büchsen vor allem einheimischen Führern, die sich als Kundschafter und Spurensucher auszeichneten.

Wer auf den Reichtum der Natur angewiesen ist, um zu überleben, begreift das ökologische Gefüge besser als jeder andere. Die Fährtenleser der europäischen Reisenden wandten Methoden der Jagd und Pirsch an, die sich jahrtausendelang bewährt hatten und mit ihren Wurzeln tief hinab in die Steinzeit reichen. Holzbögen und vergiftete Pfeile, schnittige Speere, sorgfältig getarnte Schlingen und Fallen, ergänzt durch intime Kenntnis des Verhaltens der Wildtiere und ihrer Lebensräume – all das führte die Jäger zum Erfolg, so wie seit Urzeiten.

Als der Ethnologe Stuart Marks von der Universität Wisconsin in den 60ern ein Jahr lang einheimische Elefantenjäger im östlichen Sambia begleitete, um ihre Kultur zu erforschen, fand er sich im Bann einer verlöschenden Welt, stieß auf eine Geisteshaltung, die den Jäger mit Raubtieren wie Löwe und Hyäne brüderlich gleichsetzte. Oft hörte er die mit Stolz vorgetragene Erklärung „Ich selbst bin Teil der Jagd". Die

Fähigkeiten der Elefantenjäger beruhten noch immer auf prähistorischem Können, auf Beobachtungsgabe und Vertrautheit mit der Natur. Sie wußten die Zeichen zu deuten, die Elefanten hinterlassen, wenn sie Blätter von einem Baum naschen, kannten die Gräser, die Impalas bevorzugen, oder die Reifezeit bestimmter Früchte, die Duckern nur ein paar Wochen lang Nahrung bieten. Die Auswertung solcher Indizien war viel effektiver als die Speere oder primitiven Vorderlader in ihrer Hand, denn sie führten den Jäger zu seiner Beute.

Marks ging mit auf die Jagd, beobachtete, wie die Männer stundenlang Kudus oder anderes Wild anpirschten, frischen Kot untersuchten, die Windrichtung prüften, die Zusammensetzung einer Herde beurteilten. Lautlos schlich der Schütze näher, erstarrte, wenn die Herde sicherte, pirschte erneut, bis er aus günstiger Entfernung den Schuß anbringen konnte. Bei zehn Versuchen scheiterte der Jäger in der Regel siebenmal, und die ganze Prozedur wiederholte sich. Hatte er getroffen, sank das Wild in den seltensten Fällen sofort zu Boden. Meist dauerte es Stunden, manchmal Tage, ehe man die Beute auffand und tötete. Oft entkam ein verwundetes Tier oder es wurde von Raubkatzen angefallen, bevor die Verfolger es aufspürten. Die Deutung des Verhaltens von Tieren und die genaue Kenntnis ihres Lebensraumes zählten mehr als technologische Ausstattung. Die Lebensräume bieten selbst auf einer Fläche von nur wenigen Kilometern Ausdehnung hinsichtlich der Verbreitung beziehungsweise Verteilung des Wildes oder von Nutzpflanzen viel Abwechslung. Wissenschaftler glauben, daß dieser „Mosaik-Effekt", der Ressourcen hier verdichtete und dort entblößte, die Entfaltung von *Homo sapiens* maßgeblich beeinflußte.

Grundzüge des Wildbeutertums

Homo erectus (beziehungsweise *Homo heidelbergensis,* wenn man der Reklassifizierung von Andrews und Stringer folgt), der afrikanische Vorfahre des *Homo sapiens,* erschien vor etwa 1,6 Mio. Jahren auf der Bildfläche, zu einer Zeit, da trockeneres Klima als gegenwärtig herrschte. Die Frühmenschen sind geschicktere Jäger als ihre urmenschlichen Vorgänger gewesen, im Vergleich mit heutigen Wildbeutern aber, den südwestafrikanischen Buschleuten zum Beispiel oder Stuart Marks' sambischen Freunden, schneiden sie schlecht ab. *Homo erectus* lebte über Jahrzehntausende in kleinen, weit verstreuten Lokalgruppen, die riesige, dünn besiedelte Jagdreviere ausschöpften. Der Beschaffenheit überlieferter Beinknochen nach zu urteilen, war der Frühmensch gut zu Fuß, fähig zum Spurt über kurze Strecken, um kleine Antilopen und waidwundes Wild niederzurennen. Seine Vertrautheit mit den örtlichen Gegebenheiten dürfte ihn in die Lage versetzt haben, einfache Fallen zu stellen oder Schlingen an Wildwechseln zu legen, in die Perlhühner und andere Bodenvögel gingen. Selbstverständlich gehörte auch das Pirschen zum Waidwerk. Wie sonst hätten die Frühmenschen ihre Beute erlegen sollen, bewaffnet allein mit Holzspeeren, keulenartigen Knüppeln vielleicht und Steinen.

Diese Form der Jagd- und Sammelwirtschaft erhielt sich mehr als 1 Mio. Jahre mit nur geringfügigen Modifizierungen, gespiegelt durch ein breiter gefächertes Steingeräteinventar. Möglicherweise wagten sich die Jäger im Laufe der Zeit an größere, wehrhafte Tiere wie Schwarzbüffel oder Elefant, indem sie kränkelnde Individuen oder Einzelgänger überwältigten. Eventuell bediente man sich des Feuers, um Wild in Fallen zu treiben oder über steile Klippen zu stürzen, nutzte zu diesem Zweck die allmählich erwachende verbale Verständigung zur Kooperation mit Nachbarhorden. Wie in zeitgenössischen Wildbeuterkulturen oblag den Frauen wahrscheinlich die Pflicht des Sammelns von Nahrungsmitteln in der Natur. Wie wir aus dem Beispiel solcher rezenten Gemeinschaften ersehen, sind ihre weiblichen Mitglieder mit einer Vielzahl eßbarer Pflanzen vertraut, konzentrieren sich aber auf nur wenige Leckerbissen. Ein derartiges Vorgehen zahlt sich in mageren Jahren aus, wenn man auf andere Arten als natürliche „Reserve" zurückgreifen kann.

Wir kennen jetzt die Grundzüge des Wildbeutertums, die beherrscht werden mußten, um in der Heimat des archaischen *Homo sapiens* zu überleben. Auf dieser Grundlage entwickelte sein moderner Nachfahre fortschrittlichere Technologien und Jagdmethoden, die es ihm gestatteten, jeden Winkel der Ökumene zu kolonisieren.

Technologie

Frühmenschlichen Jägern standen als Hilfen vermutlich nur Holzspeere und Keulen zur Verfügung, außerdem dienten wohl Häute und Rindenstücke als Behälter, in denen Nüsse oder anderes Sammelgut ins Lager geschafft wurden. Keiner dieser vergänglichen Gegenstände hat sich bis heute erhalten. Es sind daher die Steingeräte und der bei ihrer Herstellung entstandene Abfall, die Rückschlüsse auf steinzeitliche Technologie zulassen. Ursprünglich fiel diese Technologie so einfach aus, daß die gleichen Fertigungsverfahren und Artefakte vom südlichen Afrika bis zum Nil, vom Nahen Osten bis Westeuropa und in Asien gebräuchlich waren. Wir können daher selbst kleinste Schritte der Rohstoffbearbeitung in ihrer Fortentwicklung nachvollziehen und erhalten Wegweiser, die den weltweiten vorgeschichtlichen Kulturwandel zuverlässig anzeigen.

In dem Zeitraum vor 300 000 Jahren genügten wenig ausgereifte Techniken zur Fertigung von Hackgeräten, Faustkeilen, Schabern und anderen trivialen aber vielseitig verwendbaren Werkzeugen. Jede Änderung im Artefaktrepertoire spiegelt lediglich Verbesserungen der Produktionsvorgänge, die schon seit Jahrtausenden in Blüte standen. In einigen Regionen, dort, wo man Zugang zu ungewöhnlich feinkörnigem Gestein hatte, gab es zwei Methoden der Herstellung von dünnen Abschlägen in einigermaßen vorhersehbarer Form. Bei dem einen Verfahren gewann man maximal zwei größere flache Splitter von an Schildkrötenpanzer erinnernden Kernen (den Steinknollen, die Abschläge liefern) mit abgeplatteter Wölbung. Diese Technik, nach einem Pariser Vorort, wo die ersten so gefertigten Objekte zutage kamen, „Levallois" genannt, war recht materialaufwendig. Häufiger arbeiteten die Produzenten mit sogenannten „Scheibenkernen", von denen man durch entsprechende Trimmung sechs oder mehr klingenförmige Abschläge erhielt. Beide Verfahren hat die Wissenschaft mit dem Etikett „mittelpaläolithische Industrien" versehen; nach 200 000 Jahren vor unserer Zeit setzten sie sich in ganz Afrika, West-Eurasien und Südasien durch. Die abgängigen Sprengstücke, die bei den mittelpaläolithischen Techniken der Werkzeugherstellung anfielen, ließen sich in eine Fülle Gerätschaften verwandeln – dreieckige Messer, Schaber, Kerbsteine und Bohrer zur Be- und Verarbeitung von Fleisch, Häuten oder Holz sowie Stichel, die sich zum Rillenschneiden und Reliefieren von Horn, Knochen und wiederum Holz eigneten. Weiterhin dienten behandelte Abschläge zur Bewaffnung hölzerner Speerschäfte mit Steinspitzen. Menschen dürften Waffenspitzen bereits sehr früh unter Zuhilfenahme von Harz und einer Fiberbindung auf Schäften montiert haben, doch gewann diese Praxis augenscheinlich erst viel später, nach 100 000 Jahren vor unserer Zeit, an Boden.

Vor rund 150 000 Jahren legten sich steinzeitliche Gruppen in Afrika ein Geräteinventar zu, das verschiedene regionale Gegebenheiten reflektiert: das Leben im Wald, in der offenen Savanne oder an der Meeresküste. So finden wir jetzt schwerere Artefakte, etwa Picken, bei Gemeinschaften, die im Regenwald oder an seinem Rand hausten. Gruppen, die

Heimat Savanne

Vor über 200 000 Jahren in weiten Teilen der Alten Welt gebräuchlicher Faustkeil-Typus.

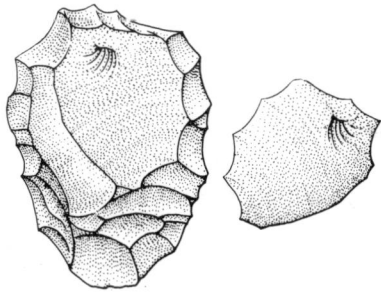

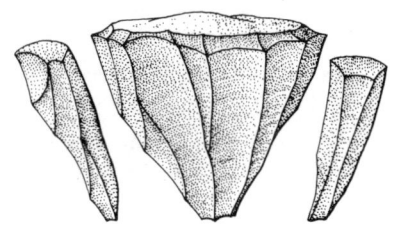

Während des Mittelpaläolithikums übliche Methoden der Steingeräteherstellung. Bei der ziemlich aufwendigen Levallois-Technik (oben) erhielt man lediglich einen Abschlag von dem vorbereiteten Kern, Scheibenkerne (rechts) dagegen lieferten sechs und mehr Sprengstücke.

Die um 100 000 v. h. erstmals auftretende Klingentechnik erlaubte einem Werkzeugmacher die Herstellung zahlreicher parallel abgeschlagener Rohlinge (Klingen) von einem sorgfältig getrimmten Kern.

über die Savanne zogen, nutzte solch schwere Ausrüstung nichts. Allmählich, verstärkt nach 100 000 Jahren vor unserer Zeit, entwickelten sie leichtere Gerätschaften, mehr Schaber und Messer, dazu schnittige Speerspitzen – ein Arsenal, mit dem die Altmenschen Antilopen aller Größen zu Leibe rückten.

Jener bunte Werkzeugkatalog enthielt gelegentlich in Form und Größe standardisierte, dünner und feiner gearbeitete Klingen als die, die vorher aus „Scheibenkernen" gefertigt worden waren. Sie stammten von sorgfältig getrimmten Knollen und stehen offenbar mit bestimmten, besonders edlen Rohmaterialien, den Quarziten der Sahara oder aus dem Küstengebiet des südöstlichen Afrika zum Beispiel, in Verbindung. Wir sehen also, daß sich die Menschen immer vollkommener in ihrem Lebensraum einrichteten und Gegenstände konzipierten, die dessen optimale Ausbeutung erlaubten.

Ein ökologisches Planspiel

Die Entwicklung leichtgewichtiger, vielgestaltiger Geräte ist das Barometer, an dem sich der schrittweise kulturelle und sogar biogene Wandel auf der afrikanischen Savanne nach 200 000 Jahren vor unserer Zeit ablesen läßt. Das Werkzeuginventar ist Teil eines provokanten Szenariums, das im Scheitelpunkt der Diskussion um Ursprung und Genese des *Homo sapiens sapiens* den Weg beschreibt, den unsere Vorfahren genommen haben könnten.

Es gibt zwingende ökologische Gründe für die Annahme, daß der Savannenbiom die Geburt der Menschheit flankierend und stimulierend begleitete. Wie der Physische Anthropologe und Ökologe Robert Foley von der Universität Cambridge ausführt, dürfte der pleistozäne Klimawandel dabei eine wichtige Rolle gespielt haben. Zwar blieb Afrika von Vergletscherungen, wie wir sie von der nördlichen Hemisphäre kennen, verschont, doch berührten Umweltveränderungen tiefgreifend sowohl die Tierwelt als auch den Menschen. In den Kaltzeiten waren die Klimaverhältnisse kühler und trockener, die Feuchtwälder befanden sich auf dem Rückzug, während sich Savannenlandschaften ausdehnten. Interglaziale bewirkten kurzfristig eine Umkehr dieses Musters. Foley erkennt Beziehungen zwischen solchen klimabedingten Umwälzungen und dem Auftreten neuer Arten Wirbelloser, Fische und Säugetiere. Meerkatzen, eine Gattungsgruppe altweltlicher Primaten, bilden geradezu ein Lehrbeispiel für diese Beobachtung, spalteten sie sich doch in mindestens sechzehn Arten auf, die unterschiedliche Habitate im zentralen Afrika besetzten, als auch der *Homo sapiens* kulturelle Vielfalt erprobte. Sicher besteht ein Zusammenhang zwischen den Fluktuationen der Wälder und der adaptiven Radiation der Affen, da es sich überwiegend um hyläische Formen handelt. Foley glaubt, daß umgekehrt das Schrumpfen und die neuerliche Ausbreitung der Savannen für die menschliche Entfaltung ähnliche Bedeutung hatten wie die Verteilung des Waldbestandes für die Meerkatzen.

Wie Foley weiter spekuliert, zerstreuten sich frühe Populationen des *Homo sapiens* über weite Gebiete, lebten in Trupps von maximal sechzig Personen, die arbeitsteilig und auf verwandtschaftlicher Basis organisiert waren, außerdem streng selektiv in ihren Nahrungsgewohnheiten, da sie Fleisch sowie nahrhafte Nüsse und Obst bevorzugten. Nimmt man das Verhalten von Pavianen als Parameter, wird deutlich, daß eine derartige Konstellation in Lebensräumen aufzutreten pflegt, die mosaikartig verschachtelte Habitate mit einer großen Bandbreite hochwertiger, in Menge und Verfügbarkeit abzuschätzender Kost aufweisen – Habitate, wie wir sie in der afrikanischen Savanne antreffen. Um solche ökologischen Nischen aber optimal ausbeuten zu können, mußte *Homo sapiens* effizienter bei der Jagd werden. Pflanzen sind hinsichtlich ihrer von Reife, Fruchtung etc. abhängenden Nutzung leicht einzuschätzen, bei Jagdtieren jedoch, der ergiebigsten Subsistenzquelle auf der Savanne, tut man sich schwerer, da das Wild seine Einstände wechselt, zyklische Wanderungen unternimmt, auf Störungen empfindlich reagiert und anderes mehr. Selbst wenn die Beute gestellt ist, fällt es nicht immer leicht, sie zu erlegen, vor allem wenn ein paar Tiere beisammenstehen. Es scheint möglich, daß *Homo sapiens sapiens*, ein intelligenteres Wesen als seine Vorgänger, dank besserer Planung und der Erfindung steinerner Projektilspitzen, die das Töten auf Distanz erlaubten, Jagderfolge maximierte. Durchdachteres Vorgehen, technologische Effizienz und sorgfältig organisierte Sammelaktivitäten bildeten Faktoren, die der neuen Menschenform gestatteten, die Ressourcen ihrer Heimat im Blick auf den zu erwartenden Ertrag gewinnbringend auszuschöpfen.

Foley meint, die Evolution der Jetztmenschheit stehe in Zusammenhang mit dem oben erwähnten Speziationsprozeß und habe sich innerhalb des zeitlichen Rahmens vollzogen, den die Genetiker zu erkennen glauben. Anfänglich waren die biogenen Veränderungen gering, mündeten letztlich aber in kulturelle und soziale Umwälzungen, die die Weichen für eine rasche Ausbreitung des anatomisch modernen Menschen stellten.

Das Planspiel Foleys, ergänzt durch genetisches Datenmaterial, ergibt ein allgemeines, wenngleich hypothetisches Drehbuch des Auftretens von *Homo sapiens sapiens* im Afrika südlich der Sahara vor über 100 000 Jahren. In Kapitel 5 besetzen wir die Darsteller anhand archäologischer Quellen und Fossilfunden.

5. Unsere afrikanischen Ahnen

Nach Vorstellung von Rebecca Cann und anderer Forscher entstammt der *Homo sapiens sapiens* einem älteren Bevölkerungssubstrat, dessen Lebensraum die afrikanische Savanne war. Bisher blieben die Umrisse dieses Altmenschen und seiner frühen anatomisch modernen Nachfolger vage, gegründet allein auf geistreiche Spekulationen und die Auswertung genetischer Befunde. Läßt sich das Bild im Feld schärfer stellen, also paläontologisch absichern? Wir wollen uns nun einigen der afrikanischen Fossilien zuwenden, die der kritischen Periode zwischen 300 000 und 50 000 Jahren vor unserer Zeit zugewiesen werden.

Die Vormenschen der Gattung *Australopithecus*, der Urmensch *Homo habilis*, die vielen Artefakte und Knochenfragmente aus der Olduvai-Schlucht, dem East Turkana-Distrikt und südafrikanischen Höhlen belegen über jeden Zweifel, daß im subsaharischen Afrika die Wiege unserer Art stand. Trotzdem glaubten einige Wissenschaftler, danach sei es zum Hinterhof der Evolution geworden, zu einem der letzten Flekken, die *Homo sapiens sapiens* besiedelte.

Man kann Forscher wegen dieser Überzeugung nicht tadeln, denn die Fossildokumentation verlief schleppend. Die meisten archäologischen Fundplätze waren kaum mehr als Haufen verstreuter Steingeräte, die sich darüber hinaus exakter Datierung entzogen, weil weder die Radiokohlenstoff-Methode noch andere heute gebräuchliche Meßverfahren existierten, als man die Stätten entdeckte. Prägend für die Theoriebildung der afrikanischen Urgeschichte erwies sich ein bemerkenswertes Fossil, das 1921 in Sambia, dem damaligen Nordrhodesien ans Licht kam.

Der Mensch von Broken Hill

Am Nachmittag des 17. Juni 1921 stießen der Bergmann Tom Zwigelaar und seine Leute in einer verschütteten Höhle unter der Blei- und Zinkmine Broken Hill (Kabwe) auf einen menschlichen Schädel. Zwigelaar ergriff das Stück und pflanzte es auf einen Pfahl, weil er die Arbeiter zu größeren Anstrengungen anspornen wollte. Dort blieb es ein paar Tage

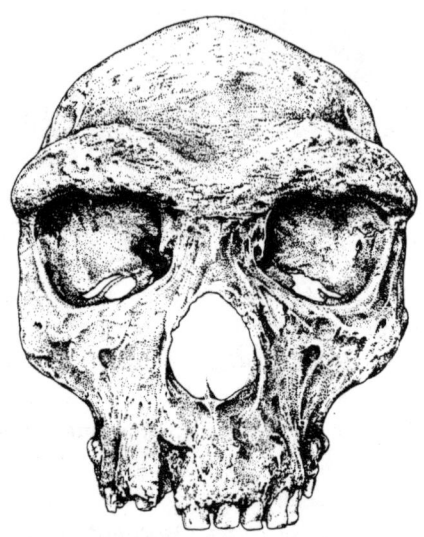

Der 1921 in Broken Hill (Kabwe) geborgene Schädel eines archaischen *Homo sapiens*.

lang, ein massives, schweres Calvarium, das die Bergwerksleitung so sehr beeindruckte, daß sie sogar die Mühe auf sich nahm, es dem Anatomen Arthur Woodward am Londoner Naturwissenschaftlichen Museum zu schicken.

Zunächst dachte Woodward, er habe einen fossilen Gorilla vor sich, doch dann ordnete er den Fund einem primitiv aussehenden menschlichen Wesen zu. Der Schädel besitzt mächtig entwickelte Überaugenwülste, die nahe der Nasenwurzel zusammengewachsen sind; das Stirnbein ist niedrig und sanft geschwungen. Ein markanter Knochenkamm verläuft quer zur Hinterhauptskurve, Ansatzstelle für die ursprüngliche, kräftige Nackenmuskulatur. Woodward beschrieb den Gesichtsschädel als ungewöhnlich groß und in die Länge gezogen, mit breitem Gaumendach und vorspringenden Wangenbögen. Wochen später erhielt er Überreste eines zweiten Individuums: Bruchstücke von einem moderner wirkenden Gesichtsschädel und Teile des postkranialen Skelettes mit Langknochen. Auch diese Gliedmaßenfragmente schauten ganz modern aus.

Der Anatom verglich die Kabwe-Fossilien mit Neandertalern, europäischen Altmenschen, die etwa zwischen 100 000 und 35 000 Jahren vor der Gegenwart lebten. Wie sich herausstellte, wichen die Kabwe-Exemplare in mancherlei Hinsicht, insbesondere der Lage des Foramen magnum (Hinterhauptsloch), wo Schädel der Wirbelsäule aufsitzen, von Neandertalern ab. Dies und andere Merkmale veranlaßten Arthur Woodward zur Beschreibung einer neuen Menschenart: *Homo rhodesiensis*.

In europäischen Augen wirkte das Kabwe-Calvarium seltsam archaisch, unterstrich durch seine Massigkeit scheinbare Primitivität. Zu einer Zeit, in der die meisten Wissenschaftler der Doktrin rassischer Überlegenheit huldigten und annahmen, unsere Art habe sich in nördlichen Breiten entfaltet, konnte es nicht überraschen, daß die Kabwe-Fossilien als Zeugen für das Überleben altertümlicher Hominiden im südlichen Afrika angerufen wurden. Man ging von der Prämisse aus, diese archaischen Formen hätten sich sehr spät, vielleicht vor 15 000 Jahren, zum *Homo sapiens sapiens* gewandelt oder stellten gar einen Totast der Entwicklung dar.

Solche „Hinterhof-Theorien" hielten sich hartnäckig bis in die 60er Jahre, weniger weil die neue Forschergeneration noch immer dem kaum verhüllten Rassismus der Altvorderen aufsaß, sondern weil es an Fossilien mangelte, mit denen sich arbeiten ließ.

Border Cave

Wie so oft in der Geschichte der Archäologie existierten bereits Belegstücke, die auf die Anwesenheit sehr früher Vertreter des *Homo sapiens sapiens* hindeuteten, ehe ihre wahre Natur offenbar wurde. Border Cave liegt an der Westflanke der Lebombo-Berge, an der Grenze der Republik Südafrika zu Swasiland. Die Höhle ist 31 m tief und trägt in 7 m Höhe über dem Eingang ein Felsschutzdach (Abri), zu dem man auf einer ziemlich langen abschüssigen Böschung gelangt – eine steinzeitliche Wohnstätte wie aus dem Bilderbuch, sogar mit Wasser in der Nähe. 1940 grub der Bauer William Horton in dem abgelagerten Fledermauskot, der sich aus dem Mund der Höhle nach draußen ergießt, um Dünger zu gewinnen. Dabei stieß er auf Fragmente eines menschlichen Schädels und Gliedmaßenknochen. Kurz darauf meldete Horton den Fund Professor Raymond Dart, dem Entdecker des *Australopithecus* in den 20er Jahren. Die Knochen sahen zwar recht modern aus, die vergesellschafteten Steingeräte jedoch gehörten ihrer Form nach ins Mittelpaläolithikum – ein Paradox, denn man erwartete damals, standardisierte Klingen in Assoziation mit *Homo sapiens sapiens* vorzufinden. Jedenfalls war Dart so interessiert, daß er eine Grabung arrangierte.

Drei von Professor Darts Kollegen, der Geologe Basil Cooke, der Archäologe Barry Malan und der Physische Anthropologe Lawrence Wells, gruben Border Cave zwischen 1941 und 1942 aus. Dabei förderten sie weitere menschliche Überreste zutage – ein 4–6 Monate altes Baby, das in einer Grabmulde beigesetzt worden war, bisher fehlende Teile des Originalschädels sowie den Unterkiefer einer dritten Person, alle aus Kulturschichten des Mittelpaläolithikums. Die drei jungen Forscher publizierten ihr Material 1945, darauf verweisend, daß die Skelettfragmente tatsächlich zu anatomisch modernen Menschen gehörten. Hinsichtlich der Vergesellschaftung mit den Werkzeugen vertraten sie allerdings die Ansicht, die Knochen seien in tiefere Schichten „abgerutscht", stünden zu den Artefakten demnach in keiner direkten Beziehung. Erst 1970 erfolgte eine Nachgrabung, jetzt unter Leitung von Peter Beaumont von der Universität Witwatersrand.

Dieses Mal bediente man sich verbesserter Grabungsmethoden. Beaumont zog den amerikanischen Geologen Karl Butzer aus Chicago hinzu, der die Schichtensequenz in der Höhle begutachten sollte. Ferner konnte er auf die Unterstützung einheimischer Experten für Radiokohlenstoffdatierung bauen und versicherte sich der Hilfe des Zooarchäologen Richard Klein, ebenfalls aus Chicago, um festzustellen, welche Tiere die Höhlenbewohner gejagt hatten. Die Nachgrabung ergab, daß Border Cave in der Tat von Menschen des Mittelpaläolithikums genutzt wurde. Neben ausgestorbenen Tieren erlegten sie solche, die noch heute in der Gegend vorkommen. Die Werkzeuge, die sie herstellten, entsprachen denen, die auch andernorts im südlichen Afrika in Gebrauch waren: „Scheibenkerne" und Geräte vom Levallois-Typ, daneben massenhaft Abschläge. Allerdings gab es einen bedeutsamen Unterschied – eine kurze Phase in der mittelpaläolithischen Siedlungsperiode, in der standardisierte Klingen und Klingenmesser mit stumpfen Rücken vorherrschten. Eine andere Interpretation kam nicht in Frage: In Border Cave hausten früher als vor 15 000 Jahren morphologisch moderne Menschen und sie verwendeten – zumindest kurzfristig – verfeinerte Klingengeräte.

Die Radiokohlenstoffdaten brachten bedauerlicherweise keine definitive Klärung, da ausgerechnet aus den Straten, in denen Cooke, Malan und Wells ihre Fossilien fanden, kein datierbares Material zur Verfügung stand. So versuchten Beaumont und Butzer die Korrelation von für andere Fundplätze gesicherte Klimadaten mit von Tiefsee-Bohrkernen gewonnen Befunden, um die Dauer der Besiedlung einzugrenzen. Auf dieser Grundlage ergab sich ein Alter zwischen 115 000 und 49 000 Jahren für die mittelpaläolithischen Schichten.

1972 trat Beaumont mit der Behauptung an die Öffentlichkeit, seine Ausgrabung beweise, daß das südliche Afrika keineswegs ein „Hinterhof der Evolution" gewesen ist, sondern eher eine „Krippe" der modernen Menschheit vor vielleicht 100 000 Jahren. Die meisten Archäologen verhielten sich abwartend, zweifelten sie doch an der Datierung. Drei Jahre später erklärte der deutsche Anthropologe Rainer Protsch die Border Cave-Fossilien für anatomisch modern und verband seine Feststellung mit der These, vor rund 40 000 Jahren hätte sich die Jetztmenschheit von Afrika aus rasch über andere Kontinente verbreitet.

Viele Fachleute verwarfen ein hohes Alter der Border Cave-Hominiden, da sie kaum datierbar schienen und Zweifel bestanden, aus welchem Stratum deren Knochen wirklich stammten. Doch sogar die stärksten Skeptiker räumten ein, daß die ehemaligen Bewohner der „Grenzhöhle" selbst bei einem vermuteten Alter von etwas über 30 000 Jahren zu den frühesten Vertretern des *Homo sapiens sapiens* gehören mußten.

Die Höhlen am Klasies River Mouth

Ehe Beaumont seine Arbeit in Border Cave aufnahm, bestand die einhellige Auffassung, daß man die Vorgänge während des afrikanischen Mittelpaläolithikums nur verstehen werde, wenn Untersuchungen in einer Gegend stattfänden, in der entsprechende Bevölkerungen über lange Zeiträume lebten und Fossildokumentation an Mensch und Tier möglich sei. Mitte der 60er Jahre tat sich der Anatom Ronald Singer mit dem Briten John Wymer, einem Experten für steinzeitliche Archäologie, zusammen, um in einigen scheinbar unberührten Höhlen an der Mündung des Klasies River im südöstlichen Kapland der Republik Südafrika zu graben.

Die Steilküste, auf die die Höhlen blicken, ist wild und zerrissen; dahinter liegt eine schmale, bis 9,5 km breite Ebene. In urgeschichtlicher Zeit gewährleisteten ganzjährige Niederschläge, üppige Wälder, Wasser im Überfluß sowie freie Äsungsflächen für das Wild, daß die Gegend Anziehungspunkt für Jäger und Sammler wurde; Muschelbänke, Pinguin- und Robbenkolonien boten zusätzliche Anreize. Singer und Wymer wählten eine 7,9 m über dem heutigen Meeresniveau gelegene Kaverne für ihr Vorhaben aus und tauften den Grabungsort Klasies

River Mouth 1 (KRM 1). Wegen ihrer Nähe zum Ozean eignete sich die von der Brandung ins Gestein gefräste Höhle besonders gut zum Studium der komplexen Beziehungen zwischen menschlicher Besiedlung und eiszeitlichen Meeresspiegelschwankungen, wie sie an bestimmten, durch Hebung entstandenen Küstenabschnitten ablesbar sind.

KRM 1, ein System zusammenhängender Hohlräume und Abris, wurde von John Wymer zwischen 1966 und 1968 erforscht. Der Ausgräber untersuchte 17,9 m mächtige Fundschichten und schätzte, daß weitere 6 m vom Ozean abgetragen worden waren. Diese stetige marine Erosion behinderte die Grabungsarbeiten erheblich. So bildete die Anlage von Suchschnitten eine große technische Herausforderung, mußte aber in Angriff genommen werden, weil sich Bruchstücke hominider Schädel, Kieferteile, einzelne Zähne und Fragmente von Extremitätenknochen überall verbargen. Sie gehörten zu anatomisch modernen Menschen, alle in Vergesellschaftung mit mittelpaläolithischen Artefakten.

Wymers Grabung trug sehr zum allgemeinen Verständnis von KRM 1 bei, vermochte aber nicht, jede der anstehenden Fragen befriedigend zu beantworten. Deshalb wandte sich der südafrikanische Prähistoriker Hilary Deacon von der Universität Stellenbosch nahe Kapstadt ab 1984 erneut der Fundstätte zu. Sein Team grub sorgfältig entlang des natürlichen Schichtenprofils; Referenzpunkte setzte ein Meßgitter aus Schnüren, die Quadrate mit je einem Meter Kantenlänge bildeten. Sein Vorgehen erlaubte Deacon die Unterscheidung dünner Flugsandlagen ohne Artefaktbefund von Schichten, die im Lauf der Zeit vom Menschen hinterlassene Werkzeuge und Tierknochen enthielten. Alle Details, darunter sogar Feuerstellen, wurden kartiert; den Abraum sichtete man in bis zu 2 mm feinen Maschensieben. Gleichzeitig sammelten die Ausgräber Sedimentproben. Zurück im Labor bereiteten Deacon und seine Studenten dieses Material zur Analyse vor. Die Ablagerungen lieferten wertvolle Aufschlüsse über die damaligen Klimaverhältnisse, da viele der Körnchen Schliff- und Verwitterungsspuren aufwiesen, wie sie entstehen, wenn heftige Winde Sand aus Trockengebieten verdriften.

Nach Monaten konzentrierter Arbeit mit dem Mikroskop sah sich Deacon in der Lage, ein differenziertes Bild der Siedlungsgeschichte am Klasies River vorzulegen. Ebenso löste er auf geniale Weise das Datierungsproblem. Der Forscher sandte einige Muschelschalen aus der untersten mittelpaläolithischen Fundschicht an den Geophysiker Nick Shackleton von der Universität Cambridge. Shackleton, bekannt durch seine Periodisierung eiszeitlicher benthaler Ablagerungen, ermittelte mit Hilfe der sogenannten „Emiliani-Kurve" (Darstellung temperaturabhängiger Häufigkeitsverhältnisse der stabilen Sauerstoffisotope ^{16}O und ^{18}O u. a. in den Kalkschalen von Meerestieren) ein Alter von über 90 000 Jahren für das fragliche Stratum. Die beiden menschlichen Oberkieferbruchstücke aus dieser Schicht mußten demnach zwischen 100 000 und 80 000 Jahre alt sein.

Nach einer Unterbrechung in der menschlichen Nutzung wurde die Höhle anschließend wieder regelmäßig besucht. Damals garantierte das nahe Meer den Bewohnern reiche Muschelernten. Wie aus den mächtigen Schalenhaufen hervorgeht, bildeten die Weichtiere zu dieser Zeit die Hauptnahrung der Leute vom Klasies River Mouth. Das ist erstaunlich, denn während des Mittelpaläolithikums lebte man andernorts fast ausschließlich von den Erträgen der Jagd und der Sammelwirtschaft. Der Sauerstoffisotopenbestimmung an Konchylien zufolge, datiert die Siedlungsphase der Muschelesser früher als 80 000 Jahre vor der Gegenwart.

Der letzte mittelpaläolithische Siedlungshorizont deckt sich mit einem stratigrafischen Abschnitt, den Deacon „Upper Member" nannte. Spuren zahlreicher Feuerstellen belegen, daß Menschen die Höhlen an der Mündung des Klasies nun häufig frequentierten. Shackeltons Labor geht von einer Nutzung um 70 000 Jahre vor der Gegenwart aus – ein Richtwert, der sich zu einer Episode globaler Absenkung des Meeresspiegels zwischen 80 000 und 60 000 Jahren vor unserer Zeit fügt.

Hilary Deacons penible Vorgehensweise bescherte der urgeschichtlichen Forschung im südlichen Afrika einen tragfähigen Sockel. Falls seine chronologischen Vorstellungen zutreffen – und die meisten Kollegen sind davon überzeugt –, ist der Beginn mittelpaläolithischer Ansiedlung am Klasies River im letzten Interglazial (vor 128 000–100 000 Jahren) anzusetzen und währte bis ins folgende Glazial, als sich der Indische Ozean weit von der heutigen Küste zurückgezogen hatte. Aus der Spanne zwischen 60 000 Jahren vor der Gegenwart und dem Endpleistozän liegen keine Hinweise auf menschliche Nutzung vor. Wir können also davon ausgehen, daß *Homo sapiens sapiens* seit mindestens 100 000 Jahren in Südafrika lebte, während eines wärmeren interglazialen Zyklus', ehe kaltzeitliche Verhältnisse wieder für ein Absinken der Welttemperaturen sorgten.

Als John Wymer die Parade der aus KRM 1 geborgenen Steingeräte typologisch ordnete, sah er sich einer recht einheitlichen Sammlung von Werkzeugen und dem bei ihrer Fertigung angefallenen Débris gegenüber. Eine Serie allerdings erregte seine Aufmerksamkeit: der Artefaktbestand des „Upper Member", datiert auf 70 000 Jahre vor der Gegenwart. Wie in Border Cave wichen auch diese Stücke stark von solchen

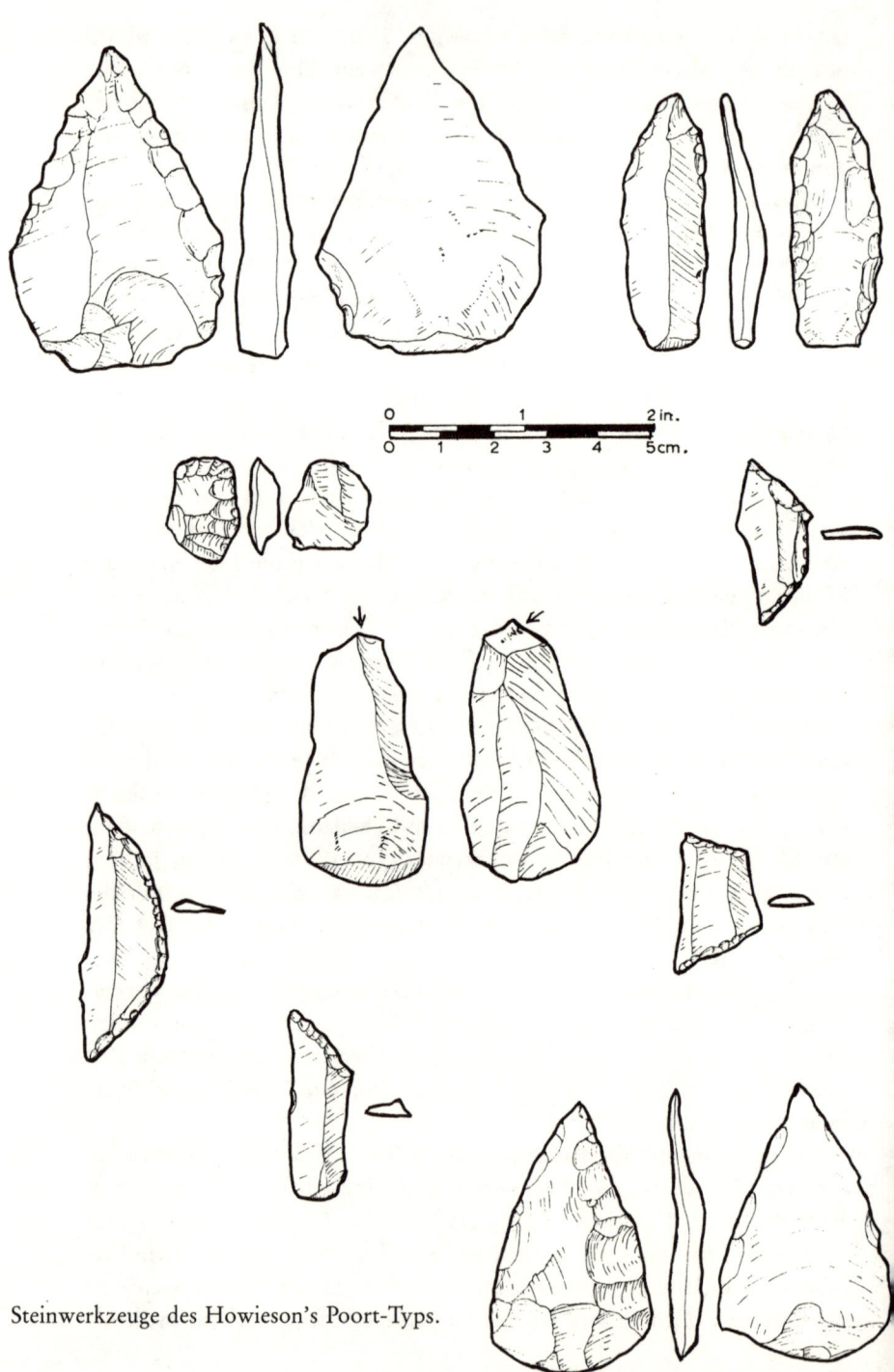

Steinwerkzeuge des Howieson's Poort-Typs.

aus älteren Straten ab. Die Produzenten bevorzugten kleine, dünne Abschläge und Klingen, die sich leicht zu Werkzeugen spezieller Funktion verarbeiten ließen, oder die so verwendet wurden, wie sie waren. Dabei nutzte man nicht nur vor Ort anstehendes Gestein, sondern wählte zunehmend feinkörniges Material unterschiedlichen Typs von Aufschlüssen in bis zu 20 km Entfernung. Die Klingenabschläge sind kleiner als ältere Exemplare, weniger als 5 cm lang; zu ihrer Herstellung bedienten sich die Werkzeugmacher womöglich eines Holz- oder Knochenhammers. Viele der Klingen wiesen eine leichte Zähnelung auf und könnten der Armierung von Speeren gedient haben. Andere Abschläge verwandelte man in „Messer" mit stumpfen Rücken, einige spitz zulaufend oder trapezförmig, hin und wieder sogar dreieckig. Auch sie fanden eventuell als Speerspitzen oder widerhakenartige Schafteinsätze Verwendung. Daneben gab es Schaber, Rillenschneider und Bohrer.

Das Rätsel von Howieson's Poort

Wymer und andere Fachleute wunderten sich über dieses Spektrum winziger, aus Klingenabschlägen gefertigter Werkzeuge, das unversehens auftauchte und ebenso plötzlich wieder verschwand. Was geschah am Klasies River vor etwa 70000 Jahren? Ergriffen Fremde von den Höhlen Besitz oder entwickelte die bodenständige Bevölkerung ganz neue Gerätschaften, vielleicht in Anpassung an ein gewandeltes ökologisches Milieu und eine veränderte Lebensweise? Da man den *Homo sapiens sapiens* schon aus älteren mittelpaläolithischen Fundschichten kannte, war ausgeschlossen, daß der zur Diskussion stehende Artefaktbestand das Erscheinen anatomisch moderner Menschen ankündigte. Als Wymer nach ähnlichen Industrien Ausschau hielt, fand er sie nicht allein im Repertoire von Border Cave weiter nördlich, sondern auch in einer Aufsammlung aus Howieson's Poort, einem südlich des Klasies River an der Kapküste gelegenen Abri, der in den 20er Jahren Archäologen angezogen hatte.

Howieson's Poort war ausgegraben worden, ehe man das Verfahren der Radiokohlenstoffdatierung kannte, und so ging die Forschung lange davon aus, daß eine späteiszeitliche Gruppe die eigenartigen Werkzeuge geschaffen hätte. Demnach wären sie viel jünger als die Klingen vom Klasies River gewesen. Nun stellte sich dank der Eckdaten von KRM 1 ihr wesentlich früheres, mittelpaläolithisches Alter heraus, ungeachtet des „modernen" Aussehens.

Klasies River und Howieson's Poort stehen mittlerweile nicht mehr allein! Werkzeuge des dort entdeckten Typs kamen auch andernorts ans Licht, fanden sich in Stationen des zentralafrikanischen Waldlands nördlich des Sambesi ebenso wie am Kap der Guten Hoffnung. Überall treten sie und begleitende Fertigungstechniken schlagartig auf, ehe sie wieder in den langlebigen und sich nur gemächlich entwickelnden mittelpaläolithischen Industrien der Region untertauchen. Eine wohlfeile Erklärung ist nicht zur Hand. Vielleicht, argumentiert Hilary Deacon, erwies es sich als Vorteil, die Kleinklingen zu schäften, denn Speere mit gezackter Treffläche reißen größere Wunden und verursachen kräftigere Blutungen als simple Holzwaffen. Warum aber verschwand solch überlegenes Gerät dann wieder in der Versenkung? Weil es die Hersteller nicht verstanden, Klingen und Schaft effektiv miteinander zu verbinden? Kamen stabile Befestigungen erst vor etwa 50000 Jahren in Mode, als der *Homo sapiens sapiens* technologisch fortgeschrittener war?

Mögliche Hinweise liefert eine zweite Grabung Deacons, die Boomplaas-Höhle im Tal des Cango, nördlich von Oudtshoorn in der Kapprovinz gelegen. Boomplaas wurde kurz nach 80000 Jahren vor der Gegenwart zunächst von Howieson's Poort-Leuten besiedelt, während der ersten Etappen des letzten Glazials. Damals, es herrschte Trockenklima, jagten die Menschen nur wenige Arten. Vor 60000 Jahren jedoch ging mehr Regen nieder, und die Zahl der Säugetiere, die sich der Höhle näherten, wuchs. Dann verschwanden die Artefakte des Howieson's Poort-Typs urplötzlich. Lange Klingenabschläge und andere kennzeichnende mittelpaläolithische Werkzeuge traten an ihre Stelle; noch vor 30000 Jahren gebrauchten die Bewohner von Boomplaas solches Gerät. Ein weiterer Kälteeinbruch ereignete sich zwischen 21000 und 18000 Jahren vor unserer Zeit. Erst jetzt dominierten wiederum standardisierte Klingen, die Industrien des Mittelpaläolithikums für immer verdrängend.

Deacon weist darauf hin, daß die Stratigrafie von Howieson's Poort die sich wandelnden Klimaverhältnisse im südlichen Afrika anfangs der letzten Kaltzeit spiegelt. Er glaubt, man habe die Kleinklingenindustrie entwickelt, um im Verlauf trockener, kühlerer Phasen ausreichend Beute zu machen. Unter formalen Gesichtspunkten betrachtet, zeichnet sie sich durch größere Standardisierung aus und – oft, doch nicht immer – durch bedachtere Wahl des Rohmaterials, z. B. Silkrit. Einige der Stücke waren als Projektilköpfe oder Seitendorne, Widerhaken vergleichbar, montiert. Deacon verbindet damit die kühne These, im Rahmen verstärkten Ressourcenwettbewerbs hätten die Bewaffnungstechniken für höhere soziale Identität gesorgt. Als der Wettstreit um Wild und Jagdreviere anläßlich der Klimabesserung vor 60000 Jahren mildere Züge annahm, verloren die Jagdgeräte ihr gesellschaftliches Prestige und wurden zugunsten älterer Formen beiseite gelegt. Die Artefakte des Howieson's Poort-Typs sind daher unter Umständen Paradigma für gestiegene Hirnleistung und intellektuelle Fähigkeiten des *Homo sapiens sapiens,* der, als es darauf ankam, Kreativität bewies, und seine Erfindung preisgab, als sie nutzlos geworden war.

Wenn die Fossilien und der materielle Nachlaß vom Klasies River, von Border Cave und anderen Orten in Südafrika mit der Anwesenheit morphologisch moderner Menschen verknüpft werden können, wie ordnen sich diese Funde nun in die gesamtafrikanische Entwicklungsschiene zum *Homo sapiens sapiens?*

Systematik der afrikanischen Homo sapiens-*Fossilien*

Auf den ersten Blick läßt sich die phylogenetische Linie vom *Homo erectus* (bzw. *Homo heidelbergensis*) zu den Klasies River-Menschen und anderen südafrikanischen Funden schwer ausmachen. Dies ist hauptsächlich dem Umstand geschuldet, daß aus der kritischen Periode zwischen 500000 und 120000 Jahren vor unserer Zeit nur vereinzelte Fossildokumente vorliegen. Gehört beispielsweise der robuste Kabwe-Schädel in das Ahnenkabinett anatomisch moderner Hominiden? Und kann man eine bestimmte Population des archaischen *Homo sapiens* als Stammgruppe der Jetztmenschheit ansehen? Der einzige Weg, hier Klarheit zu schaffen, führt über die Gliederung aller bekannten Funde in verschiedene morphologisch definierte „Grade". Genau hierzu entschloß sich der deutsche Paläoanthropologe Günter Bräuer von der Universität Hamburg. Zunächst unterzog er jedes Fossil aus der Spanne zwischen 300000 und 50000 Jahren vor der Gegenwart einer gründlichen Detailanalyse. Dann folgte er dem Vorschlag seines britischen Kollegen Chris Stringer, den *Sapiens*-Formenkreis gemäß seiner morphologischen Kennzeichen typologisch zu ordnen. Das so entstandene Stufenmodel veranschaulicht einleuchtend, wie sich die letzten Schritte der Evolution unserer Art vollzogen haben könnten.

Bräuers erste Stufe, der „früh-archaische *Homo sapiens*", umfaßt die Kabwe-Individuen, den Bodo-Menschen der äthiopischen Afar-Senke sowie weitere Fossilien aus ganz Schwarzafrika – von Hopefield in der Kapprovinz bis Ndutu und Eyasi in Tansania. Dieses Ensemble mor-

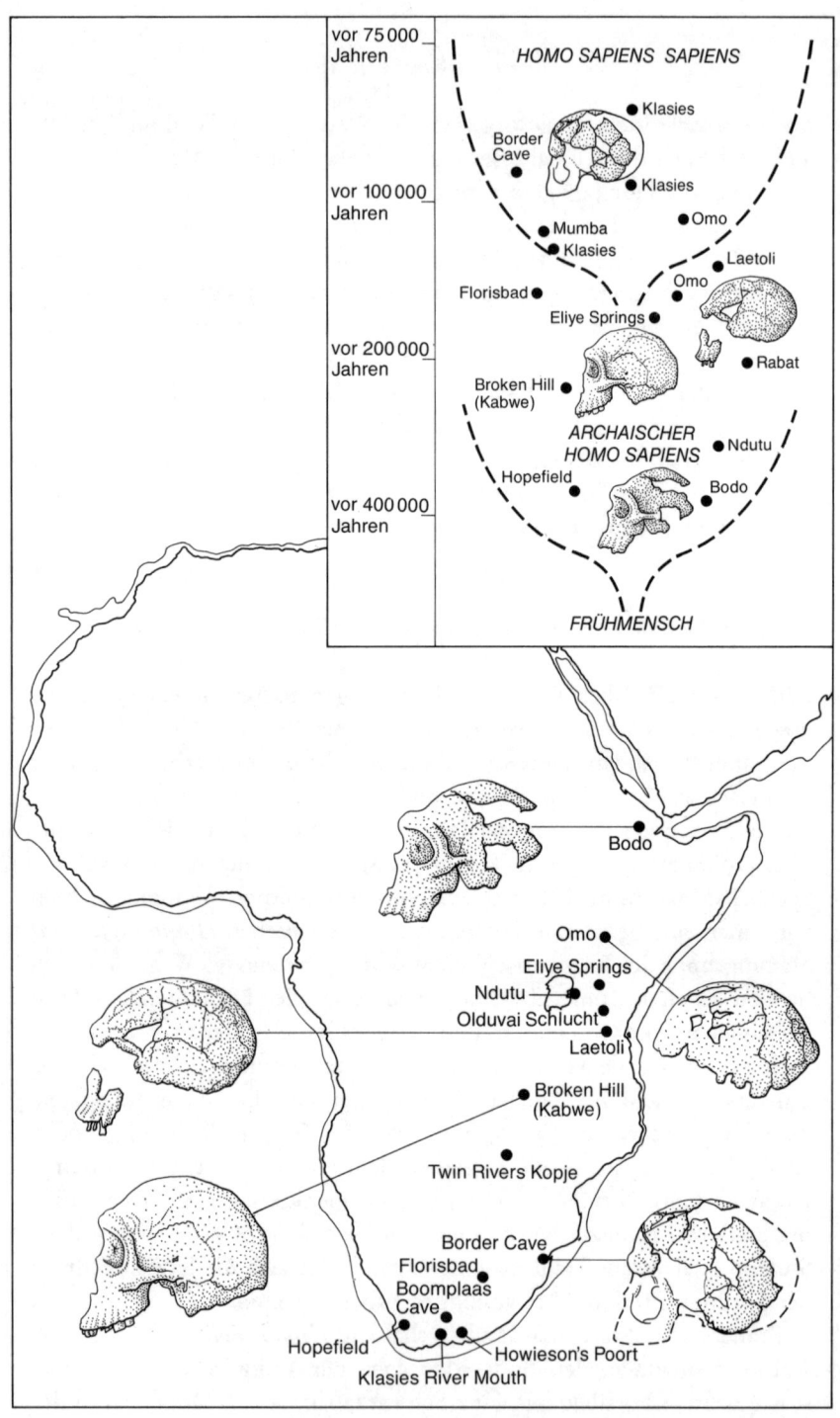

Lage einiger der im Text beschriebenen Fossilfundorte. Im Kasten die chronologische Abfolge dieser Funde nach der Vorstellung von Günter Bräuer.

phologisch robuster Typen ist in sich nicht geschlossen, teils wegen offenbar bestehender Geschlechterunterschiede. Alle Exemplare sind anatomisch fortgeschrittener als der Frühmensch, verfügen über größere Hirnkapazität und andere Merkmale, durch die sie sich dem Jetztmenschen nähern. Kein Fossil konnte sicher datiert werden, doch lebten die Formen wahrscheinlich nach 300000 Jahren vor der Gegenwart. Bräuer meint, aus dem Mosaik der vorgefundenen Merkmale auf ein Substrat schließen zu dürfen, von dem sich spätere „Grade" des *Homo sapiens* ableiten lassen.

Einige Fossilien sind weniger kräftig gebaut und wirken anatomisch moderner. Bräuer faßt sie in einer „spätarchaischen" Übergangsgruppe zusammen. Auffallend ist die Kombination plesiomorpher Kennzeichen, der niedrigen Stirnpartie etwa oder der ausgeprägten Überaugenwülste, mit vielen neuen Charakteristiken, z. B. einem gerundeten Schädeldach. Abermals erkennen wir breite Variabilität innerhalb der Typenreihe, die Vertreter aus dem Omo-Tal in Äthiopien, Eliye Springs in Kenya, Laetoli in Tansania sowie Florisbad in Südafrika vereint. Wie es scheint, stehen diese Hominiden dem Jetztmenschen näher als dem *Homo sapiens rhodesiensis* und seinen ost- und nordafrikanischen Verwandten. Sie waren es, die vor ca. 150000 Jahren den Savannenlebensraum bevölkerten – nach etwa 100000jähriger Entwicklung aus den robusteren Vorfahren –, und sie sollten sich, legt man das Klasies-River-Material zugrunde, keine 50000 Jahre später zum *Homo sapiens sapiens* wandeln.

Mit der Hirnschale aus dem Tal des Omo-Flusses im äußersten Südwestzipfel Äthiopiens (Omo 2) liegt uns ein Fundstück aus einer Bodenschicht vor, die man mittels Uran-Thorium-Radiometrie auf 130000 Jahre vor unserer Zeit datierte. Der Geologe Karl Butzer nimmt an, daß das Stratum im letzten Interglazial gebildet wurde, und die Kalotte mindestens 100000 Jahre alt ist. Neben den Kieferfragmenten von KRM 1 verfügt die Forschung hier über den zeitlich am besten abgesicherten frühen *Homo sapiens sapiens*.

Etwas jünger dürfte ein ebenfalls aus der Omo Kibish-Formation geborgener, gänzlich modern aussehender Schädel (Omo 1) sein, der zusammen mit Funden aus Tansania (Mumba-Abri) und Kenya (Kanjera) sowie den späteren vom Klasies River und Border Cave bereits jenseits der Schwelle zum Jetztmenschen anzusiedeln ist. Günter Bräuer geht von einem mehr oder weniger zeitgleichen Auftreten dieser Hominiden in weiten Teilen Afrikas aus. Zunächst, so Bräuer, waren die ersten anatomisch völlig modernen Populationen nur klein. Doch schon zwischen 100 000 und 70 000 Jahren vor der Gegenwart lebten unsere Vorfahren allenthalben auf dem Schwarzen Erdteil.

Der gesamte Evolutionsverlauf – der Übergang vom Frühmenschen zu altmenschlichen Formen und schließlich zum *Homo sapiens sapiens* – stellt sich als fließender Graduationsprozeß dar, der rund eine halbe Million Jahre in Anspruch nahm. Es fällt daher schwer, einen klaren taxonomischen Trennstrich zwischen dem frühmenschlichen Verwandtschaftskreis und dem Altmenschen zu ziehen oder die archaische von der Jetztmenschheit zu scheiden. Sowohl der *Homo erectus/heidelbergensis* als auch der ältere *Homo sapiens* zeichnen sich durch großen Variantenreichtum aus. Diese Vielfalt, insbesondere im Schädelbau, noch gesteigert bei Hominiden, die zwischen 300 000 und 100 000 Jahren vor unserer Zeit lebten, scheint, wie Bräuer vermutet, Indiz dafür, daß die finalen Entwicklungsschritte, verbunden vor allem mit der Ausdehnung des Hirnvolumens und der „Explosion" intellektueller Leistungen, sprunghafter vonstatten gingen als der anfängliche, eher gemächliche Wandel.

Menschen der Savanne

Folgt man Robert Foley (vgl. Kapitel 4), dann ist die afrikanische Savanne Urheimat des *Homo sapiens sapiens* gewesen. In diesem Lebensraum erfolgte nicht allein die anatomische Fortentwicklung der Jetztmenschheit, sondern auch die Vervollkommnung sprachlicher Fähigkeiten und die Entfaltung des Intellekts.

Unsere Vorfahren waren Jäger und Sammler, die in Lokalgruppen aus wenigen Kernfamilien das Grasmeer und die lichten Akazienwälder durchstreiften. Hier begegneten ihnen im Verlauf ihres kurzen Lebens kaum Fremde. Zu den kulturellen Anpassungen der frühen Wildbeuter gehörte wohl auch die Konservierung von Fleisch. In einigen mittelpaläolithischen Stationen – darunter Border Cave, Klasies River und Twin Rivers Kopje in Sambia – fanden sich nämlich kompakte Lagen zertrümmerter und verkohlter Knochen, was darauf hindeutet, daß die Jäger Biltong herstellten, geräuchertes Fleisch zum späteren Gebrauch. Ähnliche Packungen kennt man auch von zeitlich nachgeordneten Lagerplätzen in Malawi. Sie entstammen länglichen Feuergruben, in denen sich Asche und verbrannte Knochensplitter ansammelten. Heutige Wildererbanden liefern der Wissenschaft Anschauungsunterricht: Zuerst werden die Gliedmaßen der Beute vom Rumpf getrennt, dann klopfen die Männer das Fleisch so lange, bis alle Knochen zerborsten sind; es läßt sich so einfacher über Trockengestelle hängen. Im Biltong sind die Proteine konzentriert, der Nährwert pro Pfund steigt. Das Trockenverfahren erlaubt den Jägern auch die Lagerung des leicht verderblichen Fleisches, macht sie dadurch unabhängiger von den saisonalen Wanderungen des Wildes. Die Jagdorganisation fällt systematischer aus, wird weniger vom Zufall regiert.

Wildbret bildete nicht die einzige Nahrungsquelle. Ohne Frage waren die von den Frauen eingebrachten Körner, Triebe, Knollen, Früchte etc. eminent wichtig, übertrafen womöglich den Fleischkonsum an Bedeutung. Bereits vor 130000 Jahren erfreuten sich Mahl- und Handreibesteine weiter Verbreitung. Zähe Fleischteile oder spröde Pflanzenkost konnten dank solcher Geräte vorbehandelt und anschließend schmackhaft zubereitet werden. All dies beleuchtet die gewachsene ökonomische Komplexität. Nicht mehr Großwild und Sammelpflanzen allein bestimmten den Speiseplan, sondern örtlich auch Fische, Muscheln, Robben und andere Meerestiere.

Unsere Ahnen wagten ihre ersten Schritte in einem Milieu, das Nahrung in Hülle und Fülle bereithielt, in dem klimatische Umschwünge vergleichsweise moderat abliefen. Die Menschen bevorzugten relativ offene Lebensräume, Habitate, die sie vom Atlasgebirge im Norden bis zum Horn von Afrika im Osten und dem Kap der Guten Hoffnung im Süden vorfanden. Während der 750000 Jahre, in denen die Große Eiszeit herrschte, war Schwarzafrika zumeist vom Rest der Alten Welt abgeschnitten, der Zugang blockiert durch die fast sterile Einöde der Sahara. Kurzfristig jedoch, wenn Interglaziale ausreichend Niederschläge brachten, verwandelten sich Teile der Wüste in Steppenland, das prächtige Lebensbedingungen für Tiere und Menschen bot, die in der Savanne ihr Auskommen fanden. Dieser außergewöhnlichen Trockenlandschaft wollen wir uns nun zuwenden und untersuchen, welche Rolle die Sahara bei der Ausbreitung der Menschheit spielte.

Zweiter Teil

Diaspora

„Sie, lieber Watson, können alles sehen. Es gelingt Ihnen aber nicht, aus dem, was Sie sehen, Schlußfolgerungen zu ziehen. Sie sind einfach zu ängstlich."
Sherlock Holmes, in: „The Adventure of the Blue Carbuncle"

„Untersuchungsergebnisse sprechen nicht für sich. Ich bin in Räumen gewesen, in denen publizierte Ergebnisse lagen, und lauschte ganz aufmerksam. Doch nie hörte ich ein Wort."
Milford Wolpoff, 1975

6. Die pulsierende Sahara

Die Stichhaltigkeit der Argumente, wie sie Genetiker vorbringen, unterstellt – und es gibt archäologische Fakten, die ihre Ansicht untermauern –, entwickelte sich die Jetztmenschheit vor mindestens 100 000 Jahren in Schwarzafrika. Danach gabelte sich unser Familienstammbaum. Ein Ast führt zu den heutigen Afrikanern, der zweite zu den Bewohnern anderer Erdteile. Angenommen, der Ursprung unserer Art lag tatsächlich im Innern des „Dunklen Kontinents", wie, wann und weshalb gelangten Menschen von hier aus nach Norden und auf benachbarte Landfesten?

Die Große Wüste

Das Wort „Sahara" erweckt bei jedermann Assoziationen staubtrockener Trostlosigkeit, von unendlichen Dünenfeldern und palmengesäumten Oasen, wo sich der ermattete Reisende an unverhofft sprudelndem Naß labt. Doch entsprechen solche Bilder selten der Wirklichkeit, entspringen blumigen Romanschilderungen oder sind das Produkt kolonialzeitlicher Klischees. Die größte Trockenlandschaft der Erde aber wartet mit erstaunlichen Spielarten auf, kaum verwunderlich, bedenkt man, welch riesiges Gebiet die Sahara einnimmt. Fast das ganze nördliche Afrika gehört zu ihrem sonnendurchglühten Reich, ein Raum, so groß wie die Vereinigten Staaten von Nordamerika, Alaska eingeschlossen. Auf drei Seiten wird die Wüste vom Meer umspült, im Nordwesten begrenzt sie das Atlasgebirge, das sich von Marokko über Algerien nach Tunesien zieht. Im Osten stößt die Sahara an das Niltal, ein grünes Refugium für Mensch und Tier seit Beginn des Pleistozäns vor etwa 1,6 Mio. Jahren. Nach Süden zu verebbt „Bahr bela ma", die „See ohne Wasser" allmählich im Sahel, jenem Schüttergras- und Trockensavannengürtel, den Karawanenführer als ersehntes „Ufer" begrüßen, wenn sie den gewaltigen Sandozean durchmessen haben. Doch die Fronten der Sahara verschieben sich, nach verheerenden Dürren ebenso wie nach den sporadischen Regenfällen, die wie von Zauberhand ein paar Kilometer weiter südlich Grünland entstehen lassen, wo vor Jahren noch auszehrende Wüstenwinde fegten.

Der Großen Australischen Wüste vergleichbar, wölbt sich ein Gutteil des Sahara-Beckens nur 198–502 m über das Meeresniveau, wird an beiden Enden von Gebirgszügen flankiert: den Bergen des Atlas und den Massiven des äthiopischen Hochlandes. Andere Erhebungen – zerfurchte alte Plateaureste und die Ruinen imposanter Inselberge – liegen in fast regelmäßig zu nennenden Abständen dazwischen. Während feuchterer Phasen der Großen Eiszeit befanden sich hier hydrografische Zentren, Orte, an denen Flüsse entsprangen, die flache Seen füllten oder Nil und Niger, die Hauptströme an der nordöstlichen bzw. südwestlichen Peripherie, speisten.

Gegenwärtig gehört die Sahara zu den heißesten Flecken auf unserem Planeten. Trockene, absinkende Luftmassen von Nordost hüllen sie fast das ganze Jahr ein und halten die Quecksilbersäule nahezu konstant auf 37 °C, über mehr Tage als sonstwo auf der Erde. Die Niederschlagsmenge übersteigt in weiten Teilen der Sahara kaum 3,8 cm p.a., liegt meist sogar darunter. Verdunstungsverluste offener Wasserflächen oder der Vegetation erreichen globale Spitzenwerte. Reine Sandfelder oder Serirtafeln (Kies- und Geröllwüsten) sind beinahe steril, bieten höheren Lebensformen keine Existenzgrundlage, heute nicht und ebenso wenig in absehbarer geschichtlicher Zeit. Die Altägypter drangen zwar nilaufwärts bis zum Sudan vor, doch meisterten sie niemals die unwirtliche Einöde beiderseits ihrer Flußtaloase. Auch die Römer stießen nie weiter als ein paar hundert Kilometer südlich der fruchtbaren nordafrikanischen Mittelmeerküste vor. Ehe es berberischen Hirtennomaden, den Vorfahren der Tuareg, im ersten Jahrtausend nach Christi Geburt dank domestizierter Dromedare gelang, die Sahara von Norden nach Westen zu durchqueren, lag das tropische Afrika jenseits des Gesichtskreises der mediterranen Völker. Den enormen Lücken in der archäologischen Dokumentation nach zu urteilen, bildete die Wüste ein unüberwindliches Hindernis in früheren, trockenen Jahrtausenden. Zu Zeiten feuchterer Klimaphasen allerdings, zuletzt zwischen 7000 und 4000 Jahren vor heute, erwachte reiches Tier- und Pflanzenleben, Eldorado für umherziehende Wildbeuter und Viehzüchter.

Archäologische Feldforschung ist in der Sahara kein Zuckerlecken, selbst wenn man sich geländegängiger Fahrzeuge und modernster Ausrüstung bedienen kann. Viele Wissenschaftler entdeckten die Vorzüge des Dromedars bei der Lösung von Transportproblemen, verstauten ihre Funde in den Satteltaschen der „Wüstenschiffe". In Zusammenarbeit mit Botanikern und Geologen gelang es ihnen, die Schleier über einer urtümlichen, in stetem Wandel begriffenen Landschaft zu lüften. Gut erhaltene Flußpferdknochen aus den Wadis brachten sie nach Hause, fotografierten lebendige Felsmalereien und -gravuren an Felswänden oder unter Abris des Tassili-Plateaus, lasen Steinwerkzeuge und Tonscherben auf, die sich in über 8000 Jahren alten Seerandstationen fanden. Auch die Spuren noch früherer Bewohner wurden gesichert, von Menschen, die vor Jahrzehntausenden auf den offenen Ebenen der Sahara jagten.

Im Sog der Wüste

In mancherlei Hinsicht kann die Sahara mit einer gewaltigen Pumpe verglichen werden, die Tiere und Menschen während feuchterer Klimaphasen ansaugte und sie ausspie, wenn sich wieder aride Verhältnisse einstellten. Auf diese Weise beförderte die Wüste zahlreiche Säugetierarten einschließlich des Frühmenschen in den Mittelmeerraum und nach Europa, unter Umständen bereits vor 900000 Jahren, entlang des Nillaufs nach Palästina und über die Straße von Gibraltar nach Spanien. Ähnliche Wanderbewegungen dürften auch später in der Urgeschichte von der „pulsierenden" Sahara ausgelöst worden sein. Andererseits bildete die Wüste lange Zeit eine Barriere zwischen dem tropischen Afrika und der Mittelmeerregion. Das Niltal war dann der einzige Zugang. Wie europäische Forschungsreisende jedoch am eigenen Leibe erfuhren, hinderte der sudanische Sudd, ein sumpfiger Papyrusdschungel, das Fortkommen in beide Richtungen. „Der gleiche Dschungel wuchert auf allen Seiten und verstellt die Sicht", notierte John Hanning Speke gereizt. Als Speke, der sich aufgemacht hatte, die Nilquelle zu suchen, seine Expedition 1862 hierher führte, herrschten ringsum aride Bedingungen, und man sollte annehmen, daß der Nil-Sudd auch in früheren trockenen Klimaperioden eine natürliche Schranke setzte. So scheint es, als ob die lebensfeindliche Wüste und die Nilsümpfe jahrzehntausendelang Populationen des *Homo sapiens sapiens* im Süden zurückhielten.

Leider kennen wir kaum Details der Klimaschwankungen in Nordafrika vor 90000 Jahren. Der einfachste Weg, diesen Wandel zu rekonstruieren, besteht darin, Umrisse von Flachwasserseen, die einst riesige Gebiete einnahmen, kartografisch zu erfassen. Französische Klimatologen untersuchten zusätzlich die Häufigkeitsverteilung von Kieselalgen und entnahmen Pollenproben aus limnischen Ablagerungen. Sie entdeckten, daß der Wasserstand der saharischen Seen über die letzten 300000 Jahre ständig fluktuierte. Einige der festgestellten Reaktionsmuster resultierten aus lokal beschränkten Wechseln von feucht zu trocken und umgekehrt, andere zeigten großklimatische Varianzen an. Insgesamt betrachtet ergibt sich keineswegs das Bild einer allerorts gleichmäßig und zeitgleich „pulsierenden" Sahara. Bis auf die gebirgsnahen Landstriche im Nordwesten wurden die meisten Teile nur während einer globalen Erwärmung feuchter, die südliche, afrotropische Sahara hingegen durch kräftige Temperaturabschwünge, hervorgerufen durch Schwälle polarer Luft, trockener als heute. Immer vollzogen sich die Veränderungen auf verhältnismäßig kleinen Arealen, bildeten gewissermaßen ein Schachbrett gegensätzlicher „Zellen" und „Korridore".

Die französische Forschung konzentrierte sich im Schwerpunkt auf den Tschadsee am Südrand der Wüste, wo die Staaten Nigeria, Tschad und Niger zusammenstoßen. Heutzutage ist der See ein Schatten dessen, was er noch vor 5000 Jahren darstellte, füllte er doch während des damaligen Klimaoptimums eine Senke von der Ausdehnung des Kaspischen Meeres. Auch in den weiter zurückliegenden Jahrtausenden war sein Umfang steten Wandlungen unterworfen. Als Ergebnis der französischen Untersuchung stand ein Profil wechselnder Schichten Flugsand mit Seeablagerungen, die Kieselalgen enthielten – Indikatoren kühlerer und trockenerer Verhältnisse. Eine besonders ausgeprägte Episode rasanter Desertifikation spielte sich zwischen 20 000 und 13 000 Jahren vor der Gegenwart ab; sie deckt sich mit dem Höhepunkt der letzten Vereisung auf der Nordhalbkugel.

Frühere Fluktuationen sind sehr viel schwerer auszumachen oder gar zu datieren. Geochemiker unter Leitung von Charles Causse vom nationalen französischen Forschungszentrum haben einen solchen Versuch unternommen. Ihre Erkenntnisse, gewonnen von Trockenablagerungen des Azzel Matti und Erg Chech im Westen der Sahara bezeugen, daß die letzte substantielle Feuchtperiode vor ca. 90 000 Jahren ausklang. Ihr folgte eine lang anhaltende Wüstenphase, die bis zum Ende des Pleistozäns vor etwa 10 000 Jahren währte. Pflanzliches und tierliches Leben drängte sich in wenigen mosaikartig gewürfelten, klimatisch instabilen Gunsträumen zusammen, die wohl kaum ausreichten, um in ihren Mitteln beschränkte Wildbeutergruppen zu ernähren. Dies würde bedeuten, daß die Sahara 80 000 Jahre lang Schwarzafrika von der übrigen Welt abschottete. Unseren Vorfahren bot sich demnach nur die Möglichkeit, vorher auszuwandern oder danach, nicht aber innerhalb dieser Spanne.

Die pulsierende Sahara 75

Fossildokumente aus Nordafrika

Fossile Zeugen der menschlichen Entwicklung nördlich Schwarzafrikas sind nur aus den Atlasstaaten am Nordwestrand der großen Wüste bekannt. Ihre ältesten Vertreter stammen aus Rabat, Salé, Sidi Abderrahman und den Thomas-Steinbrüchen in Marokko sowie aus Ternifine in Algerien; sie spiegeln den evolutiven Übergang vom Frühmenschen zum früh-archaischen *Homo sapiens* zwischen 500 000 und 200 000 Jahren vor der Gegenwart.

Ebenfalls recht archaisch wirkend, doch viel jünger ist eine zweite Fundgruppe. 1939 barg der berühmte Harvard-Anthropologe, Charleton Coon, Skeletteile einiger Jugendlicher aus der Großen Höhle bei Mugharet el'Aliya in Nordwestmarokko. Ohne die Hilfe der Radiokohlenstoffmessung wurden sie seinerzeit auf ein Alter unter 100 000 Jahren geschätzt. In einer Station am Jebel Irhoud nahe der Atlantikküste Marokkos fanden sich zwei Schädel und ein Kieferbruchstück, die man in Vergesellschaftung mit Artefakten der Moustérien-Tradition (vgl. Kapitel 7) antraf; die Datierung ergab 60 000–40 000 Jahre vor heute. Zwei weitere, scheinbar spät-archaische Schädelfragmente des *Homo sapiens* kamen aus einer 47 000 Jahre alten Kulturschicht der Haua Fteah-Höhle in Libyen zutage. Moderner sehen auf 40 000–30 000 Jahre vor der Gegenwart datierte Schädelteile von Dar-ês-Soltan, Nordwestmarokko, aus. Ihnen ähneln Überreste aus der Témara-Station in derselben Region, datiert auf 30 000 Jahre vor unserer Zeit.

Im Gegensatz zu den schwarzafrikanischen Funden, die eine gewisse chronologische Kontinuität erkennen lassen, sind die Fossildokumente aus dem Norden durch einen zeitlichen Hiatus voneinander getrennt. Der mittelpleistozänen Gruppierung steht ein Block oberpleistozäner Typen gegenüber, die zwischen 60 000 und 30 000 Jahren vor heute gelebt haben dürften. Die jüngsten Exemplare der zweiten Serie erfüllen nahezu alle Kriterien anatomischer Modernität. Wie müssen wir diese eigenartige Konstellation deuten? Bilden die Angehörigen beider Typenkreise eine, wenn auch aus unbekanntem Grund unterbrochene Entwicklungsreihe? Entstanden also morphologisch moderne Menschen aus den nordafrikanischen Archaikern oder entfaltete sich der *Homo sapiens sapiens* südlich der Sahara und breitete sich dann, zwischen 128 000 und 100 000 Jahren vor unserer Zeit, nordwärts aus? Einige Fachleute, zum Beispiel Chris Stringer, verweisen auf die große Ähnlichkeit des Omo 1-Schädels (s. Kapitel 5) mit Vergleichsstücken aus Qafzeh und Skhūl im Nahen Osten (s. Kapitel 8). Sie glauben, daß Menschen afrotropischen

Ursprungs in der Levante und in Nordafrika ansässige archaische Formen, die einen etwas anderen Entwicklungsweg beschritten, verdrängten. Doch sind die aus dem Fossilbefund abzuleitenden Schlüsse so mehrdeutig, daß sie unsere Fragen nicht definitiv beantworten. Ist es dann vielleicht möglich, den Auftritt des *Homo sapiens sapiens* aus seinen materiellen Hinterlassenschaften zu belegen, tiefgreifenden technologischen Wandel zu erkennen oder fundamental neue Jagdmethoden?

Die urgeschichtliche Besiedlung der Sahara

Wie die Savanne Schwarzafrikas war auch die Sahara im letzten Interglazial, vor 128 000–90 000 Jahren, ein Paradies für Jäger und Sammler. Von ein paar regionalen Ausnahmen abgesehen, trafen sie ein kühleres und feuchteres Milieu als heute an. Im Norden gediehen paläarktische Laub- und Mischwälder, in den zentralsaharischen Gebirgen (Hoggar, Air, Tibesti) wuchsen mediterrane Eichen und Zypressen. Der südliche Gras- und Savannengürtel rückte stellenweise weit nordwärts vor. Wildbeutertrupps bot sich ein entsprechend weiter Aktionsradius. Pollenanalysen verraten, daß größtenteils semiarides Klima herrschte, vergleichbar dem im Ostafrika unserer Tage, wo Abermillionen Wildtiere das Grasland bevölkern. Während der trockenen Monate hielten sich Mensch und Tier nahe der Wasserlöcher und Binnenseen auf. Sie strebten wieder der offenen Steppe zu, wenn sich der Regen zurückmeldete.

Desmond Clark, der Doyen der afrikanischen Archäologie, gründete dies Modell auf Beobachtungen im heutigen Kenya. Hier wandern Elefanten etwa 80 km in acht Tagen, um Wasser zu finden. Für kleine, mobile menschliche Jagdscharen dürfte es ein leichtes gewesen sein, dem Wild auf solchen Zügen zu folgen. Im Tsavo-Nationalpark beispielsweise benötigen Elefanten einen Aktionsraum von 144,50 ha, vorausgesetzt, es fallen mindestens 25–30 cm Niederschlag in diesem ariden Landstrich. In der Sahara war es sogar während „humider" Phasen gewiß trockener als im Tsavo, so daß die Reviere des Wildes und seiner menschlichen Jäger mutmaßlich größeren Zuschnitt hatten. Die Übertragbarkeit unseres Modells unterstellt, legten die prähistorischen Wildbeuter der Sahara im ungünstigsten Fall jährlich zwischen 201 und 321 km zurück, wahrscheinlich aber weniger. Selbst bei nur geringer Siedlungsdichte waren also Jäger und Sammler imstande, in ein paar Jahrtausenden weite Areale zu kolonisieren.

Die pulsierende Sahara

Gestielte Projektilspitzen des Atérien.

Die Waffen der Atérianer

Vor etwa 200000 Jahren bewegte sich die Werkzeugherstellung auf höherem technologischen Niveau als vorher, zielte stärker auf lokale Bedürfnisse und Bedingungen. Es war der archaische *Homo sapiens*, der solche Artefakte fertigte. Ähnlich wie in Schwarzafrika wurden neue Abschlagstechniken auch an der marokkanischen Küste oder im Herzen der Sahara populär, darunter die unverwechselbaren Levallois- und „Scheibenkern"-Traditionen. Zunächst traten diese Industrien nur sporadisch auf. Doch vor 150000 Jahren wichen die ursprünglichen Faustkeile endgültig den leichteren mittelpaläolithischen Geräten.

Viele Werkzeugmacher des Mittelpaläolithikums retuschierten sorgfältig kleine Splitter von der Basis eines Abschlags oder einer Klinge, damit sich das fertige Objekt leichter schäften ließ und besser zum Beispiel in einen gespaltenen Stock paßte. Im nordafrikanischen Raum ging man einen Schritt weiter. Speerspitzen, Messer und Schaber wurden so beschlagen, daß am basalen Ende ein Vorsprung entstand, ein Stiel, den der Benutzer an einem Schaft oder Griff befestigen konnte. Solche gestielten Artefakte sind Erkennungsschlüssel des „Atérien", einer Kultur, die ihren Namen von der el'Ater-Höhle in Marokko, wo Archäologen zuerst auf sie stießen, herleitet.

Werkzeuge des Atérien-Typs fanden sich nördlich einer Linie von Dakar im Senegal bis Khartum im Sudan über die ganze Sahara verteilt, nicht aber im Niltal. Die „Atérianer", die vor maximal 100000 Jahren nahe des heutigen Erg Tihoudaine in Südalgerien lebten, seien hier stellvertretend genannt. In dem einst gewässerreichen Savannengelände überwältigten sie Elefanten, Gras- und Wasserbüffel, Elchgiraffen, Flußpferde und Krokodile; außerdem fingen sie Fische.

Im ausklingenden letzten Interglazial bot die Sahara Lebensraum für höchstens einige wenige Tausend „Atérianer", zersplittert in Dutzende mobiler Familienverbände. Als ihre Heimat vor etwa 90000 Jahren unversehens unwirtlicher wurde, sackte die Bevölkerungszahl im Innern der Wüste rasch auf den Nullpunkt; Wild und Jäger retteten sich vor der mörderischen Dürre in die Randzonen.

Das Atérien war möglicherweise nur eine unter mehreren weitverbreiteten Wildbeuterkulturen der Sahara am Ende der letzten Zwischeneiszeit. Es fanden sich nämlich auch mittelpaläolithische Artefakte, die an zeitgleiche Stücke aus den Savannen um den Tschadsee weiter im Süden erinnern. Können wir trotzdem davon ausgehen, daß die gestielte Waffenspitzen herstellenden „Atérianer" die ersten anatomisch modernen Menschen nördlich Schwarzafrikas repräsentieren? Leider ist diese Frage zu verneinen, denn Werkzeuge des Atérien-Typs tauchten auch in Vergesellschaftung mit den neuerdings auf 30000 Jahre vor der Gegenwart redatierten Mugharet el'Aliya-Fossilien auf, und ihre Fertigungsweise ähnelt zu stark den mittelpaläolithischen Technologien des Nahen Ostens und der subsaharischen Gebiete. Eher bildete das Atérien eine lokale Variante dieser älteren und sich nur langsam fortentwickelnden Traditionen. Vielleicht aber steuerte der *Homo sapiens sapiens* technisches „Knowhow" bezüglich der Schäftung und Bindung von Waffen oder der Verwendung kleinerer und spezialisierterer Geräte bei. Solche Artefakte könnten insbesondere in kühleren Trockenperioden von Vorteil gewesen sein.

Der Nil

Als im letzten Interglazial „Atérianer" in der Sahara jagten, fingen die Menschen am Rand des Nils, der damals in einem viel breiteren Bett strömte, vornehmlich Fische. Ihr Werkzeuginventar umfaßte in Levallois- und „Scheibenkern"-Technik hergestellte Geräte, darunter Speerspitzen und Schaber, wie sie auch im Nahen Osten oder an der afrikanischen Nordküste gebräuchlich waren. Einige Gruppen aber fertigten lanzettförmige Waffenspitzen und andere Artefakte, die eher dem materiellen Kulturbesitz ihrer mittelpaläolithischen Zeitgenossen weiter im Süden entsprechen.

Desmond Clark fragt sich, ob jene letztgenannten Werkzeuge nicht Teil einer subsaharischen Wildbeutertradition gewesen sind, geeignet zum Töten und Ausweiden großer savannenbewohnender Tiere wie Elefant, Schwarz- und Langhornbüffel, Breitlippennashorn oder Elen-

Die pulsierende Sahara 79

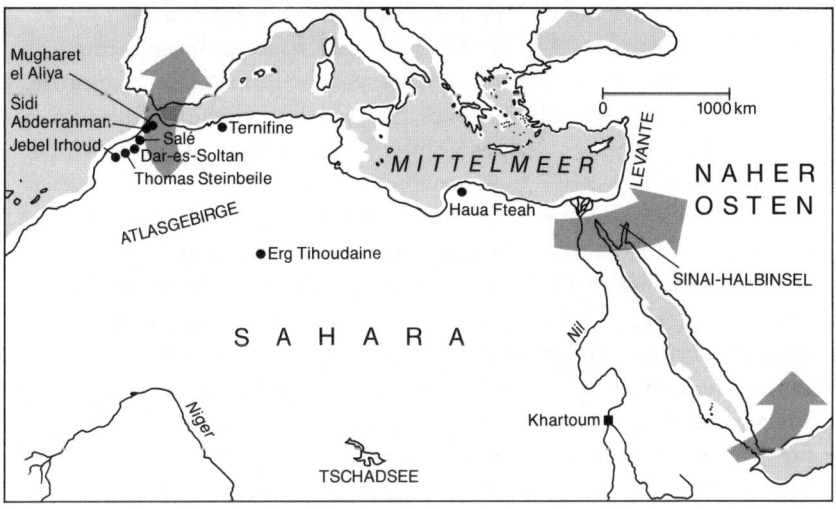

Die Sahara und mögliche Wanderrouten nach Norden während eiszeitlicher Niedrigwasserstände.

antilope. Die Verbreitung dieser dem Lebensraum Savanne angepaßten Technologie ins Niltal könnte mit der Nordwanderung menschlicher Populationen aus zunehmend trockener werdenden Landstrichen des Südens und Westens zusammenhängen. Vielleicht handelte es sich dabei um den *Homo sapiens sapiens*, doch das ist Spekulation.

„*Jenseits von Afrika*"

Die Vertreter der Arche Noah-Hypothese argumentieren, der Jetztmensch habe sich in Afrika entwickelt und sei von hier aus aufgebrochen, um andere Teile der Alten Welt zu besiedeln. Aus archäologischen und paläontologischen Befunden wissen wir, daß dort sowohl der archaische *Homo sapiens* als auch sein anatomisch moderner Nachfolger heimisch waren. Der *Homo sapiens sapiens* kann in der schwarzafrikanischen Savanne auf ein Alter von mindestens 100 000 Jahren zurückblicken, lebte hier anscheinend früher als sonstwo auf der Erde. Falls wir diesen Lehrsatz akzeptieren, drängen sich zwei wichtige Fragen auf: Vollzog sich der Evolutionsprozeß zum Jetztmenschen ausschließlich in Schwarzafrika oder auch im Norden des Kontinents? Welche Rolle übernahm die Sahara bei der Ausbreitung unserer Art?

Nordafrika hat noch weniger Fossildokumente vorzuweisen als der Süden des Kontinents. Da ihre Überlieferung dazu recht fragmentarisch ist, fällt es schwer, ihre genaue phylogenetische Position zu bestimmen. Obwohl einige Merkmale durchaus für morphologische Kontinuität in dieser Region sprechen, hält es Günter Bräuer, nicht zuletzt wegen der enormen zeitlichen Kluft zwischen der mittelpleistozänen und der oberpleistozänen Fundgruppe, für unwahrscheinlich, daß ein gradliniger Evolutionsstrang beide verbindet. Eher scheinen die zwei Formenkreise mit der noch näher zu beschreibenden Sonderentwicklung in Europa vernetzt zu sein. So dürfte die ältere Typengemeinschaft (Rabat, Salé etc.), den Frühmenschen von Ternifine ausgenommen, einen nordafrikanischen Ableger der sogenannten Ante-Neandertaler (vgl. Kapitel 7) bilden, die jüngere (unter anderem Jebel Irhoud, Mugharet el'Aliya) dagegen von Neandertaler-Zuwanderern aus Südeuropa abstammen, die im Gefolge zahlreicher Großtiere – darunter Kältesteppenmammut, Rot- und Riesenhirsch, Braun- und Höhlenbär – die Straße von Gibraltar nach Süden überschritten und sich, so Bräuer, später mit Jetztmenschen mischten, wie vor allem der Dar-ês-Soltan-Fund suggeriert.

Gleich, ob auch in Nordafrika morphologisch moderne Menschen aus archaischen Vorgängern entstanden oder nicht, unbestritten ist, daß die Sahara einen eminent wichtigen Part bei der Durchmischung von Bevölkerungen aus dem schwarzafrikanischen Raum und des Nordens spielte. Jedenfalls konnten aus dem Süden kommende Hominiden im Verlauf des letzten Interglazials, wohl zwischen 128 000 und 90 000 Jahren vor der Gegenwart, die Sahara nach Norden und in Richtung Niltal durchqueren. Über Jahrtausende von der „pulsierenden" Wüste zusammengewürfelt, lernten die Gruppen voneinander, hybridisierten unter Umständen sogar. Angenommen, das für die Funde vom Klasies River und Omo ermittelte Alter um 120 000–100 000 Jahre vor heute stimmt, entsprachen zumindest ein paar dieser Gruppen dem Bild des Jetztmenschen.

Vor annähernd 90 000 Jahren, womöglich etwas früher, trocknete die Sahara wieder aus. Sie „pumpte" ihre Bewohner aber nicht nur zurück nach Schwarzafrika, sondern spülte einige auch an die Gestade des Mittelmeers oder ins Niltal. Trifft die Arche Noah-Hypothese zu, dann gelangten Pioniertrupps des *Homo sapiens sapiens* so vor mindestens 90 000 Jahren via Sinai-Halbinsel in den Nahen Osten. Ehe wir aber ihre Geschichte dort fortschreiben, wollen wir uns mit den Neandertalern beschäftigen, den Ureinwohnern West-Eurasiens, in deren Jagdgründe der moderne Mensch nun eindrang.

7. Die europäischen Neandertaler

Als die Sahara vor 90 000 Jahren rasch auszutrocknen begann, zogen über der Nordhalbkugel die frostigen Vorboten des letzten Glazials, in Europa als Würm- oder Weichsel-Eiszeit bezeichnet, herauf. Die Auswirkungen dieser Vereisung waren allenthalben auf der Erde spürbar. So sank der Spiegel der Weltmeere örtlich mehr als 90 m unter das gegenwärtige Niveau und gab sonst untergetauchtes Festland frei. Sibirien verschmolz mit Alaska, die südostasiatische Landmasse mit den vorgelagerten Sunda-Inseln. Zwischen Großbritannien und der französischen Kanalküste gab es keinen trennenden Meeresarm; der Bosporus, heute geografische Scheidelinie von Kleinasien und Europa, fiel trocken, degradierte das Schwarze Meer zum Binnensee. Das heitere Mittelmeer verwandelte sich in eine kühle, nebelverhangene Waschküche. Seine nördlichen und östlichen Gestade gehörten zum Reich der Neandertaler, Abkömmlingen frühmenschlicher Pioniere, die hunderttausende von Jahren zuvor Afrika den Rücken kehrten.

Die Welt der Neandertaler

Zwischen 125 000 und 45 000 Jahren vor unserer Zeit, mancherorts auch länger, lebte *Homo sapiens neanderthalensis* in weiten Teilen der Alten Welt, verstreut über ein riesiges Areal vom Atlantik im Westen bis weit nach Innerasien und vom Nordural bis Palästina. Gemäß den Anforderungen ihrer Habitate bildeten diese zähen Jäger unterschiedliche körperliche Merkmale aus und entwickelten eine Fülle kultureller Anpassungen, meisterten selbst die strengsten Winter. Die Welt, in der sie sich eingerichtet hatten, verträgt kaum den Vergleich mit heutigen Gefilden, wich vollständig von den Gegebenheiten ab, die wir für das Mutterland des *Homo sapiens* schilderten.

Geotektonische Meßblätter geben Aufschluß über die Gestalt des Mittelmeers im letzten Hochglazial vor 27 000–15 000 Jahren. Marine Fluktuationen und die klimatischen Bedingungen, die sie hervorriefen, liest man von einer Paläotemperaturkurve, gewonnen aus dem Sauerstoffisotopenverhältnis der in Tiefsee-Bohrkernen enthaltenen Konchylien, ab. Judith Shackelton von der Universität Cambridge und ihre Kollegen Tjerd van Andel und Curtis Runnels aus Stanford konnten nachweisen, daß der mediterrane Wasserkörper anläßlich des glazialen Maximums stark geschrumpft war, sein Pegel 120 m unter dem derzeitigen Normalstand lag. Bis 80 km breite Küstenebenen erstreckten sich vor Ostspanien bis in den Rücken der französischen Seealpen. Korsika und Sardinien bildeten eine große Insel. Östlich Tunesiens und vor der libyschen Einbuchtung wies ein flacher Landsockel auf Sizilien, dazwischen befand sich ein wassergefüllter Trog von 59 km Ausdehnung. Ein landfester Steg verband Sizilien seinerseits mit Süditalien, die Straße von Gibraltar jedoch entblößte lediglich bei Ebbe ihren morastigen Grund. Selbst auf dem Höhepunkt der Vereisung schied ein 8 km breiter, den Gezeiten unterworfener Wattstreifen Europa von Afrika.

Vor 18 000 und vor 65 000 Jahren wuchsen nördlich des Mittelmeeres sommergrüne Laubwälder, an die sich ein düsterer Nadelwaldgürtel anschloß. Am Fuß der Alpen, wo bereits der Atem der Arktis wehte, weitete sich baumlose Tundra. Alpine Gletscher züngelten talwärts, vereinigten sich zu einem Eisstromnetz, das bis ins italienische, französische und deutsche Vorland reichte. Im Nordseeraum vermählte sich das von Skandinavien ausgehende Inlandeis mit den britischen und irischen Gletscherschilden.

Zwischen den Eispanzern dehnte sich scheinbar grenzenlose, an Zwergsträuchern und Kräutern reiche Steppentundra vom Atlantik zum Ural und darüber hinaus, eine unbarmherzig rauhe Landschaft, die der Winter neun Monate im Griff hielt. Während der warmen, kurzen Sommer machten Myriaden Stechmücken das Dasein zur Qual. Auf den ersten Blick schien die Tundra verwaist, doch bei näherem Hinsehen hätte man einzelne Fellnashörner, kleine Rudel Kältesteppenmammuts, Rentierherden oder andere arktische Tiere entdecken können. Die Oberflächengestalt dieses Lebensraums war gegen Süden und Westen stärker gegliedert, namentlich dort, wo Stromtäler – Refugien für Bäume, Tiere und den jagenden Menschen – das monotone Panorama durchschnitten.

In jener ausgesprochen unwirtlichen, unvorstellbar kalten Umwelt fanden die Eingeborenen West-Eurasiens, die Neandertaler, ihr Auskommen.

Die europäischen Neandertaler 83

Der Aufstieg der Neandertaler

Zwischen 900 000 und 700 000 Jahren vor der Gegenwart verließen die Vorfahren der Menschen, die sich hier im Norden ansiedeln sollten, Afrika – zusammen mit zahlreichen Tierarten, denen sie nachstellten. Bei den ersten Europäern und Asiaten handelte es sich um frühmenschliche Jagdscharen, eigentlich Bewohner der Subtropen und Tropen, die es gewöhnt waren, in einem Klimamilieu von durchschnittlich 27 °C zu leben. Dieser Temperaturwert bildet die Toleranzschwelle menschlichen Wohlbefindens: Der Körper ist weder überhitzt noch unterkühlt, wir frieren und schwitzen nicht. Unser Organismus erträgt ziemliche Abweichungen von der genannten Norm, da uns ein künstlich geschaffenes Mikroklima umgibt, das sich dem Bedürfniswert annähert. Als sich der Frühmensch in gemäßigtere Breiten vorwagte, gelang dies nur, weil er gelernt hatte, das Feuer zu zähmen und Wärmeverluste durch Kleidung sowie eine angemessene Behausung zu kompensieren. Außerdem betrieb er möglicherweise Vorratshaltung, trocknete vielleicht Beeren oder räucherte Fleisch.

Die Bevölkerungsdichte der menschlichen Pioniere in Eurasien blieb zweifellos gering, ihre Subsistenzstrategien jedoch bewährten sich mit bemerkenswert sparsamen Modifizierungen eine halbe Million Jahre lang. Getrieben vom Motor der Evolution wandelten sie sich allmählich aber physisch, wurden anatomisch „fortschrittlicher". Noch vor 400 000–350 000 Jahren erinnerten die Alteuropäer, belegt durch Funde aus Bilzingsleben in Thüringen, Tautavel westlich Perpignan in Südfrankreich und Vértesszöllös in Ungarn, stark an den *Homo heidelbergensis*. Spätere Fossilien, z.B. aus der Kiesgrube von Barnfield bei Swanscombe an der Themse oder Steinheim an der Murr in Baden-Württemberg, die dem Zeitraum zwischen 300 000 und 125 000 Jahren vor der Gegenwart zugeordnet werden, lassen bereits neandertaloide Merkmale erkennen. Die direkten Ahnen der „klassischen" Neandertaler Mittel- und Westeuropas lebten danach, sie selbst ab ca. 75 000 Jahren vor heute.

Wer waren die Neandertaler?

Die Bezeichnung „Neandertaler" leitet sich von einem Fossil ab, das 1856 beim Abbruch der Kleinen Feldhofer Grotte im Neandertal bei Düsseldorf entdeckt wurde. Der zur Begutachtung herbeigerufene Realschullehrer Johann Carl Fuhlrott erkannte sofort die menschliche Natur der Skelettreste. 1857 trug er der Generalversammlung des „Naturhistorischen Vereins der preußischen Rheinlande und Westphalens" seine Ansicht vor, der Fund stamme vermutlich aus der Eiszeit. Diesem hohen Alter mochte der Anatom und Mediziner Hermann Schaaffhausen, der die Stücke der Fachwelt vorgelegt hatte, nicht zustimmen, galt doch damals noch die Doktrin des großen Pariser Gelehrten Georges Cuvier: „L'homme fossile n'existe pas" (Den fossilen Menschen gibt es nicht). Franz Joseph Carl Mayer, ein Anatom aus Bonn, vertrat sogar die Meinung, das aufgefundene Schädeldach sei das eines mongolischen Kosaken, der sich 1814 bei der Verfolgung Napoleons über den Rhein unerlaubt von der Truppe entfernt habe. Als sich der Berliner Pathologe Rudolf Virchow, dessen Autorität in Deutschland niemand anzuzweifeln wagte, zu Wort meldete und das säbelbeinige Fossil zum Fall eines rachitischen Idioten stempelte, schien die Angelegenheit erledigt.

Auch der englische Biologe Thomas Huxley, bestens bekannt als streitbarer Gefolgsmann Darwins und Interpret dessen Evolutionslehre der natürlichen Zuchtwahl, untersuchte den Schädel anhand eines Abgusses gewissenhaft. Wie Fuhlrott kam er zu dem Schluß, die Überreste müßten sehr alt sein. Sein brillantes Plädoyer erschien 1863 in der aufsehenerregenden Abhandlung „Man's Place in Nature", die eine der längsten Kontroversen in der Geschichte der Paläoanthropologie auslöste: Wer waren die Neandertaler? Gehörten sie zu den Vorläufern des *Homo sapiens sapiens*? Welche Erkenntnisse liefern sie über die Entwicklung des Menschen während der letzten Eiszeit? Diese Fragen gewannen an Dringlichkeit, seitdem wir dank genetischer Analysen und durch Fossildokumente über Hinweise verfügen, daß die Wiege der Menschheit im tropischen Afrika stand, die Neandertaler aber schon in

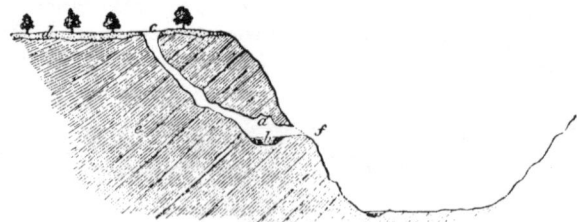

Lage der Kleinen Feldhofer Grotte im Neandertal nach einem Profilschnitt des 19. Jahrhunderts.

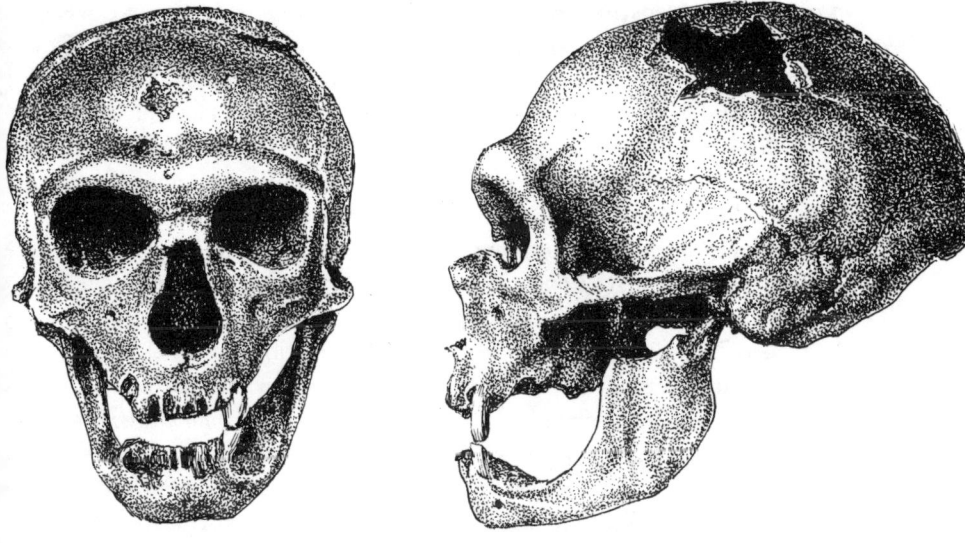

Ansichten des 1908 entdeckten Neandertaler-Schädels aus La Chapelle-aux-Saints in Südfrankreich.

Europa lebten, als sich der *Homo sapiens sapiens* gerade anschickte, in den Mittelmeerraum vorzustoßen.

Seit ihrer Entdeckung haftete den Neandertalern der Geruch barbarischer Wildheit an. Huxleys Artikel und seine Überzeugung, der Mensch „stamme vom Affen" ab, schockierten religiöse Zeitgenossen. „Hoffen wir, daß es nicht wahr ist", soll eine Dame voller Entsetzen ausgerufen haben, „falls es aber doch stimmt, laßt uns beten, damit niemand davon erfahre". Nun, die Wissenschaft behielt recht, die Neandertaler jedoch schlüpften in die Rolle von Comic-Figuren, keulenschwingenden Rohlingen, die in Höhlen hausten.

Solche Klischees gehen teilweise auf die Forschungen des französischen Anthropologen Marcellin Boule zurück. 1908 stieß man unter dem Abri von La Chapelle-aux-Saints im Tal der Vézère, Südfrankreich, auf ein unberührtes Neandertaler-Grab. Boule untersuchte diesen Fund und veröffentlichte alsdann eine Beschreibung, die ihm unbeabsichtigt zur Karikatur geriet. Seiner Auffassung nach war der „Mann von La Chapelle" eine tierhafte Kreatur, ein Jäger mit schlurfendem Gang und gebückter Haltung, den Kopf auf dickem Hals äffisch vorgereckt. Dem Schädelinnenraum nach zu schließen übertraf die Hirnmasse des Mannes die moderner Menschen, Boule aber hielt ihn für geistig beschränkt, weil ihm eine gewölbte Stirn fehle, angeblich Ausweis von Intelligenz. Er schloß daraus, daß Neandertaler nicht zu unseren direkten Vorfahren gehören und verlieh ihnen den Status artlicher Eigenständigkeit. Als 1912 Schädelreste, die man, wie es hieß, bei Piltdown Common im englischen Sussex ausgegraben hatte, der Öffentlichkeit vorgestellt wurden, glaubte Boule in diesem „*Eoanthropus dawsoni*" den handgreiflichen Beweis für die Abstammung des *Homo sapiens* gefunden zu haben.

Boules zweigleisiges Entwicklungsschema, das mit den Neandertalern als evolutivem *cul-de-sac* über eine sogenannte Präsapiens-Stufe zum Jetztmenschen führte, prägte jahrzehntelang phylogenetische Vorstellungen, häufig ergänzt durch ein kriegerisches Szenarium, nach dem die europäischen Altmenschen vom ihnen überlegenen *Homo sapiens sapiens* „hinweggefegt" worden seien. Der Physische Anthropologe Aleš Hrdlička von der Smithsonian Institution in Washington stand mit der Ablehnung dieser Sicht ziemlich allein. Weil er der „monströsen" Kombination des modernen Calvariums von Piltdown mit einem pongiden (menschenaffenartigen) Unterkiefer mißtraute, vertrat er die Theorie von der unilinearen Genese des Menschen, in der auch die Neandertaler auf unterer Ebene ihren Platz fanden. Hrdličkas Modell war von weiteren Altmenschenfunden in Mittel- und Osteuropa inspiriert, die große anatomische Varianz zeigten, einige wesentlich moderner wirkend als die robusten französischen Stücke. Nur eine Handvoll Wissenschaftler, darunter der deutsche Anatom Franz Weidenreich, unterstützten Hrdličkas These von der außereuropäischen Entwicklung zum *Homo sapiens sapiens* aus Neandertalern.

Nach dem 2. Weltkrieg blätterten sensationelle Funde und spektakuläre Theoriebildungen neue Seiten im Geschichtsbuch der Paläoanthropologie auf. Sie beförderten eine rationalere Einschätzung hominider Taxonomie. 1953 wurde der Piltdown-Schädel als Fälschung entlarvt, gleichzeitig die Suche nach unseren ältesten Vorfahren energischer vorangetrieben. Eine neue Wissenschaftlergeneration verscheuchte den Muff unter den Talaren betagter Ordinarien. Im Zuge dieser Ereignisse schenkte man auch dem La Chapelle-Schädel nochmals Aufmerksamkeit. Die jüngeren Forscher waren Boule gegenüber im Vorteil, denn sie konnten auf ein beachtlich angewachsenes museales Reservoir zurückgreifen, das neben Exponaten aus Frankreich auch Neandertalerfunde aus Mitteleuropa, dem Nahen Osten oder Usbekistan umfaßte. Boules morphologische Beschreibung erwies sich als größtenteils unhaltbar, doch in anderer Hinsicht schien er auf der richtigen Spur gewesen zu sein. Neandertaler, so korrigierte man, waren keineswegs Schwachsinnige, sie gingen nicht unbeholfen oder trugen ihr Haupt eingezogen zwischen den Schultern. Die krummen Beine schließlich, die Boule als Indiz für gebeugte Haltung ansah, rührten von einer arthritischen Rückgratserkrankung des Mannes von La Chapelle. Das neue Image stand den europäischen Altmenschen gut zu Gesicht: agile, kräftige Leute mit der Fähigkeit zu ausdauerndem Lauf und schnellem Spurt, dazu nicht gerade auf den Kopf gefallen.

Bis zum heutigen Tag scheiden sich an den Neandertalern die Geister. Eine Denkschule sucht zwischen den Extremen Boules und Hrdličkas zu vermitteln. Ihr „Prä-Neandertaler"-Modell sieht gemeinsame altmenschliche Vorfahren, aus denen der *Homo sapiens sapiens* und die „klassischen" Neandertaler Westeuropas hervorgingen. Zu den Anhängern dieser Hypothese zählen u. a. die Physischen Anthropologen C. Loring Brace und Milford Wolpoff. Für Wolpoff wurde sie zum Angelpunkt der Kandelaber-Theorie, glaubt er doch, aus relativ isolierten frühmenschlichen Populationen Europas und Asiens hätten sich archaische Formen des *Homo sapiens* gebildet, darunter auch die Neandertaler, und aus diesen die verschiedenen Spielarten des Jetztmenschen. Dabei muß es seiner Auffassung nach zu Genfluß (Vermischungsprozessen) gekommen sein, sonst wären aus den unterschiedlichen Regionaltypen eigene Arten entstanden. Solche morphologischen und kulturellen Mischgruppen seien vielerorts – ob in Mitteleuropa oder Südostasien – zu erkennen. Nach Wolpoffs Vorstellung stammt die Jetztmenschheit also nicht allein aus Afrika, sondern wurzelt auch in anderen Erdteilen. Schließlich, so fährt er fort, müsse von einer engen Verwandtschaft zwischen den Neandertalern und anatomisch modernen Menschen ausgegangen werden, weil beide über einen durchaus ähnlichen materiellen Kulturbesitz verfügten und ihre Toten rituell bestatteten.

Chris Stringer und der Neandertaler-Experte Erik Trinkaus von der University of New Mexico, um nur einige Namen zu nennen, vertreten die entgegengesetzte Anschauung. Sie halten die europäischen Neandertaler für Abkömmlinge eines entwicklungsgeschichtlichen Seitenastes, abseits des Stammes, der zum *Homo sapiens sapiens* führte. Günter Bräuer, der bereits die ältesten afrikanischen Fossilien des Jetztmenschen typologisch ordnete (vgl. Kapitel 5), hat auch für die west-paläarktische Seitenlinie ein Intergraduationsschema erarbeitet. Zur ersten Stufe, den Ante-Neandertalern, die in drei Graden zwischen dem Frühmenschen und spezialisierteren Spätformen vermitteln, rechnet er die Funde von Tautavel, Bilzingsleben, Vértesszöllös (1. Grad), Steinheim, Swanscombe, Petralona in Griechenland (2. Grad) und z. B. Fontéchevade in Frankreich oder Ehringsdorf bei Weimar (3. Grad). Hierauf folgen die sog. Prä-Neandertaler, zeitlich zwischen 125 000 und 75 000 Jahren vor der Gegenwart angesiedelt, mit Repräsentanten unter anderem aus Italien (Saccopastore), von der iberischen Halbinsel (Gibraltar) und aus Jugoslawien (Krapina). Diese Typengemeinschaft fächerte, so Bräuer, nach 75 000 Jahren vor heute in nordafrikanische (vgl. Kapitel 6), vorderasiatische (Kapitel 8) und europäische Regionalgruppen auf. Vor allem die europäischen Neandertaler zeichnen sich durch eine Anzahl archaischer Merkmale aus, die sie klar von anatomisch modernen Menschen abheben. Wir wollen uns diese Merkmale nun näher ansehen, um festzustellen, ob die Arche-Noah-These hierdurch munitioniert oder erschüttert wird.

Die Anatomie der Neandertaler

Im Vergleich mit Schädeln heutiger Menschen sind die Crania von Neandertalern lang, breit und tief. Die Stirnkurve verläuft flach („fliehend"), das Hinterhaupt ist nach rückwärts kegelförmig ausgezogen, es knickt zum basalen Abschnitt hin scharf um. Diese Morphologie steht in schroffem Kontrast zur Schädelform des Jetztmenschen, den eine hochgewölbte Stirnpartie auszeichnet. Betonte, bogig verbundene Überaugenwülste sowie schnauzenartig vorspringende Kiefer gehören zu den Merkmalen aller Neandertaler. Ihr Gebiß fällt durch Massigkeit auf, Kauapparat und Zähne des *Homo sapiens sapiens* wirken im Gegensatz dazu grazilier. Forscher, die früher Neandertaler untersuchten, neigten dazu, den Schädeln mehr Interesse zu schenken als der postkranialen Architektur oder, schlichter ausgedrückt, dem Körperbau. Marcellin Boule und andere hatten angenommen, daß die postkraniale Anatomie im wesentlichen modern sei, eine Vermutung, die sich als irrig erwies. Zwar ähneln die der Motorik bestimmten Gliedmaßen denen des Jetztmenschen, ebenso die Halswirbelsäule oder die Krümmung des Rückgrats, bedeutende Unterschiede jedoch gibt es im Verhältnis der Hebel und der muskulären Ausstattung.

Erik Trinkaus hat jene Abweichungen unter funktionsmorphologischen Gesichtspunkten näher untersucht, wobei er selbst kleinste muskuläre Ansatzstellen am Skelett berücksichtigte. Die Neandertaler verfügten demnach über breite Schultern und eine kräftig ausgebildete Unterarmmuskulatur, viel ausgeprägter als beim Jetztmenschen. Ihre

Finger waren formal den unsrigen ähnlich, die Daumen freilich konnten außerordentlichen Druck ausüben. Der Griff früher anatomisch moderner Hominiden ist nicht annähernd so fest gewesen.

Auch die unteren Gliedmaßen zeugen von größerer Robustheit des Neandertalers. Seine Beine waren stämmiger als die des Jetztmenschen, die Knie kräftiger, was seine Sprungleistung gewiß förderte. Den wenigen erhaltenen postkranialen Skeletten nach zu urteilen, erbten die Neandertaler dieses Merkmal von ihren Vorgängern. Ihr robuster Körperbau spielte sicher die Hauptrolle bei der biologischen Anpassung. Er ermöglichte ihnen höhere Kraftentfaltung und längere Aktivitätsphasen als den meisten unserer Zeitgenossen. Allerdings funktionierte dieser Körper nur bei vermehrter Energiezufuhr, ein Faktor, der bei Wildbeutern, die sparsam mit ihren Energievorräten haushalten müssen, ins Gewicht fällt. Trinkaus vermutet daher, daß alle eiszeitlichen Menschen zu äußersten körperlichen Anstrengungen gezwungen waren, um an Nahrung zu kommen. Der grazilere Körperbau des *Homo sapiens sapiens* spräche dann für gedrosselten Aufwand bei der Befriedigung von Subsistenz und Reproduktion, bedingt durch substantielle Verbesserungen der materiellen Ausrüstung und höhere Komplexität des Sozialverhaltens, etwa im Falle von Gemeinschaftsjagden.

Trinkaus fand noch weitere anatomische Eigenarten heraus. So bewegten Neandertaler ihre Daumen anders als wir, das Gelenk hatte mehr Spiel. Vielleicht hing dies mit den Werkzeugen, die sie herstellten, zusammen oder mit ihrer Verwendung. Ferner war das Schambein ungewöhnlich lang, was den Neandertalern unter Umständen erlaubte, ihren massigen Körper energiesparender vorwärtszubewegen.

Unterarme und Unterschenkel wiesen nicht die gleichen Abmessungen wie bei uns auf. Allgemein wird angenommen, daß verkürzte Gliedmaßen der Kälteanpassung dienen (Allensche Regel), denn die Extremitäten bilden einen nicht geringen Teil der Körperoberfläche, die Wärmeverlusten ausgesetzt ist. Trinkaus konnte anhand statistischer Vergleichswerte, bezogen auf Eskimos und Schwarzafrikaner, ein reziprokes Verhältnis zwischen dem Temperaturmilieu der Untersuchten und ihrer Gliedmaßenlänge feststellen. Demnach, so schließt er, verschafften kürzere Arme und Beine den Neandertalern einen Selektionsvorteil in arktischer Kälte, das Langskelett des *Homo sapiens sapiens* aber deute auf dessen Entstehung in einer warmen Umgebung.

Trinkaus ist überzeugt, daß der Jetztmensch eine ganze Reihe Fähigkeiten entwickeln mußte, um seine anatomischen Defizite im Norden wettzumachen. Hierzu gehörte mutmaßlich auch ein erhöhter Wärme-

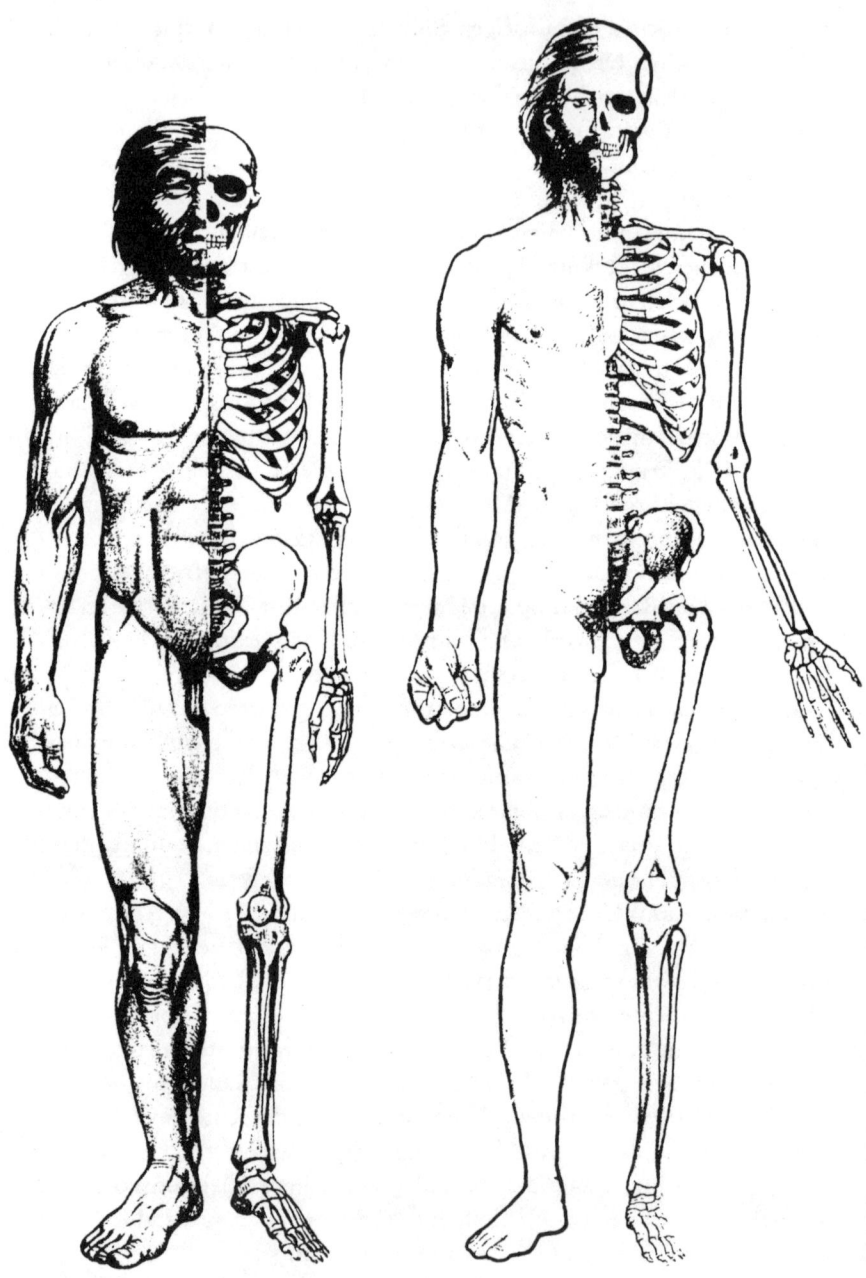

Der gedrungene Körperbau eines Neandertalers (links) im anatomischen Vergleich mit *Homo sapiens sapiens*.

haushalt, endogen erzeugt durch die Verwertung besonders energiespendender Nahrung und/oder exogen durch kältedämmende Behausungen. Wärmeverluste des Körpers kompensierte er außerdem mit angemessener Kleidung. Damit die Eigenwärme auf konstantem Niveau gehalten wurde, war es nötig, die Jagd profitabler zu gestalten, also Tiere nur dann zu töten, wenn sie sich in erstklassiger Verfassung befanden, etwa über ein dickes Fettpolster verfügten. Wahrscheinlich legte der *Homo sapiens sapiens* zudem effektivere Feuerstellen als die Neandertaler an, solche, die länger brannten und Hitze gleichmäßiger abstrahlten.

Wie wir diesen Ausführungen entnehmen, stützt der anatomische Vergleich die Annahme, die Neandertaler seien in eine Sackgasse der Evolution geraten und hätten nichts oder nur wenig zur Körperarchitektur des Jetztmenschen beigesteuert. Wir erinnern uns aber, daß Milford Wolpoff in Verteidigung seiner These auch von kultureller Kontinuität zwischen beiden Gruppen sprach. Gab es solche Berührungspunkte wirklich? Die Lebensweise der Neandertaler und ihre geistigen Vorstellungen werden die Antwort liefern.

Die Lebensweise der Neandertaler

Neandertaler paßten sich einer Vielzahl gegensätzlicher Lebensräume an, durchstreiften die gemäßigten Zonen rings um das Mittelmeer ebenso wie die rauhe periglaziale Tundra Mitteleuropas und Innerasiens. Doch nirgendwo jagten sie so erfolgreich wie spätere steinzeitliche Horden. Ihre Methoden unterschieden sich nur geringfügig von denen des Frühmenschen, waren zufallsabhängig oder setzten auf günstige Gelegenheiten. Während der *Homo sapiens sapiens* das Wild meist dann zu erlegen suchte, wenn es gut im Futter stand, konzentrierten Neandertaler ihre Bemühungen auf Einzelgänger, trächtige Weibchen oder verletzte Tiere. Weder verfügten sie über Speerschleudern noch über weit tragende, mit Steinspitzen bewehrte Projektile. Üblicherweise überraschten die Jäger ihre Beute nach schnellem Anlauf und stachen mit Holzlanzen aus kürzester Entfernung auf sie ein – keine ungefährliche Praxis, selbst wenn die Überrumplung gelang. Es verwundert daher nicht, daß viele Neandertalerskelette gebrochene Knochen oder andere Jagdverletzungen aufweisen.

Das Leben einer Neandertaler-Jagdschar im eisigen Europa vor 75 000 Jahren muß unvorstellbar hart gewesen sein. Hilfe, die Unbilden der Natur zu überstehen, boten lediglich Feuer, Fellkleidung, eine Winter-

Angemessene Winterunterkünfte – wie hier in hypothetischer Rekonstruktion zu sehen – waren für das Überleben der Neandertaler im eiszeitlichen Europa erforderlich.

behausung und Lagergut. Nicht von ungefähr befanden sich die Zonen größter Bevölkerungsdichte entlang geschützter Flußtäler im südwestfranzösischen Périgord. Der Schlüssel für die erfolgreiche Besiedlung jener Auen war wohl weniger die Vielzahl der hier vorkommenden Tiere, sondern eher die Gewißheit ihres Auftretens zu bestimmten Zeiten. In hohem Maße galt dies für das Ren, eine Art, die ausgedehnte zyklische Wanderungen zwischen Wurfplätzen und Wintereinständen unternimmt. Ihr Weg führt sie alljährlich auf feststehenden Pfaden über Gebirgspässe, durch enge Taleinschnitte und zu bevorzugten Furten. Der Zahl aufgefundener Renknochen unter Abris des Périgord nach zu urteilen, zogen die dort ansässigen Neandertaler aus diesen Gewohnheiten ihren Nutzen. In Mitteleuropa brachten sie dagegen meist Wildpferde zur Strecke, im Nahen Osten Damhirsche, auf der Krim Saigas und Wildesel (Onager), an der Wolga hauptsächlich Steppenwisente und am Dnestr Mammuts.

Aus dem Verhalten rezenter Wildbeuter wissen wir, daß 363–408 kg mageres Fleisch nötig sind, um eine zehnköpfige Familiengruppe zu ernähren. Im acht bis neun Monate dauernden eiszeitlichen Winter verhinderte das Wetter gewiß länger Jagd und Fallenstellerei. Vielleicht konnten die Neandertaler in solchen Mangelperioden auf körpereigene Fettreserven zurückgreifen. Tiere der gemäßigten Breiten, Bisons oder Hirsche z. B., tun dies auch, und selbst wir nehmen im Frühling und Sommer zu, packen im Herbst sogar noch ein Extra an Gewicht obenauf. Daneben hat der Neandertaler wahrscheinlich Vorratshaltung betrieben. Das dürfte verhältnismäßig einfach gewesen sein, denn es gab Eishöhlen, und im Permafrostboden ließen sich Gruben ausheben, in denen Fleisch nahezu unbegrenzt haltbar blieb. Bisher wurden noch keine Vorratsgruben von Neandertalern entdeckt, auf Jersey vor der französischen Kanalküste fanden sich aber immerhin im Boden einer Kaverne drei Nashornschädel und die Überreste von mindestens fünf Mammuts, die man wohl hier eingelagert hatte.

Artefakt-Variabilität

Wie so oft bei steinzeitlichen Bevölkerungen, kennen wir mehr Details der Werkzeugherstellung als andere Einzelheiten des Neandertaler-Lebens. Sie fußte auf den sattsam bekannten Levallois- und „Scheibenkern"-Traditionen, variierte deren Grundmuster aber beachtlich. Daher faßt man den Neandertalern zugeschriebene Steinartefakte als Moustérien-Kultur zusammen, benannt nach der Balme von Le Moustier in Südfrankreich, wo in den 60er Jahren des letzten Jahrhunderts die ersten Objekte dieses Typs zutage kamen.

Der verstorbene François Bordes von der Universität Bordeaux war ein Meister steinzeitlicher Werkzeugmacherei. Im Nu verwandelten sich unter seinen Händen rohe Steinklumpen zu Repliken aller erdenklichen paläolithischen Geräte. Doch Bordes betätigte sich auch als Ausgräber, so ab 1953 elf Jahre lang in der Höhle Combe Grenal. Die Kaverne liegt in der Dordogne und wurde zwischen 150 000 und 125 000 Jahren vor der Gegenwart von Ante-Neandertalern erstmals genutzt. Diese Menschen verwendeten Faustkeile und jagten Rentiere. 64, von Intervallen ohne Fundbestand unterbrochene Neandertaler-Siedlungsschichten, die 85 000 Jahre überspannen, folgen. Die Straten enthielten 19 000 Artefakte des Moustérien. Bordes identifizierte vier vorherrschende „Garnituren" (Werkzeugausrüstungen): leichte Faustkeile, Seitenschaber, Abschläge mit gesägten Kanten sowie ein Set von Gerätschaften unterschiedlicher Funktion.

Eine solch große Auswahl an Werkzeugtypen ist nicht auf Combe Grenal allein beschränkt, sondern findet sich auch in weiteren Neandertalerlagern quer durch Europa, im Nahen Osten und in Nordafrika. Bordes glaubte, das von ihm ergrabene Artefaktspektrum deute auf vier verschiedene „Stämme" hin, die alle Combe Grenal besuchten, untereinander aber keinen Kontakt hielten. Lewis Binford von der University of New Mexico, rigoroser Verfechter kulturwissenschaftlicher Ansätze in der Archäologie, widerspricht dem. Alle Garnituren, behauptet er, wurden von einundderselben Gruppe gefertigt, aber zu unterschiedlichen Anlässen benutzt. Die Steinsägen z. B., meist vergesellschaftet mit Wildpferdknochen, hätten dem Schnitzeln von später zu trocknenden oder zu räuchernden Fleischstreifen gedient, die unverwüstlichen Schaber dem Säubern von Fellen, die als Winterkleidung vorgesehen waren.

Binfords Einwände werden von seinen ethnografischen Studien an Inlandeskimos gestützt. Er stellte fest, daß nur fünf Nunamiut-Familien, Renjäger aus der Brooks Range in Alaska, ein Territorium so groß wie die ganze Dordogne nutzen und jeweils eigene Werkzeugsets besitzen. Diese Beobachtung beruhigte die Debatte um die Artefakte von Combe Grenal, unter der Oberfläche aber schwelt sie weiter, denn man kann nach wie vor nicht ausschließen, daß die Garnituren diverse ökologische Anpassungen spiegeln. Das Problem, mit dem sich Bordes in Combe Grenal konfrontiert sah, taucht auch in anderen Zusammenhängen auf, bei den sogenannten „Klingenhorizonten" am Klasies River (vgl. Kapitel 5) ebenso wie in den Fundstätten des Karmelberges im Nahen Osten, die wir im nächsten Kapitel beschreiben. Ist das Auftreten von „exotischen" Gerätschaften mit dem Aufkommen neuer technologischer Möglichkeiten verknüpft oder einfach die Antwort auf zeitlich eingrenzbare örtliche Gegebenheiten? Entsannen sich die Menschen nach Wegfall der Ursachen wieder ihrer alten Werkzeuge? Die Interpretation derart komplexer Phänomene, von den Forschern „Artefakt-Variabilität" genannt, gehört zu den dringlichsten Aufgaben der Steinzeit-Archäologie.

Fürsorge für die Toten – Rituale für die Lebenden

Mochten die Neandertaler – was Subsistenzverhalten und Technologie anbelangt – auch in der Tradition ihrer archaischen Vorfahren stehen, trennte sie von ihnen doch eine gewaltige geistige Kluft. Neandertaler waren nämlich, soweit wir wissen, die ersten Menschen, die ihre Toten bestatteten. Der Mann von La Chapelle-aux-Saints lag in einem nicht sehr tiefen Graben, umgeben von Steinwerkzeugen. Auch unter dem Abri von Le Moustier wurde ein Begräbnisplatz ausfindig gemacht. Hier ruhte ein 15 oder 16 Jahre alter Junge auf seiner rechten Seite, die Beine leicht angewinkelt und den Kopf wie zum Schlaf auf einen Unterarm gebettet. Einige Flinte bildeten ein steinernes Kissen, die Hand umfaßte einen prächtigen Faustkeil. Das Grab enthielt außerdem angesengte

Die europäischen Neandertaler

Auerochsenknochen, ehedem wohl als Fleischration für das nächste Leben gedacht. In La Ferrassie, einem weiteren Felsschutz, den Neandertaler aufsuchten, kam eine Familiengrabstätte mit den Skeletten von vier Kindern und zwei Erwachsenen ans Licht. Es gab vor Ort noch 15 zusätzliche, aber leere Erdhügel und Gruben, die vielleicht von Feinden geplündert wurden oder Opfergaben für die Verstorbenen aufnehmen sollten.

Tiere spielten in den Zeremonien der Neandertaler eine herausragende Rolle. In Régourdou nahe Montignac in Frankreich bestatteten Jäger einen Höhlenbären sowie die Überreste von 20 weiteren Bären in einer rechteckigen Vertiefung, die eine schwere Steinplatte abdeckte. Bei Mačaj im fernen Usbekistan stieß der sowjetische Forscher Aleksej P. Okladnikov 1938 auf die Gebeine eines Neandertalerknaben, der vor etwa 50000 Jahren in der Berghöhle Tešik Taš beigesetzt worden war. Um den Kopf des Jungen, der in einer flachen Mulde lag, steckten sechs Steinbockgehörne.

In Riten gekleidete Fürsorge für die Toten und Jenseitsglaube sind Meilensteine der Menschheitsgeschichte, denn sie illustrieren die Gabe,

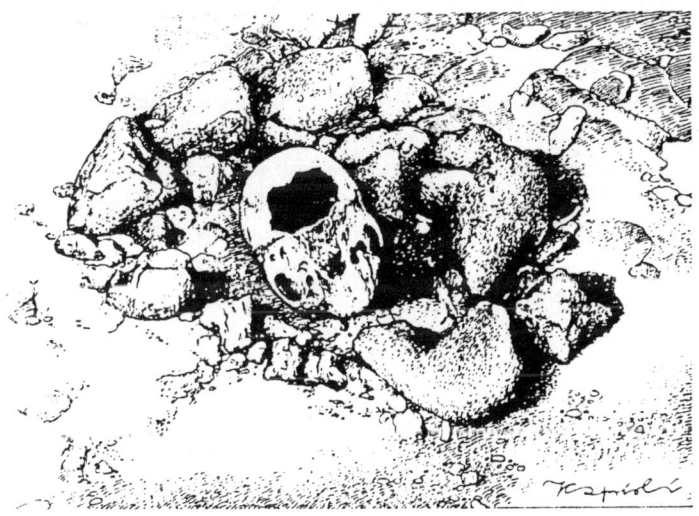

Angebliche Lage des Neandertaler-Schädels aus der Guattari-Höhle (Monte Circeo), nach dem Gedächtnis gezeichnet. Darauf gestützte Überlegungen, der europäische Altmensch habe rituellen Kannibalismus praktiziert, sind nicht zu halten. Man deutet den Fund heute als Rest einer Hyänenmahlzeit.

tiefe Gefühle ausdrücken zu können, zeugen von dem Bedürfnis, jene übernatürlichen Kräfte, die vermeintlich Geburt, Leben und Tod lenken, zu besänftigen oder sich ihres Wohlwollens zu versichern. Planvolle Bestattungen unterscheiden den *Homo sapiens* vom Tier und früheren Hominiden, die Kranke hilflos zurückließen und sich um Schwache nicht kümmerten, wenn sie zusammenbrachen. Begräbniszeremonien sprechen für eine neue Qualität symbolischen Denkens, transportieren sie doch die Vorstellung, daß Leben mit dem physischen Erlöschen nicht endet. Vielmehr wird der Tod mit einer Reise verglichen, dem Eingang ins Reich der verehrten Ahnen – lieben Menschen, die das Diesseits schon früher verlassen mußten.

Wahrscheinlich werden wir nie genau erfahren, warum Neandertaler Rituale veranstalteten. Vielleicht wollte man den Launen der Natur schadenbegrenzend entgegenwirken, brauchte eine magische Versicherung gegen den allgegenwärtigen Mangel und die Bedrohung, die vom Milieu oder den Mitmenschen ausging. Darüber hinaus bestärkten Zeremonien die Bande zwischen Verwandten, erklärten die Mysterien und bauten Brücken von der Alltagswelt in metaphysische Sphären.

Wenn wir unsere Erkenntnisse im Licht der konkurrierenden Theorien um den Ursprung des Menschen betrachten, erhalten beide Nahrung. Geht man von der Morphologie und dem materiellen Kulturbesitz aus, erscheinen die Neandertaler ausreichend verschieden von anatomisch modernen Hominiden. Berücksichtigt man aber auch ihre Vorstellungswelt, soweit sie aus dem archäologischen Befund Kontur gewinnt, ergeben sich Gemeinsamkeiten. Reichen diese aber aus, um evolutive Kontinuität zu postulieren? Vermutlich nicht. Denn obwohl sich die Neandertaler offenkundig Gedanken über das Nachleben machten, fehlte ihnen anscheinend die grandiose visuelle Imagination, wie sie sich in der eiszeitlichen Höhlenkunst des *Homo sapiens sapiens* ausdrückt. Einige Wissenschaftler sind sogar überzeugt, daß Neandertaler große sprachliche Defizite hatten.

Konnte der Neandertaler sprechen?

Einem Besucher aus dem All prägte sich vielleicht am stärksten der Umstand ein, daß menschliche Wesen miteinander kommunizieren, indem sie Geräusche von sich geben – keine gewöhnlichen Laute, sondern grammatikalisch geordnete Reihenfolgen von Wörtern in vielerlei Sprachen. Verfügten Neandertaler über ähnliche Fähigkeiten oder gab es hier

Unterschiede, die die kulturelle Diskrepanz zwischen ihnen und dem Jetztmenschen erklären?

Zunächst überrascht es, daß überhaupt Rückschlüsse auf vorzeitliches Sprachgebaren möglich sind, denn anders als Artefakte oder Knochen, die sich Jahrtausende erhalten, verklangen die Lautäußerungen unserer Vorfahren von der Nachwelt ungehört. Anhand von Ausgüssen fossiler Endocrania (Innenschädel) lassen sich jedoch sprachrelevante Strukturen des Gehirns und Rachenraums rekonstruieren, die sensorischen und motorischen Sprachzentren etwa oder der Sitz des Kehlkopfes (Larynx).

Einige Physische Anthropologen, unter ihnen Philip Tobias von der Universität Witwatersrand in Südafrika, glauben, bereits der Urmensch habe verbale Artikulationsfähigkeit erlangt, weil bei ihm das motorische Sprachzentrum nachweisbar sei, das von Vormenschen noch fehle. Die meisten Fachleute, so der Anatom Jeffrey Laitman von der John Hopkins-Universität, der den Lautbildungstrakt verschiedener Fossilien untersuchte, aber vertreten die Meinung, daß sich sprachliche Entfaltung in langsameren Schritten vollzog. Nach Laitmans Analyse glich der Stimmapparat des *Australopithecus* noch weitgehend dem eines Schimpansen. Aufgrund der fragmentarischen Erhaltung ihrer Schädel gelang keine Rekonstruktion der Verhältnisse bei Urmenschen, der Frühmensch jedoch, so Laitman, besaß eine laryngale Aufhängung, die der eines achtjährigen Kindes entsprach. Erst den vor 300000 Jahren lebenden archaischen *Sapiens*-Formen eignete ein Stimmtrakt, der unserem schon sehr ähnelte und demnach zumindest die „technischen" Voraussetzungen vollsprachlicher Verständigung erfüllte.

Der amerikanische Linguist Philip Lieberman von der Brown-Universität sieht dagegen erst mit dem Auftreten von *Homo sapiens sapiens* alle Erfordernisse einer Vollsprache gegeben. Seine Rekonstruktion des Lautbildungssystems des Mannes von La Chapelle überzeugte ihn vor Jahren, daß Neandertaler lediglich über ein verbales Verständigungsrepertoire verfügten, das kaum über das von Kleinkindern hinausging. Inzwischen revidierte Liebermann diese eines Marcellin Boule würdige Ansicht. Auch er erkennt jetzt die „prinzipielle Sprachfähigkeit" des Neandertalers an, glaubt aber, wie Laitman, an das Fortbestehen von Primitivismen, einer um ein Zehntel gegenüber heute verlangsamten Sprechgeschwindigkeit etwa oder einer gedämpfteren Klangfärbung. Daneben, so der Linguist, fehlten den Neandertalern viele grammatische Bausteine, die über bloßes Sprechenkönnen hinaus den Ausweis höherer geistiger Systematik darstellen. Ob sie zudem auch bestimmte Konsonanten und Vokale nicht bilden konnten, ist umstritten und muß vorläu-

In den Kapiteln 7 und 8 erwähnte Fundorte.

fig offen bleiben. Falls Liebermann und andere recht haben, war der *Homo sapiens sapiens* hinsichtlich seiner Sprachbegabung den Neandertalern gegenüber im Vorteil, ein Bonus, der ihn – nimmt man seine vergleichsweise unspezialisierte Lebensweise noch hinzu – letztlich befähigte, unter Ausschaltung seiner archaischen Konkurrenten den ganzen Erdball zu kolonisieren.

Eine Sackgasse der Evolution?

Die Neandertaler Europas sind tüchtige Jäger gewesen. Alle Widrigkeiten der Eiszeit meisterten sie mit Bravour. Ihre Jenseitsvorstellungen und ihr Totenkult verbanden sie mit dem Jetztmenschen, trennten sie von beider Vorfahren. In jeder anderen Hinsicht jedoch scheinen sie auf das Abstellgleis der Urgeschichte geschoben. Ihre abweichende Konstitution spiegelt die einseitige Anpassung an extreme Kälte, und auf geistiger Ebene mangelte ihnen die Gabe zu bahnbrechender technologischer Innovation ebenso wie zu visueller Gestaltung. Ferner war ihre Idiomatik mutmaßlich „primitiver" als jede heute existierende Sprachform. Diese Erkenntnisse, kombiniert mit neueren archäologischen und genbiologischen Hinweisen auf die Entstehung der Jetztmenschheit in Afrika, lassen den Schluß zu, daß die europäischen Neandertaler abseits der Entwicklung zum *Homo sapiens sapiens* frühzeitig eigene Wege einschlugen. Nachkommenlos starben sie aus, überholt von ihrem dynamischeren Verwandten.

Bei ihren Vettern im Nahen Osten allerdings liegen die Verhältnisse komplizierter. Scheinbar waren sie weniger spezialisiert als die Neandertaler des Nordens. Stammt am Ende von ihnen gar die anatomisch moderne Bevölkerung des steinzeitlichen Palästina ab?

8. Qafzeh und Skhūl

Anhänger der Arche Noah-Hypothese verfechten den Standpunkt, der *Homo sapiens sapiens* habe vor mindestens 90000 Jahren seine afrikanische Heimat verlassen. Wie ausgeführt, legte die Sahara damals einen trockenen Sperrgürtel zwischen das Mittelmeergebiet und den Süden des Schwarzen Erdteils. Es ist anzunehmen, daß im vorhergehenden letzten Interglazial, einer Zeit freundlicherer öko-klimatischer Bedingungen, Menschen nordwärts vorstießen, ehe anhaltende Dürre sie an den Rand der Wüste expedierte. Die Anwälte der Kandelaber-Theorie teilen diese Auffassung nicht, hängen sie doch dem Glauben an, die Menschheit sei multilokalen Ursprungs.

Die wahrscheinlichste Route von Afrika nach Eurasien führt durch das Niltal und über die Sinai-Halbinsel in die Levante, jene Region, wo heute Israel, der Libanon und Syrien ans Mittelmeer grenzen. Da vor 100000 Jahren der Meeresspiegel beträchtlich unter dem gegenwärtigen Niveau lag, erleichterte ein landfester Schelfsaum zwischen der Kleinen Syrte und dem Nahen Osten den Übergang. Zumindest theoretisch bestand auch die Möglichkeit, über die Meerenge von Gibraltar nach Spanien zu kommen, allerdings nur bei Ebbe. Wie wir jedoch in Kapitel 6 sahen, liegen weder aus Nordwestafrika noch von der Iberischen Halbinsel Anhaltspunkte vor, die für eine frühe Anwesenheit des Jetztmenschen in diesem Raum sprächen. Weil auch eine Seepassage wegen der bekannten Tücken des Mittelmeeres ausscheiden dürfte – die Seefahrt setzt hier nachgewiesenermaßen erst vor ca. 8000 Jahren ein –, scheint der *Homo sapiens* (und vermutlich ebenso der Frühmensch vor ihm) Europa via Palästina erreicht zu haben, in Etappen, die Jahrtausende in Anspruch nahmen.

Der älteste Siedlungshorizont des Nahen Ostens datiert in Ubeidiya, Israel, auf 700000 Jahre vor unserer Zeit, kurz nachdem frühmenschliche Pioniere Afrika verließen. Über mehrere hunderttausend Jahre blieb die Bevölkerungsdichte gering, obwohl dort an Biomasse reiche Grasländer, Eichenwälder und parkähnliche Habitate günstige Lebensvoraussetzungen boten. Auch feinkörniger Feuerstein, ein idealer Rohstoff für die Herstellung von Werkzeugen aller Größen und Formen, war im Überfluß vorhanden. Besonders nach 100000 Jahren vor der Gegenwart, als ausgereiftere Levallois- und Klingentechnologien in Mode kamen, lernte man dieses Material schätzen. Damals wurde die Besiedlung dichter, offenbar ausgelöst durch den Zuzug ortsfremder Personen. Die Identität der Neuankömmlinge ist seit den ersten großangelegten Grabungen in der Levante, während der 20er und 30er Jahre unseres Jahrhunderts, ein akademischer Zankapfel.

Die Fundstätten des Karmelberges

1929 reiste Dorothy Garrod von der Universität Cambridge nach Palästina, um in den Höhlen des Karmelberges nahe Haifa Ausgrabungen vorzunehmen – in ihrem „Gepäck" eine gründliche Ausbildung in mittel- und oberpaläolithischer Technologie und Artefaktbestimmung sowie lange Erfahrung als Höhlenarchäologin. Als Grabungsorte wählte sie drei größere Kavernen: et-Tabūn („Höhle der Backöfen"), Mugharet el'Wad und es-Skhūl („Höhle der Jungziegen"). Ihre in großer Eile abgewickelten Kampagnen, Drahtseilakte bei chronisch knappem Budget, erbrachten wegweisende, ganz unerwartete Resultate.

Frau Garrod begann ihre Grabungen in Mugharet el'Wad, einer gewaltigen Kaverne, die nicht nur von Klingengeräte herstellenden Jetztmenschen genutzt wurde, sondern auch, früher, von mittelpaläolithischen Wildbeutern. Ein Stratum, das „kleine feine, keineswegs primitive" Werkzeuge enthielt, markierte die Schwelle des Jungpaläolithikums. Zu den Gerätschaften, die sie hier fand, gehörten kleinformatige Projektilköpfe mit beschlagener Basis. Dorothy Garrod nannte sie „Emireh-Spitzen" nach der Emireh-Höhle, wo man sie zuerst auffand. Demgegenüber verwendeten die früheren Bewohner Waffenspitzen, die in Levallois-Technik entstanden.

Das nahegelegene et-Tabūn blickt auf eine tief in die Urgeschichte reichende Kulturfolge zurück. Die Ausgräberin identifizierte nicht weniger als drei Straten mittelpaläolithischer Besiedlung. Sie erfand dafür die Bezeichnung „Levalloiso-Moustérien", denn die Schichten enthielten massenhaft Levallois-Kerne, daneben aber auch von den europäischen Neandertalern bekanntes Gerät. Heutzutage wird das Etikett „Moustérien" dem Sprachmonster Levalloiso-Moustérien vorgezogen, was auch wir fortan tun wollen. Das oberste Moustérien-Stratum (Schicht B) taufte Frau Garrod „Upper Mousterian", die beiden anderen (C und D) „Lower Mousterian", und unterschied sie anhand der zur Anwendung gekommenen Technologien: fortschrittlichere Abschlagstechnik bei Artefakten des „Oberen Moustérien", Levallois-Technik bei den Werkzeugen des „Unteren Moustérien". Da das Moustérien Markenzeichen der späteiszeitlichen europäischen Altmenschen war, überraschte es niemand, daß die Archäologin in Schicht C ein Neandertalergrab entdeckte.

Die mächtigen Kulturschichten in Mugharet el'Wad und et-Tabūn überspannen die kritische Phase zwischen dem Mittel- und dem Jungpaläolithikum, nach konventioneller Auffassung mit der Ankunft des *Homo sapiens sapiens* im Nahen Osten verbunden. Wie eine Bombe platzten daher die erstaunlichen Grabungsbefunde aus es-Skhūl, der kleinsten und unscheinbarsten „Höhle" des Karmelberges, in die Idylle scheinbar stimmiger theoretischer Konstruktionen.

Es-Skhūl liegt nur 100 m östlich von Mugharet el'Wad. Einem Abri ähnlicher als einer Kaverne wirkt die Stätte auf den ersten Blick wenig einladend. Dorothy Garrod überließ die Grabungsleitung hier dem Physischen Anthropologen Ted McCown von der American School of Prehistoric Research in Cambridge, Massachusetts. Seine 1931 durchgeführte Kampagne erbrachte den Schädel eines Kindes, vergesellschaftet mit Werkzeugen des Moustérien, und weitere Skelettbruchstücke. Diese Funde und einige Suchschnitte überzeugten McCown, daß die dem Felsschutz vorgelagerte Terrasse vielversprechender als der eigentliche Balmenteil sei.

1932 wandte man sich also der Terrasse zu und stieß bald auf eine ganze Reihe menschlicher Überreste. Im Verlauf der 2 Monate dauernden Grabung entdeckte McCown zusätzlich acht intakte Bestattungen auf diesem, wie er sich ausdrückte, „ältesten vorgeschichtlichen Friedhof". Neben den Toten lagen Artefakte des Typs Tabūn C, Dorothy Garrods „Unterem Moustérien". Bis 1935 hatten die Archäologen zehn Beisetzungen ausfindig gemacht.

Kein Zweifel, es-Skhūl diente geraume Zeit als Nekropole, wobei ältere Gräber in Mitleidenschaft gezogen wurden, als neue entstanden. Alle Bestattungen erfolgten nach Plan. „Skhūl IV" zum Beispiel war „eine systematische, wenn auch ein wenig nachlässige Grablegung", notierte McCown. „An der Seite des Abri muß eine flache Mulde im ehedem weichen Boden ausgehoben worden sein. Dorthinein gab man den Leichnam, den Kopf so ausgerichtet, daß er über das Tal blickte. Seine Arme waren verschränkt, die Hände vor das Gesicht geschlagen, die Beine zum Gesäß hochgebogen." Ein allgemeines Muster ließ sich nicht erkennen. Die Skelette ruhten zwar in der selben zusammengestauchten Haltung, doch schaute jedes in eine andere Richtung.

Auch aus französischen Höhlen waren der Forschung solche Bestattungen geläufig. Nichts Neues also. Aber gehörten die Menschen von es-Skhūl tatsächlich zu den Neandertalern? McCown und der große britische Anatom Sir Arthur Keith unterzogen die Knochen einer eingehenden Prüfung. Sie kamen zu dem Schluß, daß hier „eine eigentümliche Mixtur aus Neandertalern und Neanthropinen" vorlag, „genauer, paläanthropine Formen mit zahlreichen Körpermerkmalen, die man bisher dem *Homo sapiens* zuschrieb". Anders formuliert: Skhūl schien den Übergang vom archaischen zum anatomisch modernen Menschen zu belegen.

McCown und Keith verwiesen darauf, daß man solche „Bastarde" weder aus Frankreich noch aus anderen europäischen Ländern kannte. Und es gebe gute Gründe, im Nahen Osten den Ort zu vermuten, wo sich der Jetztmensch aus Neandertalern entwickelte. Sowohl der Tote aus dem Grab von Tabūn als auch die Skhūl-Exemplare, schlossen die Wissenschaftler, hätten einer einzigen, somatisch in hohem Maße differenzierten Bevölkerungsgruppe angehört, die sich im Stadium rasanter evolutiver Entfaltung befand.

Stratigrafische Erkenntnisse

Die Steinwerkzeuge der Karmelhöhlen stützten Keiths und McCowns Ansicht. Aus den umfangreichen Siedlungsschichten von Mugharet el'Wad und et-Tabūn las man die Chronik dramatischer technologischer Veränderungen. In den oberpaläolithischen Straten el'Wads fanden sich Klingengeräte, die denen aus zeitgleichen europäischen Höhlen sehr ähnelten. Das kurze, früh-jungpaläolithische Intervall unterhalb dieser Horizonte verzeichnete neben den neuen, fein gearbeiteten Klingenwerkzeugen auch Emireh-Spitzen, laut Dorothy Garrod Anzeiger des materiellen Wandels vom nahöstlichen Mittel- zum Jungpaläolithikum. Die untersten Schichten von el'Wad und Tabūn unterstrichen „bemerkenswerte Kontinuität" während des Mittelpaläolithikums. Artefakte des Moustérien-Typs waren mit dem Skelett von Tabūn vergesellschaftet, lagen aber auch bei den Toten des nahen Skhūl. Dorothy Garrods an sich logische Folgerung lautete, daß *Homo sapiens sapiens* hier paläanthropinen Wurzeln entsproß und sich, ausgerüstet mit der neuen Klingentechnologie, nördlich und westwärts nach Europa ausbreitete.

Dorothy Garrods famose Grabungen sind aller Ehren wert. Zu einer Zeit, da fast nichts über steinzeitliches Leben außerhalb Europas be-

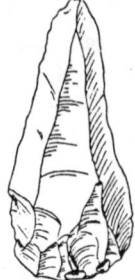

Emireh-Spitzen aus Mugharat el-Wad.

kannt war, leisteten sie und der deutsche Archäologe Alfred Rust Pionierarbeit. Rust grub in der syrischen Jabrud-Höhle, wo er eine ähnliche Siedlungssequenz wie am Karmelberg feststellte. Seine finanziellen Mittel lagen noch unter den Möglichkeiten der Britin. Es heißt, er sei von Hamburg nach Syrien und zurück geradelt, um Geld zu sparen! Auch der Franzose René Neuville zählte zu diesen Pionieren. Seine Wirkungsstätte ist der Jebel Qafzeh nördlich des Karmelberges in Galiläa gewesen. Auch er entdeckte sieben Skelette – anatomisch moderner als die von Skhūl – in einer Kulturschicht des Moustérien.

Qafzeh

Zunächst pflichteten viele Anatomen McCown und Keith bei, die Hominiden von Skhūl, Qafzeh und Tabūn hätten eine auf den Nahen Osten beschränkte, äußerst variable Gemeinschaft gebildet, die sich auf den Jetztmenschen zu entwickelte. Dann jedoch kamen Skelette typischer Neandertaler zutage. Sie stammten aus Zuttiyeh, Amud und Kebara in Israel sowie, bemerkenswerterweise, Shanidar bei Mossul im Irak, wo man 1959 auf acht Individuen stieß, darunter ein ca. 30 Jahre alter Mann mit steifem rechtem Arm, den ein Deckeneinsturz in seiner Wohnhöhle tötete. Diese Funde und eine gründlichere Untersuchung aller nahöstlichen Fossilien überzeugten die Fachwelt nun, daß auch das Tabūn-Exemplar zu den Neandertalern gehörte, die Qafzeh-Bevölkerung dem Jetztmenschen nahestand und die von Skhūl morphologisch zwischen den Extremen vermittelte. Die moderner wirkende Gruppe hielt man für etwas jünger als die Neandertaler, sprach ihr ein Alter von rund 40 000

Qafzeh und Skhūl

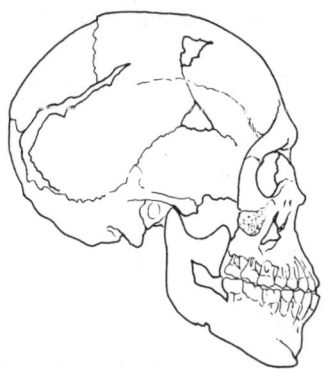

Einer der morphologisch modernen Schädel aus Qafzeh.

Jahren zu und sah ihre lokale Entstehung aus den älteren Formen als wahrscheinlichste Lösung an.

Das war der Stand der Dinge, ehe der belgische Archäologe Bernard Vandermeersch 1965 erneut in Qafzeh zu graben begann. Seine Aussichten schienen nicht allzu gut, denn die Briten hatten die Höhle als vermeintliches Munitionsdepot in den 40er Jahren gesprengt. Vandermeersch brachte daher sechs Wochen damit zu, die Folgen der Explosion zu beseitigen, stieß aber dann unter einem umgestürzten Felsen auf zwei prächtig erhaltene anatomisch moderne Skelette. Dreizehn Jahre beharrlicher Arbeit deckten 4,5 m mächtige Kulturschichten des Moustérien auf. Die untersten 1,8 m der Ablagerungen enthielten vielfältige Siedlungshinweise, so Abertausend Werkzeugbruchstücke und Feuerstellen, dazu Tierknochen wie die heute ausgestorbener Nager. Die Artefakte jener Straten erinnerten an das „Untere Moustérien" von Tabūn. Darüber befanden sich rasch angehäufte und stark verdichtete, 2,4 m dicke Lagen intermittierender Nutzung. Hier ortete Vandermeersch die Überreste von sechs weiteren Menschen, alle – wie die Originalfunde – modern aussehend und wiederum in Begleitung materieller Zeugnisse des Moustérien.

Auch die Neufunde schienen ca. 40 000 Jahre alt zu sein. Sie fügten sich so bequem zu dem gängigen Lehrsatz gradueller Evolution aus neandertaloiden Vorformen.

Nachgrabung in et-Tabūn

Falls sich im Nahen Osten wirklich der vermutete allmähliche Übergang zum *Homo sapiens sapiens* abspielte, konnte dieser Prozeß dann – angezeigt als technologischer Wandel – an den umfangreichen Kulturschichten et-Tabūns oder anderer Fundplätze nachvollzogen werden? Während Bernard Vandermeersch in Qafzeh grub, reiste Arthur Jelinek von der University of Arizona nach Israel, um sich in Tabūn Gewißheit zu verschaffen.

Dorothy Garrod hatte hier sechs Straten unterschieden, drei davon dem Moustérien zugehörig. Ihre Ausgrabungsmethoden waren für die frühen 30er Jahre vorbildlich, doch nicht im entferntesten so anspruchsvoll wie jene, die Jelinek anwendete. Über sechs Jahre beschäftigte sich der Amerikaner mit et-Tabūns Schichtenfolge, untersuchte nicht nur Steingeräte oder den bei ihrer Herstellung angefallenen Schutt, sondern auch Tierfossilien und das Bodenprofil. Seine Sektion der 9,8 m dicken Ablagerungen enthüllte 85 stratigrafische Horizonte mit 44 000 Werkschutteilen und 300 vollendeten Artefakten. Am Ende war klar, daß die Moustérien-Kultur in Tabūn maximal 90 000 Jahre weit zurückreichte.

Arthur Jelinek unterzog jedes Werkzeug einer peniblen Detailanalyse, um selbst kleinste Abweichungen dokumentieren zu können. Wie Dorothy Garrod vor ihm war auch er von der allgemeinen Kontinuität im Artefaktbestand beeindruckt. Allerdings bemerkte Jelinek signifikante Veränderungen, die mit der Gebrauchsorientierung von relativ grobschlächtigen, bifaziell retuschierten Geräten zu kantendünnen Levallois-Abschlägen und -Waffenspitzen, charakteristisch für die späteren Fundschichten Tabūns, einsetzten.

Außerdem bewiesen Messungen Jelineks, daß die Abschläge im Lauf der Zeit proportional zu ihrer Länge am Rand immer flacher wurden. Das warf eine fundamentale Frage auf: Spiegelte dieser Wandel lokale Besonderheiten, oder war er Ausweis gewachsenen handwerklichen Geschicks, beeinflußt vom „Knowhow" anatomisch moderner Menschen? Um eine Antwort zu bekommen, dehnte Jelinek seine Untersuchungen auf andere Fundorte aus: die Kebara-Höhle südlich des Karmel, wo der Israeli Ofer Bar-Yosef ein Neandertaler Kindergrab entdeckt hatte, sowie auf Qafzeh und Skhūl. Das Länge-Dicke-Verhältnis der Gerätschaften aus Schicht Tabūn C und der Kebara-Höhle mit ihren Neandertalern erwies sich als gleichbleibend, bei Werkzeugen aus Qafzeh und Skhūl nahm es zugunsten dünnerer Kanten ab. Nach Jahren angestrengter Labortätigkeit verdichtete sich bei Jelinek die Überzeugung, man habe

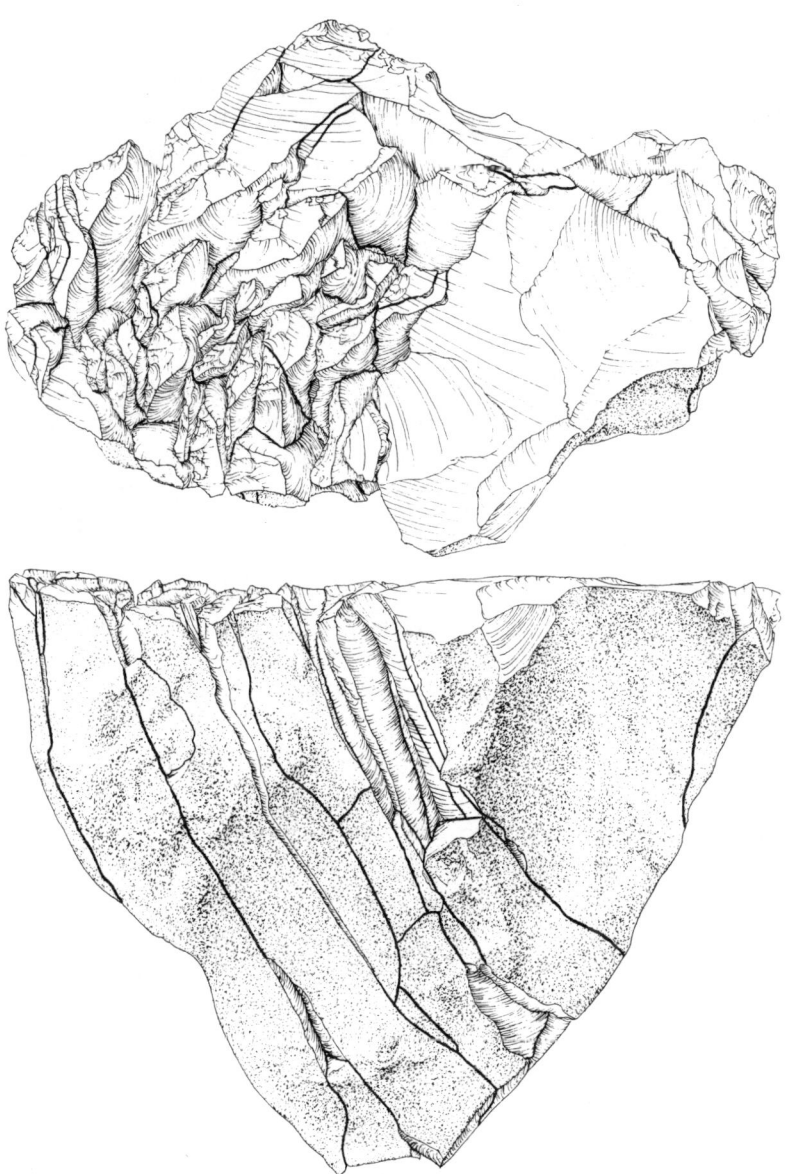

Die Kunst des „Retrofitting": In mühevoller Kleinarbeit gelang es Anthony Marks in Boker Tachtit, herumliegende Abschläge so zusammenzusetzen, daß Kerne, von denen man sie einst abspaltete, wiedererstanden. Dank dieses an Bedeutung zunehmenden Verfahrens gewinnt man Erkenntnisse über alte Methoden der Werkzeugherstellung. Aufsicht und Seitenansicht eines rekonstruierten Pyramidenkerns verdeutlichen die Vorgehensweise des Werkzeugmachers.

es im Nahen Osten mit einer Jahrtausende währenden, kontinuierlichen technologischen Fortentwicklung zu tun. Die Abnahme der Kantendicke bei Stücken des späten Moustérien sei der Reflex eines neuen, „qualitativ verschiedenen" Verhaltens. Vielleicht, überlegte Jelinek, hing dies mit der Ankunft des Jetztmenschen in der Region zusammen.

Boker Tachtit

Das Bild des technologischen Wandels rundeten eine Reihe Untersuchungen am Geräteinventar steinzeitlicher Höhlen im Libanon ab, wo sich ebenfalls der Trend zu fortschreitender Verfeinerung zeigte. Doch erst die Forschungen des Prähistorikers Anthony Marks von der Southern Methodist University in der Station Boker Tachtit machten deutlich, wie verzwickt die Situation tatsächlich ist.

Boker Tachtit, von Marks 1977–1980 ausgegraben, liegt an einer alten Flußterrasse im zentralen Teil der Negev-Wüste Israels. Es bietet eine steinzeitliche Kulturchronik zwischen 47 000 und 38 000 Jahren vor der Gegenwart. Die vier Siedlungshorizonte enthielten gegeneinander abgeschottete Artefaktbestände und Werkschutt an exakt den Orten, wo die Werkzeugmacher sie vor Jahrtausenden aus der Hand legten. Marks stellte sich die Aufgabe, Kerne und Sprengstücke wieder so zusammenzufügen, daß eine anschauliche Rekonstruktion steinzeitlicher Produktionsverfahren möglich war. Dieses „Retrofitting" versuchte er bei Gerätschaften aus jeder Siedlungsphase und gewann dadurch ein Maß technologischen Wandels, das neun Jahrtausende überspannte.

Die ersten Besucher Boker Tachtits vor 47 000 Jahren stellten ihre dreieckigen Abschläge sehr viel ökonomischer aus Levallois-Kernen her als andere nahöstliche Bevölkerungen. Sie bedienten sich einer speziellen Technik, die auf die Erzeugung von Speerspitzen zielte, aber auch Schaber, Perforationsinstrumente und einfache Stichel abwarf. Fast 60% der Werkzeuge entstanden aus klingenähnlichen Sprengstücken. Zwar fertigte man im Lauf der Zeit immer vollkommenere Projektilköpfe, doch vor etwa 38 000 Jahren verschwanden die Levalloisspitzen-Kerne gänzlich. An ihre Stelle traten pyramidenförmige Steinknollen, die ebenfalls dreieckige Waffenspitzen, hergestellt in Klingentechnik, lieferten. Die Produktion aller erdenklichen Werkzeuge vom gleichen Kerntypus wurde zum Markenzeichen der folgenden oberpaläolithischen Kulturtraditionen des Nahen Ostens.

Marks' Untersuchungen verdeutlichten, daß sich der technologische

Wandel über alle Siedlungsphasen Boker Tachtits hinweg in kleinen Schritten vollzog und schließlich in der Verwendung von Pyramidenkernen anstelle von Knollen mit vorher behauener Oberfläche gipfelte. Den Arbeitsspuren nach zu urteilen benutzten die Werkzeugmacher während der ganzen Zeit Steinhämmer zur Trimmung und nicht etwa „weiche" Perkussionsgegenstände aus Knochen oder Holz – aus früherer Sicht mit der Herstellung von Klingengeräten untrennbar verbunden –, obwohl man genau solche Artefakte fertigte. Weiter fällt der formal-typologische Konservatismus auf. Stets waren die gleichen jungpaläolithischen, in ihrer Gestalt nur geringfügig modifizierten Werkzeugtypen in Gebrauch, Klingenschaber und Stichel zum Beispiel, aber auch für das Mittelpaläolithikum kennzeichnende Waffenspitzen scheinen noch in der Sequenz auf.

Die „Retrofits" von Boker Tachtit trugen entscheidend zum Verständnis technologischer Fortentwicklung an der Schwelle des nahöstlichen Mittelpaläolithikums zum Oberpaläolithikum bei. Anstatt des bis dato vermuteten Sprungs von harter zu „weicher" Perkussion gab es ein Intervall mit bedeutender Klingenfabrikation, in dem ausschließlich *harte* Perkussionsmittel (Steinhämmer) als Werkhilfe dienten. Mit diesem Intervall beginnt im Nahen Osten die jüngere Altsteinzeit. Die damals gebräuchliche Arbeitstechnik bildet den Ansatz späterer, auf der Benutzung „weicher" Perkussionsmittel beruhender Verfahren, die den Siegeszug des *Homo sapiens sapiens* in gemäßigten und kalten Breiten begleiteten. Nachdem die neue Methode ihre Effektivität und Effizienz unter Beweis gestellt hatte, verdrängte sie ältere Technologien rasch.

So wichtig Steinwerkzeuge beim Zusammensetzen des evolutiven Puzzles sind, kommen wir doch noch einmal zu den Fossilien und ihren Lagerstätten zurück. In Qafzeh nämlich erwartet uns eine Überraschung.

Eine neue Datierung für Qafzeh

1988 zündeten Hélène Valladas vom Institut für Low-level-Meßtechnik in Gif-sur-Yvette und ihr französisch-israelisches Team einen akademischen Sprengsatz. Eine Handvoll Steinabschläge aus den fossilführenden Schichten Qafzehs, die in ein prähistorisches Lagerfeuer geraten waren, wurden im Labor erneut erhitzt, um gespeicherte Energiequanten freizusetzen. Diese Energiemenge, meßbar anhand ihres sichtbaren Lichtanteils, sollte Auskunft darüber geben, wann die Grablegungen in Qafzeh erfolgten. Zur großen Überraschung aller fixierten die Thermolumineszenzwerte das Alter der Proben auf 92000 ± 5000 Jahre vor der Gegenwart!

Die hieraus zu ziehenden Schlußfolgerungen wirkten wie ein Schock auf die kleine Gemeinde der Paläoanthropologen. Da die datierten Steinbruchstücke mit menschlichen Fossilien vergesellschaftet lagen, mußte dies bedeuten, daß *Homo sapiens sapiens* unter Umständen 50000 Jahre früher als bisher angenommen im Nahen Osten lebte. Zu denen, die die neue Perspektive begeistert aufnahmen, gehörte auch Chris Stringer vom Londoner Naturgeschichtlichen Museum, mit Leib und Seele Anhänger der Arche-Noah-Hypothese. Er und sein Kollege Peter Andrews trumpften im renomierten *Science*-Magazin auf, nun sei aufgrund der vorliegenden erdrückenden Beweislast, Qafzeh eingeschlossen, „am rezenten afrikanischen Ursprung des *Homo sapiens* kaum noch zu zweifeln", auch wenn man die Vorgänge im einzelnen noch nicht ganz durchschaue. Die Autoren unterstrichen vor allem, daß die Geschichte anatomisch moderner Menschen im Nahen Osten fast ebenso lange zurückreiche wie die ihrer Blutsverwandten in Südafrika (s. Kapitel 5).

Wie Vertreter der Arche-Noah-These freimütig bekennen, wirft die Redatierung Qafzehs eine Reihe kniffliger Fragen auf. Hält sie der Überprüfung stand, dann ist in Palästina von vieltausendjähriger Koexistenz des Jetztmenschen mit Neandertalern auszugehen. Ließ ihre Biologie die Zeugung von Mischlingen zu, wie die Funde von es-Skhūl vermuten lassen? Fertigten beide Gruppen die gleichen Geräte? Arthur Jelineks Untersuchungen in et-Tabūn und die von Anthony Marks in Boker Tachtit, die während des Moustérien, zwischen 100000 und 40000 Jahren vor heute, nur minimale technologische Veränderungen ergaben, sprechen dafür. Milford Wolpoff dagegen glaubt, die relative technologische Uniformität stütze die Kandelaber-Theorie. Er läßt sich nicht davon abbringen, daß ein Teil der Jetztmenschheit von neandertaloiden Vorfahren im Nahen Osten abstammt. Bernard Vandermeersch und Ofer Bar-Yosef sehen das anders. Nach ihrer Auffassung drangen Neandertaler – aus dem europäischen Norden vom unwirtlichen Klima vertrieben – erst vor 50000 Jahren in die Levante ein, wo sie auf eine dünne Vorbevölkerung des *Homo sapiens sapiens* trafen.

Die Erforschung der nahöstlichen Urgeschichte befindet sich im Fluß. Ehe wir nicht über mehr Fundmaterial und zusätzliche Datierungen verfügen, sind endgültige Aussagen unzulässig. Aus der Schichtenfolge et-Tabūns und den auf ca. 73000 Jahre datierten Stücken aus Zuttiyeh

Qafzeh und Skhūl

geht hervor, daß Neandertaler *vor* der 50000-Jahre-Grenze in Palästina siedelten. Günter Bräuer äußerte den Verdacht, der Jetztmensch habe nach seinem Auszug aus Afrika in Vorderasien ein Neandertaler-Substrat vorgefunden, sich lokal (es-Skhūl) mit ihm vermischt und dessen dem Milieu angepaßte materielle Ausstattung übernommen. Wie wir sahen, fällt es schwer, Elemente des stofflichen Kulturbesitzes bestimmten ethnischen Gruppierungen zuzuordnen. Die Vorstellung jedenfalls, daß verschiedene Menschengruppen, vom Schicksal im selben Lebensraum zusammengeführt, gleichartige Werkzeuge herstellten, ist nicht von der Hand zu weisen – unabhängig davon, ob sie biologisch getrennt blieben oder hybridisierten. Erst ab 45 000 Jahren vor unserer Zeit sind sichere Zuschreibungen möglich. Die jetzt vorherrschende Klingenindustrie war zweifellos das Werk des *Homo sapiens sapiens*. Sie verschaffte ihm wahrscheinlich den nötigen Wettbewerbsvorteil, um nach 50000 Jahren in die eisige Welt des Nordens vorzustoßen. Allerdings stellt sich die Frage, warum sich der Jetztmensch – angenommen er lebte wirklich bereits vor etwa 90000 Jahren in der Levante – nicht schon früher nach Europa aufmachte. Später, in Kapitel 11, greifen wir dieses Problem wieder auf und beleuchten einige Erklärungsmodelle. Vorab aber wollen wir den Weg unserer Art im Osten – in Asien und im indo-pazifischen Raum – verfolgen.

13 *Jenseitsglaube?* Neandertaler waren die ersten Menschen, die ihre Toten bestatteten. So, wie hier dargestellt, könnte es ausgesehen haben, als sie vor ca. 50000 Jahren in der innerasiatischen Tešik Taš-Höhle ein Kind beisetzten.

14, 15 *Die rauhe Umwelt der europäischen Neandertaler.* Muskelbepackt und von kräftiger Statur waren Neandertaler besonders an die harten Bedingungen ihres eiszeitlichen Lebensraums angepaßt. Auch wenn ihnen viele Fähigkeiten des Jetztmenschen fehlten, sind sie sicher nicht so tierhaft gewesen, wie die linke Abbildung, eine ältere Darstellung, vermuten läßt.

16–19 *Ausgrabungen im Nahen Osten.* Die britische Archäologin Dorothy Garrod leistete wissenschaftliche Pionierarbeit. Ihre in den 20er und 30er Jahren am Karmelberg bei Haifa durchgeführten Grabungen *(oben)* erbrachten Hinterlassenschaften sowohl von Neandertalern als auch von Jetztmenschen *(unten)*.

Bernard Vandermeersch barg in den 60er Jahren in Qafzeh mehrere anatomisch moderne Skelette, denen man kürzlich ein Alter von rd. 90000 Jahren zusprach.

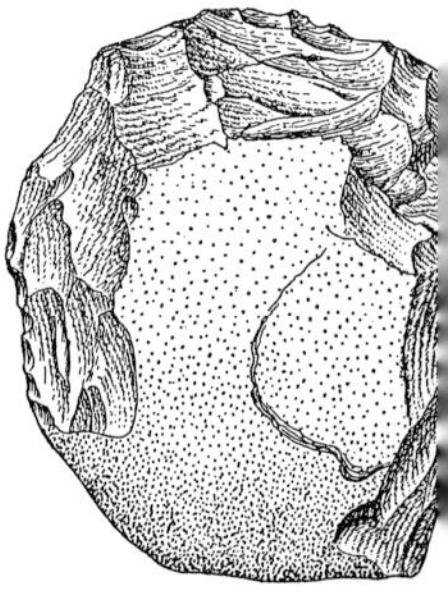

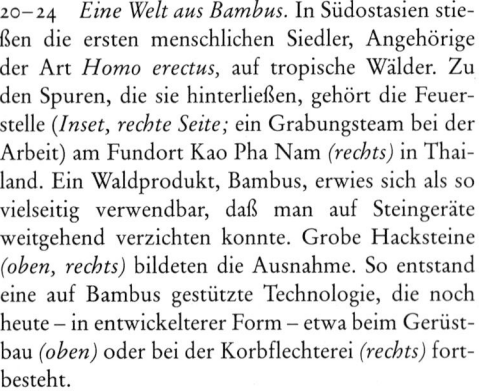

20–24 *Eine Welt aus Bambus.* In Südostasien stießen die ersten menschlichen Siedler, Angehörige der Art *Homo erectus,* auf tropische Wälder. Zu den Spuren, die sie hinterließen, gehört die Feuerstelle *(Inset, rechte Seite;* ein Grabungsteam bei der Arbeit) am Fundort Kao Pha Nam *(rechts)* in Thailand. Ein Waldprodukt, Bambus, erwies sich als so vielseitig verwendbar, daß man auf Steingeräte weitgehend verzichten konnte. Grobe Hacksteine *(oben, rechts)* bildeten die Ausnahme. So entstand eine auf Bambus gestützte Technologie, die noch heute – in entwickelterer Form – etwa beim Gerüstbau *(oben)* oder bei der Korbflechterei *(rechts)* fortbesteht.

25 *Die ersten Australier.* Frühe Vorfahren dieses australischen Ureinwohners und seines kleinen Sohns ließen sich, vor ca. 40000 Jahren aus Südostasien kommend, auf dem 5. Kontinent nieder – zur selben Zeit, da auch Europa vom Jetztmenschen in Besitz genommen wurde.

Dritter Teil

Von Bambus und Booten

„Man begeht einen schwerwiegenden Fehler, Theorien auf unzureichender Grundlage zu entwickeln. Unbewußt konstruiert man Fakten, die zu einer Theorie passen, anstatt Theorien auf Fakten aufzubauen."

Sherlock Holmes, in: „A Scandal in Bohemia"

9. Die ersten Asiaten

„Wanderung" ist ein Wort mit Hautgout in der modernen Archäologie, denn es impliziert meist stark vereinfachende Deutungen komplexer vorgeschichtlicher Ereignisse. Man darf sich also nicht wundern, wenn Forscher zynisch reagieren, sobald von Migrationen größeren Umfangs geredet wird. Hinzu kommt, daß sie häufig im Mantel der Wissenschaft auftretenden Fantastereien begegnen müssen, es hätten beispielsweise Außerirdische unsere Zivilisation begründet, altägyptische Papyrusboote oder chinesische Dschunken seien in Amerika gelandet und dergleichen mehr. Vielleicht liegt hier der Grund, warum manche Gelehrte zögern zu akzeptieren, was die Arche-Noah-Hypothese vorbringt, die Entstehung der Jetztmenschheit an einem Ort nämlich, von dem aus sie sich über den ganzen Globus verteilte.

Wer nur oberflächlich mit dieser These vertraut ist, mag tatsächlich dem Trugbild verfallen, Scharen von Wildbeutern hätten heuschreckenartig Kontinent nach Kontinent durchkämmt, im Gepäck revolutionäre Erfindungen und den Kopf voller Ideen, wie man der Jagdbeute noch besser zu Leibe rücke. In Wahrheit aber vollzog sich die Ausbreitung des *Homo sapiens sapiens* keineswegs nach dem Muster historischer Völkerwanderungen, sondern erfolgte graduell – nicht allein beflügelt von der dem Menschen eigenen Neugier, was sich wohl hinter dem bekannten Horizont verberge, vielmehr gesteuert vom Zusammenwirken ökologisch-klimatischer, soziologischer, wirtschaftlicher und pragmatischer Faktoren.

Gewiß wäre es falsch anzunehmen, solche migrativen Radiationen seien nach Plan ausgeführt worden. Eher waren sie Reflex örtlicher Verhältnisse im Wechselbad großklimatischer Fluktuationen während der letzten Eiszeit. Als unsere anatomisch modernen Ahnen vor etwa 100 000 Jahren die Weltbühne betraten, vermochten sie ihre Umwelt nicht in dem Maße zu verändern wie wir das – zum Guten oder Schlechten – heute tun. Ihren Mitgeschöpfen gleich sind sie integraler Bestandteil des Ökosystems gewesen, in dem sie lebten. Wollten sie sich hier durchsetzen, mußten sie beweglich sein, fähig zur Nutzung weiter Areale. Diese Streifzüge ermöglichten den Kontakt mit Nachbargruppen, verhinderten Isolation und erhöhten die Chance fruchtbarer Mischung.

Wenn wir dem Entwurf zustimmen, daß der Jetztmensch 100 000 Jahre vor der Gegenwart Schwarzafrika verließ, sollte man nicht glauben, seine Ausbreitung sei in Vorderasien zum Stillstand gekommen. Ebenso naiv wäre es zu denken, komplizierte evolutive Wandlungen, wie wir sie beschrieben, beschränkten sich auf den Nahen Osten. Ähnliches begegnet uns auch in Südostasien oder in China. Wie aber gelangten unsere Vorfahren überhaupt dorthin? Leider ist die Arabische Halbinsel jungfräuliches archäologisches Terrain und die Urgeschichtsforschung auf dem indischen Subkontinent steckt noch in den Kinderschuhen. Wir stützen uns bei der Fortsetzung unserer Schilderung also notgedrungen auf vorläufige Resultate der Humangenetik, scharfsinnige Überlegungen und die lückenhafte Fossildokumentation in Südostasien und Australien. Ironischerweise stammen gerade aus Asien (sieht man von dem 1984 am Turkanasee in Kenya entdeckten Fossil ab) die bisher vollständigsten frühmenschlichen Funde der Alten Welt. Weil ihre unscharfe taxonomische Kennzeichnung zu mancherlei Irritationen bei der Bewertung moderner Populationen, namentlich der Australiens, geführt hat, wollen wir uns mit diesen Hominiden zuerst beschäftigen.

Frühmenschen in Asien

Das Alter der Menschheit in Asien hinkt weit hinter dem afrikanischer Hominiden zurück. Trotz vieler Jahre intensiver Nachsuche konnte hier bis dato kein vormenschliches Fossil entdeckt werden. Vielleicht zwei Mio. Jahre alte Steingeräte aus Pakistan, die das Werk des *Homo habilis* oder eines nahen Verwandten sein sollen, sowie auf ca. 1,6 Mio. Jahre datierte Schädelfunde aus Modjokerto und dem Sangiran-Erddom in Java sprechen aber möglicherweise für die frühe Anwesenheit von Urmenschen in diesem Teil der Erde. Sie könnten, falls sich die Evidenz bestätigt, den in Kapitel 2 gewürdigten, von Andrews und Stringer geäußerten Verdacht nähren, der asiatische Frühmensch habe sich parallel zu seinen europäischen und afrikanischen Vettern aus bodenständigen Urmenschen, dem *Homo modjokertensis*, entwickelt. Vorerst aber gehen die meisten Paläoanthropologen davon aus, daß *Homo erectus* die erste Menschenform war, die im Osten der Alten Welt siedelte, ausgewandert aus Afrika zwischen einer Million und 700 000 Jahren vor der Gegenwart. Diese Hominiden paßten sich den Bedingungen tropischer und gemäßigter Wälder Asiens hervorragend an. Hierbei klügelten sie

Überlebensstrategien aus, die, übernommen vom Jetztmenschen, lokal bis heute fortbestehen.

1890 förderte der holländische Militärarzt Eugène Dubois bei Kedung Brubus in Java ein sehr archaisch wirkendes menschliches Unterkieferbruchstück zutage, ein Jahr darauf in den Schwemmsanden des Solo-Flusses bei Trinil eine Schädelkalotte. 1892 tauchte einige Meter davon entfernt ein Oberschenkelknochen auf, vergesellschaftet mit den Skeletten von Axishirschen, Breitrüsselschweinen und Halbpanzernashörnern. Dubois' neue Menschenform hatte einen dickwandigen Schädel mit zurücktretender Stirnpartie und mächtigen Überaugenwülsten. Der Oberschenkelknochen aber bewies, daß diese Wesen aufrecht gingen wie wir. Voller Begeisterung taufte der Arzt seinen Fund daher *Pithecanthropus erectus* (aufrecht gehender Affenmensch) in Anlehnung an einen bereits 1866 von dem Jenaer Anatomen Ernst Haeckel auf hypothetischer Grundlage geprägten Gattungsnamen. Erst in den 50er Jahren unseres Jahrhunderts, als man sich der menschlichen Natur des Fossils völlig sicher war, wurde es in die Gattung *Homo* überstellt. Der in Deutschland gebürtige niederländische Paläoanthropologe Gustav Heinrich Ralph von Koenigswald fand von 1937 bis 1939 in Sangiran (siehe Kapitel 10) weitere frühmenschliche Überreste, und der chinesische Archäologe Bei Wenzhong hob 1929 das Schädeldach eines *Homo erectus* aus Ablagerungen der Zhoukoudian-Höhle am „Berg des Großen Drachen" bei Peking. Bis zum Ausbruch des 2. Weltkrieges kamen in Zhoukoudian mehr als 14 Schädelteile, um die 140 Zähne sowie zahlreiche andere Skelettbruchstücke des „Peking-Menschen" ans Licht. Sie gehörten zu etwa 40 Individuen, die zwischen 600000 und 300000 Jahren vor heute in der Höhle starben. Auf knapp 700000 Jahre vor unserer Zeit datiert man 1963 und 1964 aus der Gegend um Lantian in der Provinz Shaanxi geborgene Fossilien. Alle chinesischen Funde ähneln stark den javanischen Frühmenschen.

Zhoukoudian besaß ursprünglich gewaltige Abmessungen, war 140 m lang und 40 m hoch. Die intermittierende, ca. 300000jährige Nutzung erfolgte zu Zeiten, in denen es teils wärmer als heute, teils aber auch – vor allem in den Wintermonaten – wesentlich kälter gewesen ist. Wahrscheinlich diente die Höhle als Winterunterkunft, denn dicke Ascheschichten mit angesengten und verkohlten Knochen verteilen sich über alle Siedlungsphasen. Diese Lagen sind bis zu 6 m mächtig und gelten als Beleg dafür, daß *Homo erectus* mit dem Feuer umgehen konnte – obwohl einige Forscher glauben, es handle sich bei der angeblichen Asche um Fledermauskot und Rückstände natürlich entstandener Brände. Die frühmenschlichen Besucher Zhoukoudians muß man als fähige Jäger ansprechen, die u. a. Wisente, Wildpferde und Hirsche zur Strecke brachten. Ihre Zuflucht lag inmitten einer abwechslungsreichen Landschaft aus Wäldern, Flußauen und Waldsteppe, ablesbar an den Knochen des Wildes, das ganz unterschiedliche Biotopansprüche stellte. Den Beeren und Resten anderer genießbarer Pflanzen, die sich in der Kaverne fanden, nach zu urteilen, schätzte *Homo erectus* auch vegetarische Kost. Angesichts ihrer großen biologischen und kulturellen Homogenität haben die Funde aus der Drachenberghöhle in erheblichem Maße sogar die Vorstellungen von den ersten Schritten moderner Menschen in Asien mitbestimmt.

Die javanischen Frühmenschen lebten ungefähr zwischen 850 000 und 300 000 Jahren vor der Gegenwart, also in etwa zeitgleich mit ihren chinesischen Verwandten. Alle asiatischen Repräsentanten des *Homo erectus* wirken morphologisch außerordentlich einheitlich. Ihre Crania weisen große Basalbreite auf, starke Proscopinie (Überaugendachbildung) mit betonter postorbitaler Einschnürung am Hirnschädel sowie flache Stirn und ausgeprägte Spitzkiefrigkeit (Prognathie); der Kauapparat ist massig. Das Hirnvolumen betrug 775–1300 ml, die Standhöhe durchschnittlich 1,65 m. Wie sein euro-afrikanischer Vetter war auch der asiatische Frühmensch ein geschickter Werkzeugmacher.

Aus dieser Kennzeichnung gewinnen wir den Eindruck einer verhältnismäßig homogenen, biologisch konservativen Formengruppe, die fossil aus Java, China sowie vielleicht Vorderindien (Narmada) bezeugt ist und hier hunderttausende Jahre prächtig zurechtkam. Obwohl die Datierungen alles andere als gesichert sind, kann man wohl davon ausgehen, daß der asiatische Frühmensch nach 300 000 Jahren vor unserer Zeit von anderen Hominiden abgelöst wurde. Etwa 200 000 Jahre alt dürfte ein archaischer *Homo sapiens* sein, der 1978 bei Dali in der chinesischen Provinz Shanxi (Shensi) zutage kam. In die gleiche zeitliche Klammer fällt der kürzlich nahe Hexian entdeckte, radiometrisch zwischen 200 000 und 150 000 Jahre vor heute datierte Fund. 263 000 Jahre spricht man Altmenschen zu, auf deren Spuren chinesische Forscher in Spaltenfüllungen bei Jinniushan in der Provinz Liaoning stießen. Weitere archaische Vertreter des *Homo sapiens* kennt man aus Dingcun, Tonzhi und Maba, zeitlich zwischen 200 000 und 100 000 Jahren vor der Gegenwart eingeordnet, sowie aus Xujiayao, 131 000–83 000 Jahre alt. Auf der Grundlage solcher Funde, insbesondere der gewachsenen Hirnkapazität, meinen einige Wissenschaftler anatomische Kontinuität vom *Homo erectus* zum Altmenschen ableiten zu können, doch sind die Fossilien

Der „Peking-Mensch": Schädel und Lebensbild eines *Homo erectus pekinensis* aus Zhoukoudian.

höchst unvollständig und nur innerhalb breiter zeitlicher Rahmen datiert. Andere Gelehrte, der Arche-Noah-These zugetan, sehen in den asiatischen Frühmenschen eine Sonderentwicklung, die nachkommenlos ausstarb, vielleicht verdrängt oder aufgesogen von aus dem Westen zugewanderten *Sapiens*-Formen. Aber auch diese Annahme ist bisher nicht schlüssig zu beweisen. Das älteste Fossil eines Jetztmenschen kommt aus Liujiang, radiometrisch auf 67000 Jahre vor heute datiert. Danach klafft eine chronologische Lücke bis vor 35000 Jahren, als *Homo sapiens sapiens* bei Salawasu in der Mongolei auftrat.

Hacksteingeräte

1948 führte der Archäologe Hallam Movius von der Harvard-Universität aus, im Siedlungsbereich der Frühmenschen könne man zwei große Kulturareale unterscheiden: In den Steppen und Wäldern West-Eurasiens, Afrikas und Vorderindiens fertigten sie Faustkeile; dagegen tauchten in den tropischen, paratropischen und gemäßigten Waldgebieten des Ostens solche Objekte nicht auf, das gesamte Werkzeuginventar wirke roher und konservativer.

Movius formulierte seine These in einer Zeit, als sich die Archäologie noch vornehmlich deskriptiver Methoden bediente, und Prähistoriker auf Steingeräte angewiesen waren, wollten sie die Humanevolution enträtseln. Er setzte voraus, daß in den bewohnten Teilen der Alten Welt anfänglich eine Artefakttradition entstand, die auf dem Gebrauch von Choppern (Hacksteinen) und Geröllgeräten (Werkzeugen aus Flußkieseln) beruhte. Im Westen entwickelten sich nach Movius' Meinung hieraus nicht nur die bekannten Faustkeilindustrien (Acheuléen), sondern in der Folge auch Levallois- und „Scheibenkern"-Technologien, die immer breitere kulturelle Verzweigung anzeigen. Im Osten jedoch erhielten sich die uralten Traditionen nahezu unverändert, stagnierten, als ob irgend etwas innovative Wendungen verhinderte.

Der Harvard-Gelehrte und seine Fachkollegen zerbrachen sich darüber die Köpfe, schließlich davon überzeugt, daß Ostasien niemals „eine vitale und dynamische Rolle bei der Anthropogenese spielte, obschon primitive Frühformen des Menschen hier noch lebten, während andernorts Typen vergleichbarer Entwicklungsstufe längst verschwunden waren". Jahrzehntelang galt der Hacksteingerätekomplex als Ausweis evolutiver Sonderung und kultureller Rückständigkeit.

Obwohl diese Ansicht im Lichte der Theorie von Andrews und

Stringer, *Homo erectus* und *Homo heidelbergensis* seien zwar nah verwandte, letztlich aber verschiedene Arten mit eigenen Entwicklungswegen, modifiziert wieder zu Ehren kommen könnte, suchte man auch nach anderen Erklärungsmustern für die kulturelle Dichotomie in Ost und West. So glauben nicht wenige Wissenschaftler, daß sich die ersten Asiaten, wie viele Hominiden, opportunistisch verhielten. Sie hätten sich naturgemäß auf die Rohstoffe gestützt, die gerade zur Hand waren. In den asiatischen Urwäldern sind das Holz, Bambus und Pflanzenfasern gewesen, organisches Material also, das sich in humiden Klimaten nicht erhält, demnach archäologisch auch nicht nachgewiesen werden kann. Mit anderen Worten: Es besteht unter Umständen eine gewisse Voreingenommenheit gegenüber den kulturellen Leistungen der Altasiaten, weil wir zu wenig von ihrer dem Wald angepaßten Lebensweise wissen.

Trotzdem frappiert der eklatante biologische und kulturelle Konservatismus. Warum gähnt zwischen den technologischen Traditionen in Ost und West eine so ausgeprägte Kluft? Gerieten auch die Ostasiaten in eine Sackgasse der Evolution und/oder erklärt sich die Divergenz aus den ökologischen Gegebenheiten? Bildeten etwa die Dschungel Südostasiens ein Bollwerk gegen Stimuli aus dem Westen?

Der Anthropologe Karl Hutterer von der Universität Michigan weist darauf hin, daß tropische Wälder reich an Nutzpflanzen und Jagdwild sind, diese sich aber weiträumig verteilen. Menschen, die sich von solcher Kost ernähren, müssen ständig unterwegs sein und ihre Werkzeuge mitführen. Unter den genannten Bedingungen ist es sinnvoll, vor Ort verfügbare Rohstoffe – Bambus, Lianen, Rinde und anderes mehr – zu nutzen. Die Herstellung elaborierter Steinwerkzeuge, wie wir sie von den westlichen Gruppen kennen, war nicht nur lästig, sondern auch unnötig, denn mit Fallen und Schlingen ist den meist einzelgängerischen, im Dickicht verborgenen Waldtieren besser beizukommen als mit steinernen Speerspitzen, die sich in offenem Gelände bewährten.

Waldwildbeuter unserer Tage, wie die Semang in Malaysia, sind hauptsächlich Vegetarier. Großtieren bereiten sie mit Bambus und Farnwedeln getarnte Fallgruben, für Fasane und Nager legen sie Schlingen; außerdem nehmen sie Vogelnester aus, fangen Pythons und Agamen. Affen und Hornvögel erlegen sie mit dem Blasrohr. Der japanische Archäologe Hiroshi Watanabe von der Universität Tokyo ist überzeugt, daß nur gelegentlich mit Fleisch angereicherte vegetarische Kost sehr früh in der Urgeschichte allgemein üblich war, auch bei den afrikanischen Vor- und Urmenschen. Das Auftauchen von Faustkeilen und

Spaltern dürfte seiner Meinung nach mit zunehmender Großwildjagd in offenen Lebensräumen verknüpft sein. Als sich vorgeschichtliche Wildbeuter in die Wälder vorwagten, wie es beispielsweise in Zentralafrika geschah, stellten sie die Fertigung solcher Gerätschaften ein und kehrten zu Choppern und Abschlagswerkzeugen zurück. Watanabe glaubt daher, der Hacksteingerätekomplex in Ostasien reflektiere die Anpassung von ursprünglich Faustkeile verwendenden Hominiden an den Ökotypus Wald, dem die vergleichsweise einfacheren Artefakte funktional angemessener waren. Dieser Adaptionsprozeß scheint sich nicht überall durchgesetzt zu haben. Lokale ökologische Bedingungen wirkten vermutlich auf den technologischen Entwicklungsstand ein, auch hinsichtlich der Weiterverwendung von Faustkeilen und Spaltern in einigen Randgebieten.

Die Hackstein- und Geröllgeräte Südostasiens weichen nur geringfügig von den weiter nördlich gebräuchlichen Artefakten ab. In der Gegend um Zhoukoudian zum Beispiel erbeutete *Homo erectus* zwar Nashörner und anderes Großwild, verwendete aber weiterhin Werkzeuge der Chopper- und Rollstein-Traditionen. Man kann dies als Hinweis verstehen, daß Frühmenschen aus den Tropen in klimatisch rauhere Landstriche vorstießen.

Der „Bambus-Vorhang"

Als der Archäologe Geoffrey Pope von der Universität Illinois in Urbana die Knochen pleistozäner Tierarten des südostasiatischen Festlandes und der vorgelagerten Inseln untersuchte, erregte eine bemerkenswerte Lücke seine Aufmerksamkeit: Pferde, Kamele, Rindergiraffen und andere Spezies des Graslandes fehlten. Während langer Perioden der Eiszeit bestand, bedingt durch eustatische Schwankungen des Meeresspiegels, eine Landverbindung zwischen dem Sunda-Archipel und Hinterindien. Da Tiere offener Lebensräume nirgendwo vorkamen, mußte die ganze Region bewaldet gewesen sein, in trockeneren Phasen freilich mit aufgelockertem Baumbestand. Zu Zeiten feuchterer Abschnitte eroberte Regenwald das Terrain und mit ihm typische Bewohner wie Gibbons, der Orang-Utan, der Schabrackentapir oder der Asiatische Elefant, die im Endpleistozän sogar bis Südchina und Java vordrangen.

Fast alle Arbeiten über Themen der Humanevolution streichen die Bedeutung offener Habitate bei der Menschwerdung heraus. Vor Jahrmillionen verließen unsere ältesten Vorfahren den Wald und paßten sich

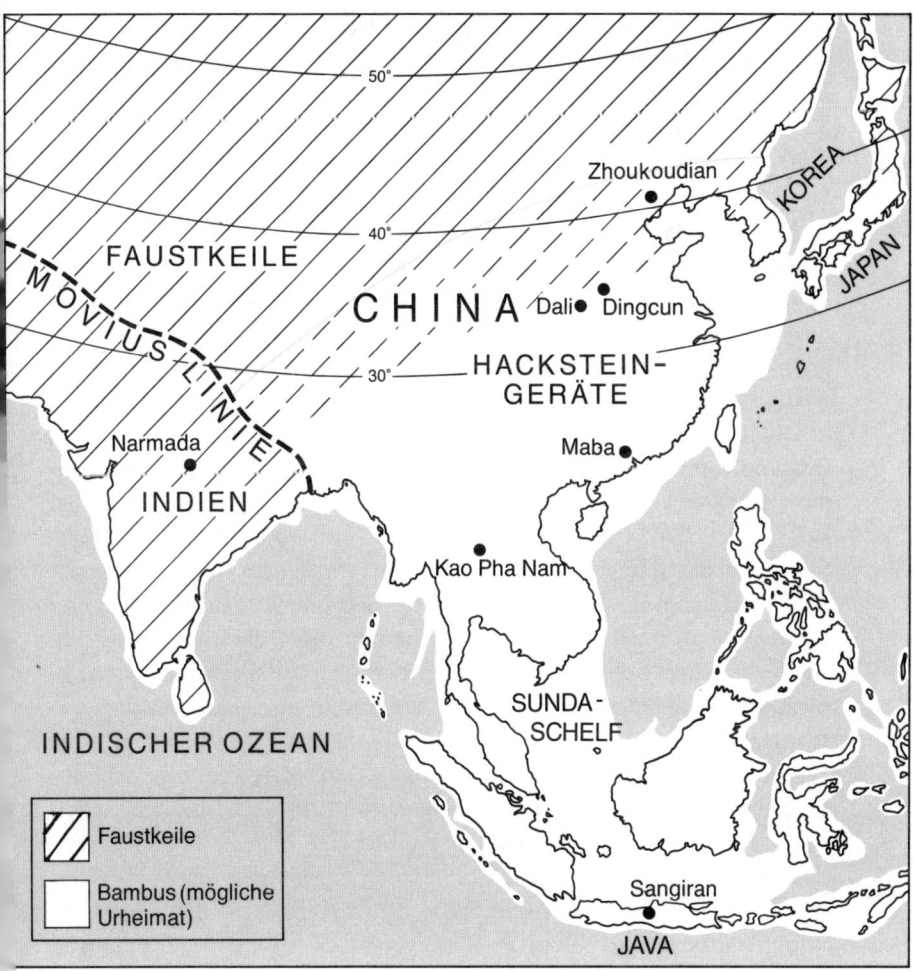

In Südasien deckt sich das Verbreitungsgebiet von Bambus weitgehend mit dem von Hacksteingeräten.

der Savanne an, verbunden mit bipeder Fortbewegung und Werkzeugbesitz, eine Entwicklung, die letztendlich in ein Gleis mündete, das zum *Homo sapiens sapiens* führte. Falls Schwarzafrika die Urheimat der Frühmenschen und des Jetztmenschen gewesen ist, und diese sich, eventuell auch der *Homo habilis*, nach Asien ausbreiteten, mußte eine Readaption an das Leben in dichten Wäldern stattfinden. Geoffrey Pope kam darauf, daß sich das Areal, in dem man Fossilien hyläischer Tierarten zutage förderte, ziemlich genau mit dem Verbreitungsgebiet von Choppern, Geröllgeräten und anderen kruden Steinwerkzeugen deckt. In diesem Fundraum, von Peking im Norden bis zu den Sunda-Inseln im Süden, wächst überall Bambus. Wenn der Archäologe die Randzonen seines Vorkommens in Augenschein nimmt, wird er mit faustkeilartigen Geräten konfrontiert, als ob sich ihre Hersteller hier im Norden, in einer anderen ökologischen Nische neu einrichten wollten.

Bambus gedeiht in allen tropischen und paratropischen Regionen der Alten Welt, mehr als 60% der Arten jedoch wachsen in Ostasien, dem möglichen Radiationszentrum. Das Riesengras mit verholzenden Stengeln wurde von den Prähistorikern bisher nicht beachtet, denn es taucht, weil vergänglich, in keiner vorgeschichtlichen Fundstätte auf. Aus Bambus aber läßt sich eine Fülle von Gegenständen fertigen. Die Rohre sind leicht in Lanzen, Messer, Geschoßköpfe und Behälter zu verwandeln oder liefern Fasern, aus denen man Matten und Kleidung herstellen kann. Auch Behausungen entstehen daraus im Nu. Samen und Schößlinge mancher Arten eignen sich zum Verzehr. Dieses vielseitige Material ist ausdauernd, unglaublich belastbar und bildet scharfe Spitzen und Kanten. Noch heute stellen fernöstliche Baufirmen Bambusgerüste auf, wenn ein neuer Wolkenkratzer errichtet werden soll. Neben ihrer Funktionalität zeichnen sich die Baumgräser durch ungeheure Wüchsigkeit aus; einige Spezies schießen 50 cm pro Tag in die Höhe!

Es liegt auf der Hand, daß sich Bambus trotz aller Vorzüge schlecht zur Herstellung todbringender Speere und Projektilspitzen eignet. Scharfkantige, seitenretuschierte Steinabschläge dienen diesem Zweck eher. Solche Waffen aber waren, wie schon angedeutet, im Wald relativ nutzlos. Fallgruben, Tret- und Schwerkraftfallen sowie Schlingen verrichteten das blutige Geschäft hier wesentlich effektiver. Ethnologen haben beobachtet, wie rezente Waldjäger so Wild jeder Größe fingen. Kleintiere rösteten sie ganz in der heißen Asche des Lagerfeuers. Ähnlich muß es auch in vorgeschichtlicher Zeit zugegangen sein.

Neben Bambus nutzten die ersten Asiaten vermutlich noch andere Waldprodukte, z. B. Ylang-Ylang, Rotang, Palmfasern und dergleichen mehr. Abhängig von den Standortbedingungen trafen sie höchst unterschiedliche Waldformationen an: immergrüne tropische Regenwälder etwa in Äquatornähe, Saisonregenwälder und Monsunwälder (lokal auch trockenkahle Wälder) in Hinterindien, paratropische Regenwälder in Südchina und in Nordchina sommergrüne Laubwälder. Fast die einzigen Geräte, die weder aus Bambus noch anderen Pflanzen der Wälder hergestellt werden konnten, waren Äxte und Beile. Aus Stein bestanden auch die Werkzeuge, die man zur Bearbeitung von Knochen, Bambus oder Holz benötigte.

Diese Chopper und Rollsteingeräte sind so einfach und multifunktional gewesen wie die primitiven Artefakte, die *Homo habilis* in Afrika fabrizierte. Daneben verwendete der Urmensch wahrscheinlich auch Waffen und Wühlstöcke aus Holz, letztere, um Knollen und Wurzeln auszugraben. Die Annahme, der asiatische Hackstein- und Geröllgerätekomplex sei aus jenen altafrikanischen Traditionen entstanden, ist nicht zwingend. Eher stellt er eine bemerkenswert gelungene Anpassung an das Waldleben dar, diente der Verarbeitung häufiger, vielfältig nutzbarer und sich rasch regenerierender Ressourcen wie etwa Bambus. Solche Materialien hatten Steinen gegenüber den Vorteil, leicht zugänglich zu sein; es erübrigte sich mühevolles Suchen. Da sie stets verfügbar waren, mußten die Rohstoffe auch nicht gehortet werden.

Der Frühmensch besaß ein weiteres Instrument, das sein Leben erleichterte – Feuer. Es bildete, worauf wir bereits hinwiesen, einen wesentlichen Faktor bei der Besiedlung unseres Planeten, denn es gestattete dem Menschen, sich auch an Orten niederzulassen, die spürbaren jahreszeitlichen Wechseln ausgesetzt waren. Ferner revolutionierte es die Nahrungszubereitung und bot Schutz vor Raubtieren. Für Jäger und Sammler, die Wälder bewohnen, hat Feuer noch andere Vorzüge. Sie können Bäume und Unterwuchs niederbrennen, um entlang der Schneisen schneller voranzukommen und um Lichtungen mit üppigem Graswuchs zu schaffen, auf denen Großwild zu äsen pflegt.

Nicht erst seit Aufkommen des Feldbaus, der in den Tropen mit Brandrodung einhergeht, spielte Feuer in Asien und Ozeanien, aber auch in der Neuen Welt oder Afrika eine Hauptrolle bei der Erschließung der Wälder. Gleich, ob man heute Ostafrikas Savannen besucht oder sich im Dschungel Birmas aufhält, allenthalben verdüstern Rauchschwaden und Ascheartikel während der Trockenzeit den Himmel. Ein Neuling in Asien mag erschrocken zusammenfahren, wenn mit salvenähnlichem Geknatter ein Bambushain in Flammen aufgeht, Einheimische und Wildtiere jedoch scheren sich kaum um das Inferno. Jahrhunderttausende begleitete das Feuer den Weg des Menschen, doch immer vernarbten die Wunden, die es riß, rasch. Nie wurde aus dem Ringen um Nahrung, Kleidung und Unterkunft Krieg gegen die Natur. Gegenwärtig aber sind die Tropenwälder vom Tod gezeichnet. Überbevölkerung, Profitinteressen und Fortschrittswahn bedrohen nicht nur diesen Teil des Organismus Erde, sondern gefährden die Lebensgrundlage der ganzen Menschheit.

Kao Pha Nam

Verborgen im nordthailändischen Dschungel liegt ein altes Kalksteinplateau mit zahlreichen Höhlen, die von Frühmenschen aufgesucht wurden. Geoffrey Pope hat in einem dieser Zufluchtsorte, unter dem Abri der Doline Kao Pha Nam, gegraben. Er fand Tierknochen, Steinwerkzeuge und die Überreste einer mit Basaltbrocken umfriedeten Feuerstelle. Der Basalt stammt nicht von hier, denn die Menschen, die einst um das Feuer saßen, wußten, daß durch Hitzeeinwirkung aus dem anstehenden Kalkgestein ihres Wohnbezirks ungelöschter Kalk entstanden wäre, der schwere Verätzungen hervorrufen kann. Die Leute von Kao Pha Nam jagten Riesenflußpferde, Alt-Wasserbüffel und Sambarhirsche, aber auch Kleinsäuger wie Bambusratten und Stachelschweine. Offenbar liebten sie Süßwassermuscheln, denn deren Schalen fanden sich zuhauf an der Balmenwand. Das Alter der Station veranschlagt man auf 700 000 Jahre, bestimmt anhand radiometrischer und paläomagnetischer Messungen der Basaltumrandung, die Aufschluß geben sollten, wann das Material erhitzt wurde.

Kao Pha Nam war vor 700 000 Jahren keineswegs ein Unikum. Überall in den Wäldern Ostasiens existierten ähnliche Lagerplätze, an denen sich das selbe kulturelle Schnittmuster zeigte. Natürlich gab es kleinere regionale Abweichungen im Artefaktbestand, so wie man auch verschiedene Tierarten jagte oder jeweils andere Pflanzen verspeiste. All diese über Jahrtausende kaum veränderten örtlichen Traditionen stützten sich auf leicht zu verarbeitende Waldprodukte wie Bambus, einfachste Steinwerkzeuge und die Zähmung des Feuers, das den Weg in die entlegensten Winkel des Waldes wies. Der Frühmensch ist optimal an seinen Lebensraum angepaßt gewesen, gleichzeitig aber schnürte ihn die feste ökologische Bindung von dem rasanten evolutiven Wandel, der die Menschheit in Afrika oder Europa erfaßte, ab. Seine adaptiven Strategien überlebten den *Homo erectus*, denn als sich später fortgeschrittenere Hominiden anschickten, über die offene See nach Neuguinea und Australien vorzudringen, griffen sie auf viele erprobte, dem Milieu angemessene Methoden der Naturbeherrschung zurück.

10. Die ersten Seefahrer

Über einen langen Zeitraum, von etwa 850000 Jahren vor der Gegenwart bis vielleicht vor 200000 Jahren, lebten kleine Gruppen des *Homo erectus* in Südostasien. Diese archaischen Hominiden waren Waldbewohner und ernährten sich vorzugsweise von dem, was sie bei ihren Streifzügen auflasen; Jagd spielte nur eine untergeordnete Rolle. In der Abgeschiedenheit ihrer Dschungelheimat blieb ihr äußeres Erscheinungsbild mindestens 200000 Jahre länger erhalten als in Europa oder Afrika.

Hinterindien sind Archipele großer und kleinerer Inseln vorgelagert, die wie Finger auf Neuguinea und Australien weiter im Osten weisen. Sumatra, Java und Borneo liegen heute in einiger Entfernung von den Kontinentalgebieten, während eiszeitlicher Niedrigwasserstände aber waren sie mit dem asiatischen Festland verbunden. Neuguinea und Australien jedoch blieben isoliert, von der westlichen Landmasse durch breite Meeresarme getrennt. Hieraus ergibt sich eine der reizvollsten Fragen unserer Urgeschichte: Wann und wie überwanden Menschen jene natürliche Barriere, um Sahul, den damaligen östlichen Großkontinent, zu kolonisieren? Wir wissen, daß *Homo erectus* Java erreichte, wahrscheinlich bei gefallenem Wasserspiegel über festes Land. Aber drangen diese Menschen oder der archaische *Homo sapiens* noch weiter vor? Sind sie die ersten Seeleute der Geschichte gewesen, oder blieb es dem Jetztmenschen vorbehalten, den „großen Sprung" nach Australien zu vollziehen? Wieder einmal herrscht unter den Gelehrten Uneinigkeit, und es entzünden sich an den gestellten Fragen leidenschaftliche Debatten.

Ngandong und Niah

Vor 100000 Jahren lebte die Bevölkerung Südostasiens noch genau so wie ihre Vorgänger eine halbe Million Jahre früher. Die Menschen nutzten und aßen alles, was der Wald hergab. Sie bewohnten ein Mosaik unterschiedlicher hyläischer Habitate, die die Grüppchen nicht nur voneinander, sondern auch von äußeren Einflüssen weitgehend abschirmten. Ihre Identität freilich gibt der Forschung Rätsel auf. Die javanischen Funde suggerieren evolutive Kontinuität in diesem Raum, denn von den rund 750 000 Jahre alten Frühmenschen der Kabuh-Formation scheint eine Entwicklungslinie über die Hominiden der auf wenigstens 300 000 Jahre datierten Notopuro-Betten bis hin zu Fossilien zu führen, die offenbar jünger als 100 000 Jahre sind. Morphologisch unterscheiden sich die Formen nur graduell, doch wecken die breiten Fundlücken zwischen den fossilhaltigen Schichten Zweifel an der additiven Typogenese, einer sukzessiven Fortentwicklung also. Dies gilt insbesondere für die jüngsten Stücke aus den Schwemmsanden des Solo-Flußes bei Ngandong in Zentraljava. Zusammen mit 25 000 Tierknochen, unter anderen von Wasserbüffeln, Bantengs, Flußpferden, Elefanten und Hirschen, kamen dort von 1931 bis 1933 zwölf menschliche Schädel und zwei Schienbeinfragmente zutage. Allen Schädeln fehlte die Gesichtshälfte, denn sie wurden vermutlich – wie noch bei historischen Schwarzaustraliern üblich – als Trinkgefäße benutzt. Die mit markantem Hinterhauptsknick versehenen Kalotten erinnern stark an Crania des *Homo erectus*. Deshalb sehen einige Fachleute in den Ngandong-Hominiden späte Vertreter des Frühmenschen, andere aber halten sie, auch gestützt durch einen Neufund aus Sambungmachan, für konspezifisch mit unserer Art und verpassten ihnen das wissenschaftliche Etikett *Homo sapiens soloensis*.

Lange blieben die Ngandong-Schädel undatiert. Ihr Alter schätzte man anhand von Vergleichen des Hirnvolumens auf 265 000 Jahre, ein höchst unzuverlässiges Verfahren! Glücklicherweise hatten die Ausgräber Cornelis ter Haar und G. H. R. von Koenigswald am Fundort eine Kontrollsequenz unangetastet gelassen, die kürzlich erneut untersucht wurde. Mittels Uran-Thorium-Radiometrie gelang es, Tierknochen der gleichen Formation, aus der auch die menschlichen Überreste stammen sollen, auf 75 000 Jahre ± 25 000 zu datieren. Falls dem so ist, lebte *Homo erectus* unter Umständen sogar 400 000 Jahre länger in den südostasiatischen Wäldern als seine Verwandten in Europa oder Afrika. Gehören die Schädel aber zu einem archaischen *Homo sapiens*, so muß dieser irgendwann zwischen 300 000 und 100 000 Jahren vor der Gegenwart ortsansässige Frühmenschen verdrängt oder sich aus ihnen entwickelt haben. Anatomisch moderne Menschen jedenfalls, die in Afrika bereits vor 100 000 Jahren nachgewiesen sind und bald darauf auch im Nahen Osten auftauchten, finden sich in Südostasien so früh nicht.

Die wenigen bekannten Fossilien des *Homo sapiens sapiens* stammen alle aus dem späten Oberpleistozän. Wir wissen, daß vor 41 000 Jahren

Menschen die Niah-Höhle auf Borneo besuchten, wo sie der Nachwelt ihre Geräte hinterließen. Doch ist ungewiß, ob diese Hominiden morphologisch modern waren. Der Anthropologe Tom Harrisson vom Sarawak-Museum grub hier in den 50er Jahren und stieß im »Westportal« der Kaverne auf einen modernen Schädel sowie einige Langknochen. Die Skeletteile stammten aus der Schicht, die auch die Werkzeuge enthielt. Allerdings wurden begründete Zweifel laut, ob die sterblichen Überreste des Mädchens, das man dort beigesetzt hatte, tatsächlich zu den Artefakten in Beziehung stehen. Vielleicht ist seine Ruhestätte erst später in der Kulturschicht ausgehoben worden. Die meisten anderen Grablegungen Niahs datieren nämlich aus der Spanne zwischen 14 000 Jahren vor heute und Christi Geburt, und das vermeintlich ältere Skelett könnte dazu gehören. Neben einem spätoberpleistozänen Calvarium und einem Kieferbruchstück aus Wadjak auf Java kennt die Forschung bisher nur noch den Gesichtsschädel samt Unterkiefer eines Jetztmenschen aus der Tabon-Höhle auf der Philippineninsel Palawan. Radiokohlenstoffdatierung ergab für den letztgenannten Fund, der „australoide" Merkmale aufweisen soll, ein Alter zwischen 24 000 und 22 000 Jahren vor unserer Zeit.

Wann erschien *Homo sapiens sapiens* in Südostasien? Verließ der Jetztmensch nach 90 000 Jahren vor heute Vorderasien und breitete sich danach südostwärts aus? Das behaupten, wie wir uns erinnern, die Anhänger der Arche-Noah-Theorie. Oder entwickelte er sich, wie Verfechter der Kandelaber-These annehmen, aus bodenständigen Früh- und Altmenschen? Da sicher datierte Fossilien fehlen, müssen wir Analogievergleiche zu Rate ziehen und scharfsinnig kombinieren.

Sangiran und Kow: Beispiele regionaler Evolution?

Homo erectus war eine altertümliche Menschenform mit beachtlicher Hirnkapazität, im Rahmen der ihm zu Gebote stehenden Möglichkeiten fähig zu eindrucksvollen kulturellen Leistungen. Aus einigen seiner geografischen Spielarten sollen die heutigen Menschenrassen entstanden sein, so die Befürworter regionaler Evolution.

Angesichts klaffender Lücken in der Fossildokumentation unterbreiteten zwei prominente Vertreter dieser Anschauung, Milford Wolfpoff und Alan Thorne von der Australian National University in Canberra, den wissenschaftlichen Auguren eine kühne Hypothese. Sie verglichen hominide Calvarien, die über 700 000 Jahre auseinander liegen, in der

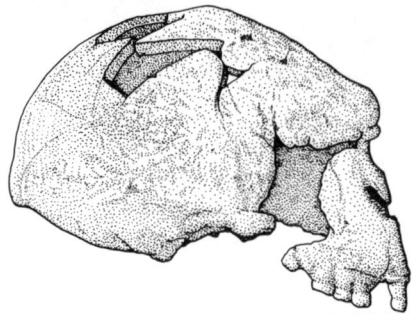 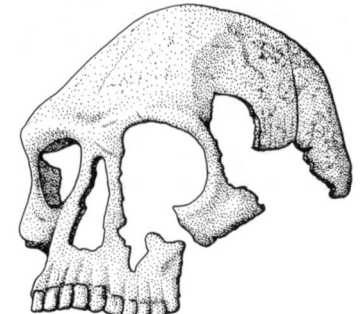

Schädel aus Sangiran (links) und aus dem Kow-Sumpf (rechts) zeigen trotz des Zeitunterschiedes von 700 000 Jahren ähnlich ausgeprägte Proscopinie (Überaugendachbildung) und Prognathie (Spitzkiefrigkeit).

Hoffnung, sie könnten Anhaltspunkte für regionale Entwicklungskontinuität liefern. Das eine Ende der Zeitskala besetzt ein 1969 bei Sangiran in Java geborgener, über 700 000 Jahre alter frühmenschlicher Schädel mit, was ungewöhnlich ist, erhaltenem Gesichtsteil. Ihm gegenüber steht ein ganzes Ensemble Skelette von australischen Ureinwohnern aus dem Kow-Sumpf in Nord-Victoria, datiert zwischen 14 000 und 9500 Jahren vor der Gegenwart.

Das Stück aus Sangiran fügt sich gut zu anderen indonesischen *Homo erectus*-Fossilien, weicht aber in einigen Merkmalen von den Ngandong-Exemplaren, denen eine Mittlerposition zukommt, ab. Thorne und Wolpoff fiel auf, daß sowohl das frühmenschliche Calvarium als auch die Schädel der Kow-Hominiden ausgeprägte Prognathie zeigen, ein urtümlicher Zug, der südostasiatische Bevölkerungsgruppen jahrtausendelang auszeichnete. Dies und weiterte archäomorphe Eigenheiten bestärkten die Forscher in ihrer Ansicht, den *Homo erectus* verbinde eine ungebrochene Abstammungslinie mit rezenten Schwarzaustraliern.

Gleichwohl müsse man, räumten Thorne, Wolpoff und der chinesische Gelehrte Wu Xinzhi ein, davon ausgehen, daß auch Jetztmenschen aus „Zentren größerer morphologischer Varianz", etwa Vorderasien, an der Ausbildung bestimmter anatomischer Merkmale beteiligt waren. Je weiter man sich von solchen „Zentren" entferne, desto später sei mit dem Auftreten des *Homo sapiens sapiens* zu rechnen. Südostasien bilde hierfür ein vortreffliches Beispiel, da Frühmenschen (Ngandong eingeschlossen) dort länger überlebten als sonstwo auf der Erde. Hätten sich die Zuwanderer aus dem Westen aber nicht mit ihnen vermischt, wäre ihre artliche Sonderung (und damit auch die der Schwarzaustralier) unausweichlich gewesen.

Die Kritiker dieser tendenziell auf regionale Entwicklungskontinuität zielenden Hypothese verweisen auf Befunde der Genetiker, die den afrikanischen Ursprung aller Jetztmenschen nahelegen, und auf Defizite des von Thorne und Wolpoff angestellten Vergleichs. So wird ihnen vorgeworfen, sie stützten sich selektiv auf Merkmale wie Prognathie oder Proscopinie, die ebensogut Plesiomorphien ohne verwandtschaftliche Aussage sein könnten. Ferner sei es unzulässig, Verbindungen zwischen geografisch und zeitlich derart weit voneinander getrennten Populationen zu konstruieren. Tatsächlich ist wegen der geringen Zahl Fossildokumente kein schlüssiger Nachweis regional ablaufender additiver Typogenese zu führen. Der Sangiran-Kow-Vergleich hilft uns demnach auch nicht, mehr Licht in die verworrene Situation zu bringen.

Die meisten Wissenschaftler stimmen heute der These zu, daß *Homo sapiens sapiens* Südostasien von außerhalb erreichte. Wie das jedoch geschah und wann, bleibt vorläufig ein Geheimnis. Vielleicht betrachten wir das Problem von zu extremen Warten. Möglicherweise erklärt sich die scheinbar graduelle Fossilfolge zum Teil aus Genfluß, also der Hybridisierung einzelner Bevölkerungsgruppen. Doch auch ein solcher Prozeß impliziert die *Verdrängung* alteingesessener Hominiden durch den Jetztmenschen, der von Westen und ursprünglich aus Afrika kam.

Wir schlagen daher ein Modell vor, das von zwei frühmenschlichen Formenkreisen ausgeht, seien sie nun artlich eigenständig, wie Andrews und Stringer meinen, oder nicht. Während aus der westlichen (euroafrikanischen) Gruppe, die, legt man biogeografische Maßstäbe an, wahrscheinlich auch in Vorderindien (Narmada) vorkam, sowohl der anatomisch moderne Mensch (in Afrika), die Neandertaler (in Europa) und die asiatischen Altmenschen (in Indien) hervorgingen, starb der ostasiatische Zweig, der *Homo erectus* im engeren Sinne, durch einseitige Anpassung an Waldbiotope (vgl. Kapitel 9) ins evolutive Abseits geraten und dem zunehmenden Konkurrenzdruck modernerer Hominiden nicht länger gewachsen, aus. Seine „Planstelle" wurde schrittweise von den aus Indien stammenden Altmenschen (Dali, Maba u. a. in China, Ngandong und Sambungmachan in Java) neu besetzt, ehe auch sie dem Jetztmenschen wichen, immerhin biologisch da und dort mit ihm verschmelzend. Das Baumdiagramm Cavalli-Sforzas (vgl. Kapitel 3) und andere humangenetische Untersuchungen unterstreichen, daß *Homo sapiens sapiens* in Asien zuwanderte und sich erst dort rassisch differenzierte.

Kulturelle Innovationen

Wenn wir schon nicht in der Lage sind, die ersten modernen Menschen Südostasiens anhand von Fossilfunden nachzuweisen, gibt es dann wenigstens Hinweise auf kulturelle Veränderung, die für ihre Anwesenheit spräche? In Kapitel 9 beschrieben wir die Anpassung des *Homo erectus* an das Leben im Wald, beruhend auf einfachster, sich selbst im Verlauf vieler Jahrtausende kaum wandelnder Technologie. Überblickt man die ganze Spanne frühmenschlicher Besiedlung, verfestigt sich der Eindruck materieller Schlichtheit, ausgenommen vielleicht die späteren Trends zu kleineren Werkzeugen und scharfkantigeren Abschlägen. Sogar noch gegen Ende der Eiszeit, lange nach Ankunft des Jetztmenschen, benutzten viele südostasiatische Gruppen Geröllgeräte, einige davon Chopper mit sorgfältiger Trimmung, oder unbeschlagene Allzweckklingen. Kein Zweifel, dieser „Techno-Komplex" geht auf ältere Kulturtraditionen zurück. Örtlich auf dem Festland und auf einigen Inseln wurden sie bis vor mindestens 6000 Jahren gepflegt, freilich mit regionalen Aperçus und spezialisierteren Werkzeugen.

Der technologische Konservatismus in Südostasien kontrastiert scharf zu den Verhältnissen westlich der sogenannten Movius-Linie, wo früher savannenartige Landschaften – ähnlich denen Afrikas – überwogen. Hier treffen wir die bekannten, auch für das nahöstliche Mittelpaläolithikum kennzeichnenden Levallois- und „Scheibenkern"-Komplexe an. Und die Forschung konstatiert den gleichen Wandel über sorgsamere Kerntrimmung und sogar noch präzisere Abschlagstechnik hin zu für das Jungpaläolithikum typischen Klingenindustrien. Demgegenüber hielten die Menschen in den Waldgebieten Südostasiens an ihrer Einfachtechnologie fest. Nirgendwo gibt es Anzeichen schrittweiser Fortentwicklung, vergleichbar den sublimen Veränderungen, die Arthur Jelinek in Tabūn und Anthony Marks in Boker Tachtit (vgl. Kapitel 8) feststellten, noch sind so früh Klingengeräte auszumachen. Einzig die Tendenz zu kleineren, vielfältigeren Werkzeugen ist erkennbar. Vielleicht waren Klingen in einem Lebensraum, der Bambus und Holz im Überfluß bereithielt, unnötig.

Falls *Homo sapiens sapiens* technologische Neuerungen einführte, geschah dies mutmaßlich bei archäologisch nicht belegbaren vergänglichen Materialien und, wichtiger noch, durch die Art und Weise, wie er die Ressourcen des grünen Universums ausschöpfte. Lediglich zwei signifikante Innovationen sind dokumentiert: In etwa 40 000 Jahre alten Kulturschichten tauchten simple Knochengeräte auf, außerdem verwendeten Menschen in einigen Gebieten krude „taillierte" Steinäxte, deren Einschnürungen eventuell eine Bindung aufnahmen, mit der Holzgriffe befestigt wurden. Bezüglich dieser und anderer Erfindungen läßt sich derzeit nur spekulieren, doch kann man wohl davon ausgehen, daß sie auch das „Knowhow" einschlossen, seegängige Wasserfahrzeuge zu bauen. Mit ihrer Hilfe gelangte der Mensch zu bislang unbewohnten Gestaden fernab der vertrauten südostasiatischen Wälder.

Sundaland, die Wallacea und Sahul

Wie der ganze Erdball war auch Südostasien von eustatischen Meeresspiegelschwankungen betroffen, die mit den eiszeitlichen Kalt- und Warmzyklen einhergingen. In Intervallen fielen eine Reihe kontinentaler Schelfzonen trocken, zuletzt vor ungefähr 18 000 Jahren. Der damalige Verlauf der Küstenlinien gestattet Rückschlüsse auf frühere Verhältnisse, mit Einschränkungen allerdings, auf die wir zurückkommen. Während des Maximums der letzten Vereisung lag der Meeresspiegel 122 m unter dem rezenten Stand. Sundaland – Bali, Java, Sumatra, Borneo, Palawan und die malaysische Halbinsel – schmiegte sich, von gewaltigen tropischen Strömen durchzogen, an Hinterindien. Östlich davon erstreckte sich die Wallacea, ein auseinandergezogener Archipel, dem unter anderen Großflores (die heutigen Inseln Lombok, Sumbawa und Flores), Timor, Sulawesi (Celebes), die Molukken und die eine geschlossene Landmasse bildenden Philippinen angehörten. Ein 30 km breiter Meeresarm trennte Großflores vom asiatischen Festland, noch breitere Gräben schieden die übrigen Inseln voneinander. Mehr als 90 km offene See lagen zwischen Timor und Sahul, der aus Neuguinea, Australien und dem gegenwärtig überfluteten Arafura-Schelf zusammengesetzten östlichen Kontinentalscholle.

Wenn wir bedenken, daß diese Konfiguration den Zustand während des glazialen *Maximums* vor rund 18 000 Jahren widerspiegelt, ist von wesentlich höheren Pegelständen in vorherigen wärmeren Jahrtausenden auszugehen. Der frühere Küstenverlauf läßt sich nicht leicht ermitteln, aber die glückliche Entdeckung eines oberpleistozänen Riffs auf der Huon-Halbinsel Neuguineas, durch geologische Prozesse emporgehoben, erlaubte die Korrelierung eiszeitlicher Bodenprofile (Strandlinien) mit von marinen Tiefenbohrungen abgeleiteten „Emiliani-Kurven" (vgl. Kapitel 5). Demnach lag der Wasserkörper des Indo-Pazifik zwischen 110 000 und 30 000 Jahren vor der Gegenwart nur etwa 40 m unter dem heutigen Niveau. Menschen, die, unterstellen wir einmal die Intention, von Sundaland nach Sahul wechseln wollten, sahen sich also im Bereich der Wallacea mit noch breiteren Kanälen konfrontiert als später, vor 18 000–20 000 Jahren. Selbst dann, auf dem Höhepunkt der Glazialeustasie, setzte ein solches Vorhaben die Existenz seegängiger Wasserfahrzeuge voraus sowie die entsprechende Technologie, derartige Gefährte zu bauen. Das bringt uns zu der eingangs gestellten Frage zurück. Wer waren die Menschen, die Flöße oder Kanus konstruierten, um damit Land jenseits ihres Gesichtskreises anzulaufen? Sind es Frühmenschen gewesen, die dieses Wagnis unternahmen, Altmenschen vielleicht, wie wir sie aus Ngandong kennen, oder gebührt erst dem *Homo sapiens sapiens* der Lorbeer, das Meer bezwungen und auf dem jungfräulichen Sahul Fuß gefaßt zu haben? Die Antwort können nur archäologische Befunde geben.

Archäologische Stätten auf Sundaland

Einhellig versichern Experten, daß der Mensch die Wallacea aus Hinterindien kommend via Sundaland betrat. Angenommen, die Arche-Noah-Hypothese trifft zu, müßte *Homo sapiens sapiens* zwischen 90 000 und 75 000 (50 000) Jahren vor unserer Zeit, als in Java vermutlich noch Altmenschen lebten, über Vorderasien nach Südostasien vorgedrungen sein. Vor etwa 32 000 Jahren durchstreifte der Jetztmensch, wie wir noch sehen werden, bereits Südaustralien. Die wenigen Fossilien aus Sundaland – Niah, Wadjak und Tabon – sind jünger, ein Umstand, der uns nicht zu irritieren braucht, denn hier wurde bisher selten gegraben, und viele potentielle Aufenthaltsorte hat das Meer zurückerobert.

Die älteste datierte, *Homo sapiens sapiens* zugeschriebene archäologische Fundstätte auf dem südostasiatischen Festland ist die Höhle Long Rongrien im äußersten Südzipfel Thailands. In den untersten Kulturschichten, die 37 000 ± 1780 Jahre zurückreichen, tauchten kleinformatige Schaber, einige Geröllgeräte und drei Werkzeuge aus Geweih oder Knochen auf. Vor 27 000 Jahren versiegelten Felsbrocken eines Dolineneinbruchs die Straten. Anhaltspunkte für einschneidende materielle Neuerungen lassen sich nicht erkennen.

Verglichen mit heute war die ökologische Szenerie bunter. Nach landläufiger Meinung überzog vor 40 000 Jahren ein geschlossener immergrüner Waldbaldachin ganz Sundaland bis zu den Küsten. Tatsächlich herrschte wohl arideres Jahreszeitenklima, und anstelle des gegen-

Die ersten Seefahrer

wärtig nahezu flächendeckend verbreiteten Regenwaldes dominierten örtlich Monsunwälder sowie Baumsavannen. Es wäre daher unklug anzunehmen, die Lebensführung hier sei vergleichbar der weiter im Norden gewesen. Sicher gab es mehr Möglichkeiten für Jäger und Sammler in offenerem Gelände, außerdem luden die Küsten zu Fischfang und Muschelernte ein.

Leider reflektiert der Artefaktbefund solche Spezialisierungen nicht. Niah Cave auf Borneo wurde mit Unterbrechungen ab 40 000 Jahren vor unserer Zeit genutzt. Die ersten Siedler jagten und fischten in den Wäldern und Flüssen ringsum. Muntjakhirsche, Makaken, Schuppentiere, Bartschweine und anderes Wild der Hyläa standen auf dem Speiseplan, ebenso Süßwassermollusken und marine Muscheln, die man 20 km von der Küste entfernt in Mangrovesümpfen auflas. Die Werkzeuge der Höhlenbewohner waren armselig – hauptsächlich Abschläge von aufgebrochenen Geröllen und ein paar spatelförmige Knochengeräte kamen bei Ausgrabungen ans Licht. In der Zeit nach 30 000 Jahren vor heute verwendete man in Niah Knochenwerkzeuge häufiger. Aus Leang Burung 2, einer Höhle auf Sulawesi, die zwischen 31 000 und 10 000 Jahren vor der Gegenwart Menschen als Unterschlupf diente, stammen einfache Steinartefakte, meist flache, spitze Abschläge und steilkantige Schaber, viele davon mit Silkatpolitur, hervorgerufen durch die Verarbeitung pflanzlichen Materials.

Da uns nur so wenige Hinweise zur Verfügung stehen, bleibt allein die Spekulation über die oberpleistozänen Einwohner Sundas. Im Wald waren ausgeklügelte Steinwerkzeuge überflüssig. Der leicht spaltbare und leicht zu schärfende Bambus oder auch Hölzer dienten der Herstellung von Waffen und Messern. Vertraut man der Ngandong-Chronologie, lebte in Java eine Frühform des *Homo sapiens* (oder ein später Abkömmling des *Homo erectus*) bis tief ins letzte Glazial. Wir wissen nicht, wann der Jetztmensch Hinterindien und Sundaland in Besitz nahm, doch dürfte dies zwischen 65 000 Jahren, als *Homo sapiens sapiens* in Südchina (Liujiang) auftauchte, und spätestens 50 000 Jahren vor heute, gemessen am endgültigen Verschwinden des Solo-Menschen, stattgefunden haben.

Während der ersten Jahrtausende der letzten Vereisung lag der Meeresspiegel niedriger als gegenwärtig, aber höher als vor 18 000 Jahren, dem glazialen Maximum. Menschliche Besiedlung konzentrierte sich möglicherweise auf Küsten, Seeufer und Flußauen, wo größere ökologische Vielfalt ein abwechslungsreiches Nahrungsangebot garantierte. Ruhige Gewässer erlaubten den Fang von Flachwasserfischen und das

Einbringen von Schalentieren als Ergänzung zu den Erträgen von Jagd und Sammelwirtschaft. Ausgereifter Bootsbau war nicht zwingend erforderlich. Aus Bambus oder Mangrovenholz aber entstanden wahrscheinlich einfache Flöße. Der Archäologe Rhys Jones von der australischen Nationaluniversität beobachtete am Sepik in Neuguinea, wie Papuas große, von Lianentauen zusammengehaltene Holzflöße mit Decks aus Rindenstücken manövrierten. Solche mit geringem Aufwand gebauten Schwimmplattformen eigneten sich hervorragend, um entlegene Muschelbänke zu erreichen. Sie könnten auch als Pontons gedient haben, an denen man Grundangeln befestigte, und als Gefährte, die Menschen bei Flut zu nahen Eilanden und Untiefen beförderten. Irgendwann, noch vor dem 18 000 Jahre zurückliegenden eustatischen Tiefstand, überquerten mit dem Meer vertraute Bewohner Sundalands in kleinen Gruppen die Wasserfläche der Wallacea, sich von Insel zu Insel vortastend, ehe sie hinter Timor auf einen riesigen, menschenleeren Kontinent stießen.

Die Erstbesiedlung Sahuls

Zur Zeit seiner größten Ausdehnung vor 18 000 Jahren ist der Kontinent Sahul eine Landmasse schroffer Kontraste gewesen. Ihr nördlicher Teil, das heutige Neuguinea, war von zerklüfteten Bergketten, unterbrochen von breiten Taleinschnitten, durchzogen. Die starke geotektonische Kammerung sowie ungleichmäßig verteilte, insgesamt aber recht hohe Niederschläge sorgten für eine Fülle gegensätzlicher Lebensräume. Trockenere Verhältnisse herrschten weiter im Süden, in dem Gebiet, das wir jetzt Australien nennen. Hier wechselten semiaride Landstriche mit gemäßigten oder paratropischen Wäldern und kalten Zwergstrauchheiden ab. Seit mehr als 50 Mio. Jahren von anderen Landfesten isoliert, entwickelte sich auf Sahul eine einzigartige Fauna, darunter besonders viele Beuteltiere. Schwerfällige Riesenwombats, Diprotodonten und Rüsselbeutler sowie bis 3 m hohe Kurzschnauzen-, Langzehen- und Riesenkänguruhs bevölkerten Grasland und Waldbiotope; Beutelwölfe, der leopardgroße Beutellöwe und 8 m lange Riesenwarane machten Jagd auf sie. Auch ihre Heimat war eiszeitlichen Klimafluktuationen ausgesetzt, augenfällig dort, wo Meereseustasie den Wasserspiegel um 31 m schwanken ließ. Dadurch wurden Australien und Neuguinea hin und wieder voneinander getrennt, dann erneut zusammengefügt. In den höher gelegenen Zonen, etwa in Südostaustralien, fielen die Temperaturen anläßlich von Kälteeinbrüchen beträchtlich, und an Stellen, wo sich

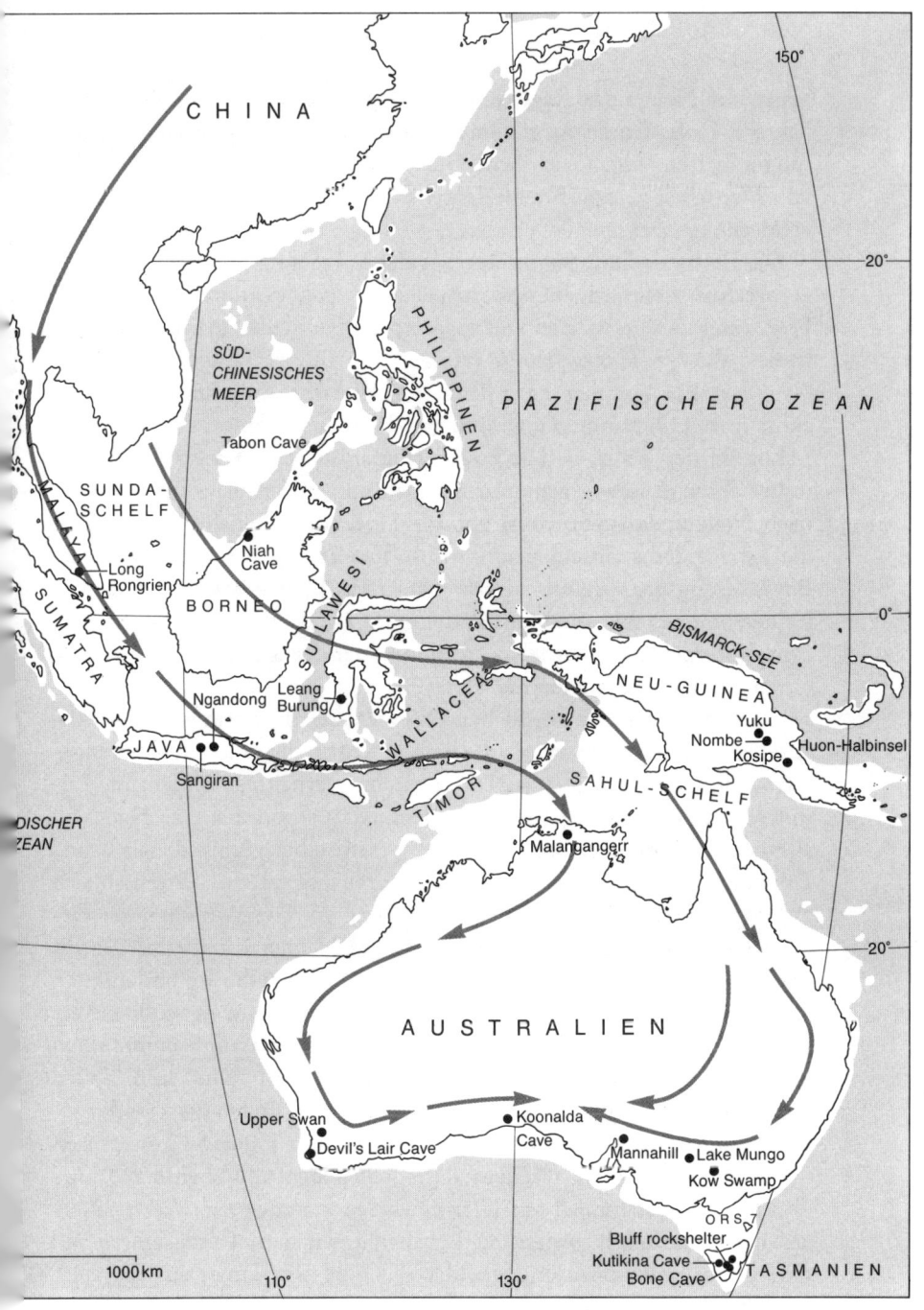

Mögliche Wanderrouten von Sundaland nach Sahul (Australien und Neuguinea) in Phasen eiszeitlicher Niedrigwasserstände.

heute auf Neuguinea Regenwälder ausdehnen, wuchsen in Kaltzeiten lichtere Holzpflanzenformationen. Nicht alle ökologischen Veränderungen hatten jedoch natürliche Ursachen, denn es gibt Anzeichen, daß von Menschen gelegte Brände später in erheblichem Maß auf die Pflanzendecke einwirkten.

Die Erstbesiedlung Sahuls bereitet der Forschung noch immer Kopfzerbrechen, denn um hierher zu gelangen, galt es, mindestens 90 km Freiwasser zu überwinden und sogar noch mehr, falls die Einwanderung früher als vor 18 000 Jahren erfolgte, wovon wir ausgehen müssen. Grundsätzlich kommen zwei Routen in Betracht. Eine führte von Südchina über Hinterindien und Sundaland zur Insel Timor, dem östlichen Eckpunkt der Wallacea. Die zweite Migrationsroute könnte in Hinterindien ihren Ausgang genommen haben und verlief dann über Borneo nach Neuguinea via Sulawesi und die Molukken. Gleich, welchen Weg die Einwanderer einschlugen – wir sollten auch mit unterschiedlichen Bevölkerungsgruppen aus verschiedenen Herkunftsgebieten rechnen –, immer bildeten Meeresarme Hindernisse, zwangen die Menschen zum „Inselspringen". So wurden sie zu Pionieren der Seefahrt.

Auch während der letzten Vereisung sind die indo-pazifischen Gewässer, verglichen mit nördlichen Ozeanen, relativ warm gewesen. Abgesehen von der Monsunzeit, die heftige Regenfälle und Spitzenwindgeschwindigkeiten brachte, waren sie zudem verhältnismäßig kalm. Primitive Wasserfahrzeuge wie etwa Bambusflöße konnten eine Handvoll Personen aufnehmen und trugen sie – selbst bei geringen nautischen Fähigkeiten – sicher von Ort zu Ort, vorausgesetzt, sie vertrauten sich einer günstigen Brise oder Meeresströmung an. Die Vorfahren der Ureinwohner Sahuls lebten wahrscheinlich in kleinen Familienverbänden entlang der Südostküste von Sundaland. Sie kannten die See und nutzten schwimmende Untersätze zum Fischfang. Dabei kam es wohl unvermeidlich zur Verdriftung von Flößen und ihren Besatzungen, vor allem wenn der Sommermonsun aus Norden wehte. Von Wind und Wellen immer weiter aufs offene Meer hinausgetragen, sichteten die Verschlagenen in der Regel erst nach ein paar Tagen wieder Land. So könnte sich die Kolonisierung der Wallacea abgespielt haben und ebenso die Entdeckung Sahuls. Einmal ans Ufer geworfen wandten sich die Irrfahrer auf der Suche nach geeigneten Lebensräumen dem Landesinnern zu. Computersimulationen ergaben, daß ein Floß von Timor aus etwa sieben Tage lang bis zur Küste Nordwestaustraliens treiben mußte.

Wie immer in solchen Fällen debattieren Gelehrte endlos darüber, ob die Landnahme zufällig erfolgte oder vorsätzlich ausgeführt wurde,

Die ersten Seefahrer 139

ausgelöst durch unbezähmbare Neugier und in der Hoffnung, man werde schon wieder heimkehren. Den explorativen Charakter einer Fahrt mit intendierter Rückkehr unterstellt, hätten Flöße hierzu kaum ausgereicht. Vielmehr wären seetüchtige Rindenkanus oder Einbäume erforderlich gewesen, die sich gegen vorherrschende Winde paddeln ließen. Und wie bestimmten die Menschen ihren Kurs? Besaßen sie die Erfahrung, sich an der Sonne oder den Sternen zu orientieren? Wir wissen nicht, ob die späteiszeitlichen Einwanderer das konnten. Auch ihre Wasserfahrzeuge sind nicht überliefert. Solange uns der Zufall keine küstennahe Unterwasserfundstätte beschert, die zum Beispiel bei Sauerstoffausschluß konservierte Holzpaddel enthält, bleiben derlei Fragen müßig. Viele Forscher glauben, es habe ausgehend vom asiatischen Festland einen leicht zu bewältigenden „Wanderkorridor" nach Neuguinea und den vorgelagerten Inseln Melanesiens gegeben. Landsicht sei dort von Insel zu Insel möglich. Auch die Kalmenzone am Äquator, abseits der Zyklongürtel, bot sich zur Passage an, mit den Monsunen als zuverlässigen Schiebewinden, die bei entsprechendem Timing sogar den Nachhauseweg sicherstellten. Geoffrey Irwin von der Universität Auckland befaßte sich im Detail mit Meeresströmungen, Entfernungen und Windrichtungen. Seine Schlußfolgerung lautet, daß die gesamte Region ein ideales Experimentierfeld war, in dem Menschen ihre „Seetauglichkeit" erprobten und Voraussetzungen schufen, sowohl die Inselwelt Melanesiens zu besiedeln als auch, sehr viel später, in die Weiten des Zentralpazifik vorzudringen.

Es ist denkbar, daß neben Verschlagungen geplante Exkursionen eine Rolle bei der Kolonisierung Sahuls spielten. Ohne Zweifel scheiterten manche dieser Fahrten, ausgeführt von nur jeweils wenigen Personen über Jahrtausende, noch auf hoher See, und ebenso viele Besatzungen fanden den Tod, nachdem sie an der 3000 km langen Küste des Ostkontinentes gestrandet waren. Einem erfolgreichen Landungstrupp mußten selbstverständlich Männer und Frauen angehören. Simulationsmodelle veranschaulichen, daß die Chance solcher Pioniere, in fremder Umgebung Fuß zu fassen und sich fortzupflanzen, sehr gering gewesen ist. Gewiß konnte eine lebensfähige Population nur unter großen Opfern aufgebaut werden. Wann sich Gemeinschaften soweit gefestigt hatten, um von der Küste ins Binnenland zu ziehen, bleibt in Fachkreisen umstritten, doch wissen wir, daß Wildbeuter bereits vor 40 000–35 000 Jahren in weiten Teilen Australiens und Neuguineas lebten.

Neuguinea und vorgelagerte Inseln

Viele wichtige Stationen, die den Weg nach Sahul dokumentieren könnten, liegen heute unter Wasser begraben. Nur an wenigen Stellen, wo die Natur versunkenes Land wieder emporhob, wie im Bereich der Huon-Halbinsel Neuguineas, gewinnen wir Aufschlüsse über die ersten Siedler im indo-pazifischen Raum. Dort, bei Bobongara, fand der australische Archäologe Les Groube von der University of Papua New Guinea geschliffene „taillierte" Steinbeile und einen einzelnen Abschlag unter Lagen vulkanischer Asche, die auf etwa 40 000 Jahre datiert wurden. Groube ist überzeugt, daß die Beile dazu dienten, Bäume zu „ringeln", sie also zum Absterben zu bringen, um anderen Pflanzen bessere Entfaltungsmöglichkeiten zu bieten. Diese Praxis unterstellt, hätte man ein frühes Rodungsverfahren angewandt, einen gezielten Eingriff in die Natur, der das Wachstum bestimmter wild wachsender Nutzpflanzen – Taro, Zuckerrohr, verschiedene Kürbisgewächse, Schraubenbäume – fördern sollte. Verläßlich datiert und in eindeutiger Assoziation beweisen die Werkzeuge des Huon-Fundes unwiderlegbar die Anwesenheit von Menschen in Sahul zu einer Zeit, als im fernen Europa noch Neandertaler umherzogen. Wie wir jedoch sahen, existieren keinerlei fossilgestützte Anhaltspunkte, ob sie in ihrer Erscheinung bereits anatomisch modern waren.

Die Huon-Halbinsel ragt weit in die Bismarck-See hinaus, wo in 51 km Entfernung vom Festland Neubritannien liegt. Nur einen Katzensprung ist es von dort nach Neu-Irland. Obwohl beide Inseln erkennbare Ziele darstellen, sind sie aus navigatorischer Sicht „ozeanischer" Natur, da sie nicht dem Kontinentalschelf aufsitzen, sondern durch tiefe marine Gräben sowohl voneinander als auch von Neuguinea getrennt werden. Ihre Besiedlung mußte demnach vom Meer her erfolgen, selbst bei niedrigerem Wasserstand. Ausgrabungen in vier Kalksteinhöhlen auf Neu-Irland lieferten Hinweise auf menschliche Nutzung vor mindestens 32 000 Jahren. Die Höhlenbewohner sind geschickte Fischer gewesen, die ihren schuppigen Fang nebst Krabben und Muscheln dem nahen Riff verdankten; außerdem erlegten sie Flughunde, Riesenratten, Vögel und Reptilien. Vor 20 000 Jahren bezogen ihre Nachfahren regelmäßig aus West-Neubritannien Obsidian, der von einem in Luftlinie 350 km entfernten Aufschluß stammte.

Der Kilu-Abri auf Buka in den nördlichen Salomonen diente Menschen zwischen 28 000 und 20 000 Jahren vor heute als Unterkunft, wie sich anhand radiokohlenstoffdatierter Konchylienabfälle aus der Stätte

Die ersten Seefahrer

ableiten läßt. Kilu war vor dem glazialen Maximum bewohnt, als der Meeresspiegel 46 m unter dem gegenwärtigen Stand lag. Abhängig von der Route, die die ersten Siedler wählten, mußten 130–180 km Freiwasser überwunden werden, um hierher zu gelangen. Landsicht stellte sich erst auf hoher See ein, von wo aus man, vorausgesetzt die Einwanderer kamen aus Neu-Irland, die Silhouette Bukas zu erkennen vermochte. Zur Bewältigung solcher Distanzen benötigten die Kolonisten außer einem wirklich seetüchtigen Gefährt ausreichend Proviant und Trinkwasser in Vorratsbehältern aus Rinde, Kalebassen oder Seekuhleder. Von Buka aus war es ein Leichtes, auch die übrigen Salomonen zu erreichen, denn alle Inseln liegen dicht beisammen.

Die Kilu-Leute nutzten sowohl marine als auch hyläische Ressourcen und bedienten sich einer Technologie, die auf die Herstellung von Kerngeräten und Schabern zielte, wie sie bis ins Postglazial in Sahul gebräuchlich waren. Einige der Abschläge enthüllten unter dem Mikroskop Stärkepartikel. Solche Gebrauchsspuren bleiben zurück, wenn pflanzliches Material verarbeitet wird.

Zusammengesetzt ergeben diese Mosaiksteinchen das Bild einer sich ab 40000 Jahren vor unserer Zeit rasch über Nordsahul und angrenzende Inseln ausbreitenden Wildbeuterbevölkerung, die, so ist aus der Besiedlung Bukas zu folgern, manövrierfähige Wasserfahrzeuge besessen haben muß. Flöße, wie sie vermutlich beim „Inselspringen" von Sundaland her zum Einsatz kamen, scheiden im vorliegenden Fall aus.

Der bisher älteste Fundort im gebirgigen Zentralneuguinea, die Freilandstation Kosipe im östlichen Hochland, wo Wildbeuter nahe eines kleinen Sumpfes Schraubenbaumfrüchte gesammelt haben könnten, wurde auf 26000–24000 Jahre vor heute datiert. Allerdings stimmen dem nicht alle Experten zu. Sie sind der Meinung, daß Menschen erst auf dem Höhepunkt der letzten Vereisung, vor 18000 Jahren, ins unwegsame Landesinnere vorstießen. Verläßlich datierte Stätten wie Batari, Aibura, Kafiavana, Nombe oder Yuku gehören einer Entwicklungsphase an, die man zwischen 18050 und 3070 Jahren vor der Gegenwart ansiedelt. Weiter im Süden aber, auf dem Territorium des heutigen Australien, treffen wir wieder auf wesentlich frühere Zeugnisse menschlicher Anwesenheit.

Australien

In der Zeit nach 60 000 Jahren vor heute war es in Australien, der Südhälfte Sahuls, weitaus kühler und trockener als jetzt. Zwischen 40 000 und 30 000 Jahren vor der Gegenwart wuchs im Nordosten, wo nun Regenwald gedeiht, lichteres Gehölz. Im Süden dagegen sammelten sich gewaltige Seen, vielleicht Folge nachlassender Verdunstung. Die einstige Verbindung mit Neuguinea, damals eine semi-aride Ebene mit eingestreuten Seen und Sümpfen, ist in den Fluten der Arafura-See ertrunken. An den Küsten bewirkten die ständigen Meeresspiegelschwankungen wechselhafte Umweltverhältnisse. Steigende See begünstigte die Bildung ausgedehnter Lagunen hinter den Strandlinien, wegen ihrer Instabilität boten sie aber, verglichen mit Standorten im Hinterland, weniger Pflanzen- und Tierarten Lebensraum. Dennoch fand der Mensch hier sein Auskommen, ehe vor ca. 6000 Jahren die uns vertrauten Umrisse Australiens Gestalt annahmen.

Man ist sich in Fachkreisen einig, daß der 5. Kontinent vor wenigstens 20 000 Jahren in allen Randzonen besiedelt war, wann jedoch die ersten Menschen landeten, wird nach wie vor heiß diskutiert. Jedenfalls hatten ihre Nachkommen vor 10 000 Jahren bereits jegliche in Frage kommende ökologische Nische besetzt. Einige Forscher glauben an eine rasche Ausbreitung unmittelbar nach Ankunft der Kolonisten aus Sundaland oder Nord-Sahul, bedingt durch ihre hohe Mobilität und ihre wildbeuterische Lebensweise. Der Anthropologe Joseph Birdsell von der University of California in Los Angeles errechnete, daß eine Bevölkerungsstärke, wie sie im 18. nachchristlichen Jahrhundert, also zur Zeit der europäischen Entdeckung, bestand, in nur 2000 Jahren erreicht worden wäre, vorausgesetzt, die Ursprungspopulation hätte sich alle 20 Jahre verdoppelt. Andere halten solche Modelle für plumpe Vereinfachungen, meinen sie doch, es habe zunächst eine Anpassung an Küstenhabitate und sukzessive an die Verhältnisse weiter im Innern oder auf der Arafura-Landbrücke zwischen Australien und Neuguinea stattfinden müssen. Notwendigerweise, so die Archäologen Peter White von der Universität Sydney und James O'Connell von der Universität Utah, sei von einem langsamen Bevölkerungswachstum auszugehen, einem Prozeß allmählicher Neuorientierung mit Gewöhnung an fremdartige Nahrung und fortschreitender Expansion in unterschiedliche Klimazonen, vom trocken-heißen Norden bis zu den von eisigen Winden gepeitschten Zwergstrauchheiden Tasmaniens. Neue Entdeckungen auf Tasmanien, denen wir uns später zuwenden, wecken hieran aber Zweifel.

Die ersten Seefahrer 143

Wann nun wurde Australien, das südliche Sahul, kolonisiert? Der Archäologe Jim Allen von der La Trobe-Universität in Melbourne verweist auf die Existenz einer zeitlichen „Schallmauer", die bei 35 000 Jahren vor heute liege. Danach, das schält sich immer deutlicher heraus, war der 5. Kontinent mit Sicherheit bewohnt, belegt durch eine ganze Reihe gut dokumentierter Lagerplätze und andere Zeugnisse menschlicher Anwesenheit. Mögliche frühere Stätten lassen sich zwei Kategorien zuordnen. Einige Werkzeugaufsammlungen stammen aus Flußschottern und wurden unter Bedingungen geborgen, die keine direkte Datierung erlauben. In diese Kategorie fällt beispielsweise der Fundort „Upper Swan" an einer alten Flußschlinge des Swan River in Westaustralien. Dort bedecken einzelne Artefakte und Sprengsteinfluren, wie sie bei intensiver Geräteherstellung entstehen, eine Fläche von 250 m². Angeblich kommen die Objekte aus Bodenschichten, die 38 000 Jahre alt sind. Noch älter sollen Steinwerkzeuge aus Sandablagerungen sein, die man mit der Thermolumineszenzmethode auf annähernd 60 000 Jahre datierte. Details der Fundumstände und nähere Fundbeschreibungen stehen noch zur Publikation an.

Die zweite Kategorie umfaßt indirekte Hinweise auf menschliche Aktivitäten, insbesondere geomorphologische Phänomene, deren natürliche Entstehung nicht ausreichend sicher erscheint. So ließen für die Erstellung eines Pollenprofils aus Ablagerungen des George Lake bei Canberra gezogene Proben hohe Holzkohlekonzentrationen bei 60 000 Jahren erkennen. Hieraus schließt man, daß Menschen damals Waldbrände legten, um offene Äsungsflächen für Jagdwild zu schaffen. Auf dem Atherton-Tafelgebirge in Nordqueensland verdrängten vor ca. 40 000 Jahren feuerresistente Eukalyptusbäume den ursprünglichen Feuchtwald, ein Ereignis, das wiederum anthropogen beeinflußt sein könnte. Es fragt sich allerdings, ob solche eher mageren Indizien ausreichen, eine sehr frühe Besiedlung Südsahuls zu stützen.

Die meisten Wissenschaftler zögern daher, Datierungen vor der 35 000-Jahre-Marke anzuerkennen, bevor nicht mehr Fundstätten entdeckt und ausgewertet sind. Natürlich besteht die Möglichkeit einer jahrtausendelangen „unsichtbaren Kolonisierung", die (noch) nicht archäologisch nachweisbar ist. Wenigstens gelang es aber, rasche Bevölkerungsverdichtungen um oder vor 30 000 Jahren zuverlässig zu dokumentieren. Etwa 300 km südwestlich des oberen Swan River liegt nahe Perth die Devil's Lair-Höhle, die ab 32 000 Jahren (eventuell auch früher) gelegentlich, zwischen 23 000 Jahren und dem Ende der Eiszeit regelmäßig aufgesucht wurde. Unter dem Purritjarra-Abri unweit der Cleland

Hills im Herzen Australiens suchten Menschen von 27000 bis vor rund 6000 Jahren Schutz.

Weiter im Osten stieß man auf eine Anzahl archäologischer Stätten um die Willandra-Billabongs, heute unscheinbare Regenzeittümpel, die während des Spätpleistozäns aber gewaltige Ausmaße annahmen. Unter einem Dünenfeld in der Umgebung des Mungo Lake deckten Forscher gleich mehrere ehemalige Lagerplätze auf. Anhand der Muschelabfälle, die von den hier offenbar gern rastenden Wandergruppen angehäuft wurden, datierte man den gesamten Fundkomplex auf mindestens 34000–32000 Jahre vor der Gegenwart. Aus Mungo Lake kennen die Prähistoriker auch die bisher ältesten Skelettfunde Australiens. An der Leeseite einer Düne kam das Grab eines Mannes zum Vorschein, den man vor über 28000 Jahren beerdigte. 26000 Jahre alt scheinen die Gebeine einer eingeäscherten Frau zu sein, die hier ebenfalls ihre letzte Ruhe fand. Beide Skelette sind anatomisch völlig modern. In den Steppengebieten Südaustraliens zogen Menschen vor 24000 Jahren umher. Koonalda Cave auf den Nullarbor Plains besuchten sie zwischen 22000 und 15000 Jahren vor heute. Von tief im Boden verborgenen Flintbändern schlugen sie Gestein für ihre Werkzeuge ab und hinterließen an den ehedem weichen Höhlenwänden in Mustern angeordnete Eindrücke und Rillen. Arnhem Land im Norden war vor mindestens 20000 Jahren besiedelt; Radiokohlenstoffdatierungen aus dem Malangangerr-Abri deuten auf eine Zeit um 22900 Jahre hin. Einige der Stationen dienten Menschen während der trockensten Abschnitte der letzten Vereisung als Unterkunft. „Malstifte" aus rotem Ocker mit Gebrauchsspuren mögen 19000 Jahre alt sein, vielleicht sogar 30000 Jahre. Es ist nicht auszuschließen, daß gewisse Felsbilder in Arnhem Land ausgestorbene Großsäuger darstellen, aber über diese Interpretation wird noch gestritten. Der Patina („Wüstenlack") von Gravuren an Dolomitfelsen bei Mannahill in Südaustralien nach zu urteilen, entstanden die Ritzungen zwischen 31000 und 16000 Jahren vor unserer Zeit. Obwohl nicht alle Fachleute den Datierungen zustimmen, könnten Uraustralier in Mannahill ebenso früh zu Farbe und Gravierstein gegriffen haben wie ihre Zeitgenossen im fernen Europa.

Tasmanien

Jüngste Forschungsergebnisse lassen vermuten, daß Tasmanien die südlichste Erdregion war, die Menschen noch im Verlauf der Eiszeit betraten. Mindestens drei Mal ist die Insel vor dem letzten glazialen Maximum über eine Landbrücke mit dem australischen Festland verbunden gewesen, so auch zwischen 37 000–29 000 Jahren, als die flächendeckende Kolonisierung Sahuls erfolgte. Fast die ganze Zeit über herrschten unwirtliche Klimaverhältnisse. Gletscher hatten sich in höhergelegenen Gebieten gebildet, und die Temperaturen lagen durchschnittlich 6 °C unter den heutigen Werten. Der Archäologe Richard Cosgrove von der La Trobe-Universität grub unter dem Bluff-Felsvorsprung im Tal des Florentine River und fand hier Anzeichen einer nahezu 20 000 Jahre währenden intermittierenden menschlichen Nutzung. Für die tiefsten Straten ermittelte er ein Alter von 30 420 ± 690 Jahren, in ORS 7, einem anderen Abri weiter nordwestlich, am Rand des zentralen Hochlandes, datierten die frühesten Kulturschichten sogar 30 840 ± 480 Jahre zurück. In beiden Stationen bargen die Ausgräber Emu-Eier, Hinweis darauf, daß selbst die strengen Temperaturen im Winter und Vorfrühling, wenn die australischen Strauße ihre Gelege betreuen, Siedler nicht schreckten.

Bluff und ORS 7 waren vor dem glazialen Höhepunkt bewohnt, doch lebten Menschen auch während der kältesten Abschnitte der letzten Vereisung im rauhen Bergland des zentralen und südwestlichen Tasmanien. Wildbeuter frequentierten die Kutikina-Höhle zwischen 20 000 und 14 000 Jahren vor der Gegenwart, einer Zeit, da Zwergstrauchheiden und Kältesteppen den Landschaftsaspekt prägten. Hauptsächlich brachten die Jäger Bennettkänguruhs zur Strecke, so wie auch die Bewohner von etwa 20 weiteren Höhlen im näheren Umkreis. Mehr gegen Osten hin, wo heute kühl-gemäßigter Regenwald wächst, stieß man auf andere Spuren späteiszeitlicher Besiedlung, die in Bone Cave von 17 000 bis 13 000 Jahren vor unserer Zeit dauerte. Alle Gruppen dieses Raumes verfügten scheinbar über die gleichen, sich jahrtausendelang bewährenden gesellschaftlichen Strukturen. Einige Verbände nutzten Gesteinsglas aus einem Meteoritenkrater, 45 km von Kutikina und über 100 km Luftlinie vom Florentine River entfernt.

Malereien schmücken mehrere Kalksteinhöhlen in Südwesttasmanien. Da sie tief im Innern der Grotten verborgen sind, konnte man die Bilder nur bei Fackelschein betrachten. An exponierten Felswänden und an den Eingängen drohen Abwehrzeichen in Form gespreizter menschlicher

Hände auf farbigem Grund. Manche dieser gerade erst entdeckten Höhlen enthalten von Stalagtiten überzogene Gemälde. Nach vorläufiger Einschätzung fällt ihre Entstehung in den gleichen zeitlichen Rahmen, dem auch die übrigen Zeugnisse menschlicher Besiedlung auf Tasmanien angehören. Nachdem das Meer die Bass-Landbrücke im Postglazial verschlungen hatte, und so die Verbindung mit Australien abriß, gerieten die Nachfahren der eiszeitlichen Künstler bis 1772, als der französische Forschungsreisende Marion du Fresne mit tasmanischen Ureinwohnern zusammentraf, in völlige Isolation zur Außenwelt.

Wer waren die Ureinwohner Sahuls?

Lassen Sie mich die Geschichte der ersten Seefahrer mit einer Zusammenfassung dessen beschließen, was wir von der Besiedlung Australiens und Neuguineas wissen. Ich möchte dies mit einigen, die mögliche Identität der Immigranten betreffenden Überlegungen verbinden.

Dem archäologischen Fundmaterial nach zu urteilen ging die Kolonisierung Sahuls von Südostasien aus und fand vor 40000 Jahren – eventuell auch einige Jahrtausende früher – statt. Diese Einwanderung scheint sehr rasch abgelaufen zu sein, kurz nachdem *Homo sapiens sapiens* Hinterindien erreichte, auch wenn bislang keine entsprechenden Fossildokumente vorliegen. Auf dem Weg lagen breite Meeresarme, die der Mensch nur mit Hilfe von Wasserfahrzeugen zu überqueren vermochte. Um solche seetüchtigen Gefährte entwerfen und bauen zu können, bedurfte es keiner aufwendigen Technologie. Aber die Konstrukteure mußten eine Vorstellung von dem haben, *was* ihre Erfindung leisten sollte. Sie entwickelten also Problembewußtsein und setzten ihre Anfrage an den Zweck konsequent in die Praxis um. Sowohl diese Konzeptualisierung als auch die Aufgabe, Personen zum Fällen von Bambus oder Bäumen und deren Weiterverarbeitung zu organisieren, überstieg meiner Meinung nach die Fähigkeiten des *Homo erectus*, wahrscheinlich auch die von Altmenschen. Einzig dem *Homo sapiens sapiens* ist zuzutrauen, daß er sich der Herausforderung stellte, ein offenes Gewässer ohne Landsicht – wenngleich wohl zufällig am Anfang – unbeschadet zu überwinden.

Auffälligerweise verdichten sich erste Siedlungsspuren auf Sahul zwischen 40000 und 30000 Jahren vor der Gegenwart. Damit ist ein sich langsam dahinschleppender Kolonisierungsprozeß, wie ihn White und O'Connell vermuten, so gut wie ausgeschlossen. Vielmehr gewöhnten

Die ersten Seefahrer 147

sich Menschen innerhalb nur weniger Jahrtausende an eine Fülle höchst gegensätzlicher Klimazonen und Habitate. Da es augenscheinlich keine langwierige Akklimatisierung an die neuen Lebensräume gab, müssen wir es mit erfinderischen und anpassungsfähigen Menschen zu tun haben, die den Archaikern, denen sie unterwegs noch begegneten, geistig weit überlegen waren.

Die ersten Siedler besaßen ein Werkzeuginventar, das behauene Chopper, geschärfte Abschlagsgeräte und gelegentlich krude Äxte (wie die „taillierten" Formen der Huon-Halbinsel) umfaßte. Wer die in Australien geborgenen Skelette, insbesondere deren Schädel und Zähne, vergleicht, gewinnt den Eindruck, es hätten hier lange zwei morphologische Spielarten des *Homo sapiens sapiens* nebeneinander gelebt. Die Individuen des einen Formenkreises, repräsentiert durch Funde aus dem Kow-Sumpf, aus Cohuna, Mossgiel, Talgai oder vom Lake Nitchie, waren verhältnismäßig groß und robust gebaut. In ihrem Erscheinungsbild ähnelten sie vermutlich den stark behaarten, durch eine Reihe altertümlicher Schädelmerkmale ausgezeichneten japanischen Ainu oder südindischen Wedditen. Andere Fossilien, namentlich die vom Mungo Lake oder aus Keilor bei Melbourne, sind kleiner und graziler. Ihr Phänotypus erhielt sich unter den isolierten Tasmaniern fast unverfälscht, ehe sie, in grauenvollen Menschenjagden dezimiert, um die Jahrhundertwende ausstarben. Diese Gruppe stand vielleicht den sogenannten „Negritos" nahe, relativ kleinwüchsigen und dunkelhäutigen Völkerschaften mit spiralkrausem Haar, die noch heute auf den Andamanen, den Philippinen und in Malaysia leben. Beide „Rassen" wirken grundsätzlich anatomisch modern, doch tragen die robusten Vertreter, die sich auch im Zahnbau von ihren grazileren Vettern unterscheiden, den „Stempel des alten Java", wie Alan Thorne sich ausdrückte, was auf Mischung mit dem *Homo sapiens soloensis* hindeutet. Möglicherweise nahmen die Vorfahren dieser Hybridpopulation – vereinfacht dargestellt – den längeren Weg aus China über das südliche Sundaland und Timor, während die kleinwüchsigen Einwanderer über Sulawesi und Neuguinea nach Südsahul gelangten. Dafür spricht auch, daß die „Melanesiden" (Papuas) das negritoide Erscheinungsbild besser als die Schwarzaustralier konservierten. Auf dem 5. Kontinent dürfte es erst nach Abtrennung Tasmaniens und Neuguineas im Postglazial zur vollständigen Verschmelzung beider Rassen gekommen sein, wobei sich der archäomorphe Bevölkerungsanteil, der hier offenbar zahlenmäßig überwog, phänotypisch durchsetzte. Daß auch dann noch Migrationsschübe erfolgten, kann man annehmen, denn erst ab 8000 Jahren vor Chr. Geburt ist der Dingo, ein leicht verwildernder Haushund mit indonesischem „Stammbaum", archäologisch bezeugt.

Die tasmanischen Ureinwohner lebten in einer Gegend mit strengen Wintern, doch gelang es ihnen, die Unbilden der Natur zu meistern. Auch am anderen Ende der Welt, in Europa, war der Mensch vor 40000 Jahren unvorstellbar kalten Witterungsbedingungen ausgesetzt. Indem er den Winter bezwang, schuf er die Voraussetzung, sich die eurasische Steppe zu unterwerfen und tief nach Sibirien, ja bis Amerika vorzustoßen.

Vierter Teil

Der Sieg über den Winter

„Wenn man das Unmögliche abzieht, ergibt das, was übrigbleibt, so unwahrscheinlich es auch sein mag, die Lösung."

Sherlock Holmes, in: „The Sign of Four"

11. Der Aufstieg des Cro-Magnon-Menschen

Wir haben die Spur unserer Vorfahren bis Afrika zurückverfolgt und hörten, daß anatomisch moderne Menschen eventuell bereits vor 90 000 Jahren in der Levante auftraten. Weitere 50 000 Jahre verstrichen bis zur Besiedlung des fernen Australien – eine enorme Zeitspanne, die angesichts der von kleinen Wanderscharen zu bewältigenden Wegstrecke und des von Generation zu Generation kaum meßbaren Raumgewinns aber verständlich wird. Vom Nahen Osten aus ist es vergleichsweise nur ein Katzensprung nach Südosteuropa, doch scheint es, als hätte der Jetztmensch ebenfalls rund 50 000 Jahre gebraucht, um im Norden Fuß zu fassen. Was hielt ihn so lange in Vorderasien auf?

Der eisige Norden

Am bündigsten erklärt sich die Verzögerung aus dem ökologisch-klimatischen Gefälle. Europa war im Oberpleistozän, wie in Kapitel 7 beschrieben, ein frostiger, eisgepanzerter Kontinent, sehr verschieden von den gemäßigten Steppen und Waldgebieten des Nahen Ostens, und in den Stadialen schoben sich von Skandinavien und den Alpen ausgehende Gletscher bis weit nach Mitteleuropa vor.

Solche harschen Bedingungen dürften *Homo sapiens sapiens* anfangs abgeschreckt haben, sich dorthin zu wagen. Unseren Vorfahren, die ja aus wesentlich wärmeren Breiten stammten, fehlte es damals schlicht an dem Vermögen, strenge Winter zu ertragen. Die Neandertaler, denen die Akklimatisierung gelungen war, hatten eine entsprechende Physis entwickelt, doch nahm auch ihre Anpassung Jahrzehntausende in Anspruch. Wahrscheinlich blockierte gerade die geglückte Adaption des *Homo sapiens neanderthalensis* zunächst noch die Nordausbreitung des Jetztmenschen.

Es ist sicher kein Zufall, daß *Homo sapiens sapiens* europäischen Boden betrat, als im Moershoofd-Interstadial, vor 50 000–43 000 Jahren, die Temperaturen anstiegen. Wärmer war es auch im Hengelo-Interstadial (39 000–37 000 Jahre vor heute), was der Jetztmensch zur Kolonisierung Mitteleuropas ausnutzte. Dennoch erforderten Klimaverhältnisse und jahreszeitliche Schwankungen selbst dort eine ganze Reihe neuer Geräte und den Umständen angemessene Jagdtechniken. Keine 10000 Jahre später standen derlei Errungenschaften bereits in voller Blüte.

Die Allmacht des Wortes

Vielleicht fiel die Inbesitznahme Europas durch anatomisch moderne Menschen mit der zu Beginn des Jungpaläolithikums wahrscheinlich abgeschlossenen Genese artikulierter und grammatikalisch voll strukturierter Sprachen zusammen. Der Archäologe Paul Mellars von der Universität Cambridge folgert dies aus der rasanten Kulturentfaltung im Nahen Osten ab 45000 Jahren vor heute. Er glaubt, daß Menschen vorher Idiome sprachen, denen noch die Tempi fehlten; außerdem hätte ihnen nur ein begrenzter Wortschatz mit wenig differenzierter Bedeutung zu Gebote gestanden. In der Tat erscheint es vernünftig und plausibel, eine Wechselbeziehung von Sprachblüte und Kulturboom anzunehmen. Geschliffeneres Sprachgebaren, so Mellars, dürfte auch auf der Jagd von Vorteil gewesen sein, gestattete es doch die reibungslose Kooperation aller Beteiligten. Reiche Beute versprechende Treibjagden waren nun ebenso möglich wie die Auswahl bestimmter Spezies oder Individuen nach vorheriger Absprache. Mellars verweist auf die bescheidenen Artenspiegel im Fundrepertoire von Jagdlagern; danach scheint es, als ob Menschen, die in der Zeit nach 40000 Jahren Wild ausweideten, sich auf ganz wenige Arten konzentrierten, diesen aber gezielt und sorgfältig geplant nachstellten. Jahrtausendelang verwendeten Jäger einfache, multifunktionale Waffen und Abdeckwerkzeuge. Die darauf folgende Verfeinerung des Artefaktbestandes verdichtet sich mit den offenkundig gewachsenen intellektuellen und sprachlichen Fähigkeiten zu einem immer kunstvoller gewobenen Geflecht kultureller Schöpfungen. Schmuckherstellung und im Bild anschaulich konservierte Mythen oder Jagdszenen strebten einem ersten Höhepunkt ästhetischen Gestaltungsvermögens zu. Ohne die kulturellen Leistungen früherer Hominiden und die Anforderungen, die diese an verbale Kommunikationsstrukturen stellten, schmälern zu wollen, wage ich mich wohl nicht zu weit vor, wenn ich behaupte, daß gerade die sprachliche Kapazität, zuvor noch in Ausbildung begriffen, bis zur jüngeren Altsteinzeit einen gewaltigen Schub erhielt und erst dann den heutigen Standard erreichte.

Falls *Homo sapiens sapiens* an der Schwelle zum Jungpaläolithikum den letzten Schritt zu sprachlicher Vervollkommnung tat, mag dieser

Vorgang auch die Besiedlung nördlicher Gefilde katalytisch stimuliert haben. Das Schicksal der Neandertaler, seiner potentiellen Konkurrenten, mit denen der Jetztmensch im Nahen Osten augenscheinlich mehr als 45 000 Jahre zusammenlebte, war jedenfalls hiermit besiegelt.

Der Cro-Magnon-Mensch und das Aurignacien

Als im Jahr 1868 bei Les-Eyzies-de-Tayac in der französischen Dordogne eine Bahnlinie gebaut wurde, stießen Arbeiter unterhalb des Abri von Cro-Magnon auf fünf menschliche Skelette, darunter ein Fötus. Die Personen, die man dort verscharrt hatte (Hiebverletzungen an den Köpfen lassen auf ein gewaltsames Ende schließen), waren keine Neandertaler. Ihre gerundeten Hinterschädel, hohen Stirnen und geräumigen Hirnschalen wiesen sie vielmehr als anatomisch modern aus. Bevor man ihre großartigen Höhlenmalereien im nordspanischen Altamira oder im Périgord Frankreichs entdeckte, sahen Wissenschaftler in den Cro-Magnon-Menschen nichts anderes als primitive Rohlinge. Nun zeigten sich die Prähistoriker, allen voran der Abbé Henri Breuil, beeindruckt vom Kunstsinn und den materiellen Errungenschaften der Eiszeitjäger. In eleganter Kehrtwende beförderte allzu „forscher Geist" die Nahtstelle zwischen Frankreich und der iberischen Halbinsel zu einem urgeschichtlichen Garten Eden, einem Ort, an dem *Homo sapiens* zu seinen kulturellen Höhenflügen ansetzte. Noch heute färben derlei Abziehbilder Romanbestseller und populäre Vorstellungen vom Leben im Endpleistozän. In Wahrheit herrschten in Südwesteuropa keineswegs paradiesische Zustände, einzig das kaltzeitliche Wildbeutertum reifte hier und an einigen anderen Stellen Eurasiens zu vorher nicht gekannter Blüte. Die Wurzeln jener explosiven Entwicklung entspringen dem Aurignacien – einer jungpaläolithischen Kulturtradition Europas und Vorderasiens.

Steinklingen und Messer, wie man sie bei den ersten Cro-Magnon-Skeletten fand, ähnelten stark Artefakten, auf die der französische Archäologe Édouard Lartet 1860 unter dem Abri von Aurignac am Fuß der Pyrenäen gestoßen war, daher die Bezeichnung „Aurignacien". Bald tauchten Werkzeuge dieses Typs allenthalben in Kulturhorizonten auf, die mittelpaläolithische, den Neandertalern zugeschriebene Straten überlagerten. In den 30er Jahren deckte Dorothy Garrod am Karmelberg in Palästina ebenfalls Aurignacien-Schichten über solchen des Moustérien auf. Sie ist die erste gewesen, die mutmaßte, das Aurignacien könne sich im Nahen Osten herausgebildet haben und dann mit dem Cro-Magnon-Menschen nach Europa gekommen sein.

Hier im Norden strickten die Träger dieser Tradition an einem weit bunteren Kulturmuster als ihre robusten Vorgänger. Sie waren tüchtige Jäger und verfolgten Wild jeder Größe, verfügten über knochenbewehrte Speere und ein charakteristisches Geräteinventar, das unter anderem geschärfte und gekerbte Klingen sowie steilkantige Schaber (Hochkratzer) umfaßte. Ungleich den Neandertalern fanden die Menschen des Aurignacien Geschmack an allerlei Zierat, schmückten sich mit durchbohrten Raubtierzähnen und Muschelschalen. Ihre geistigen Vorstellungen müssen außerordentlich komplex gewesen sein, eine Welt voller Symbole und mythischer Anspielungen. In welchem Rahmen aber vollzog sich der Prozeß, der letztlich zu ihrer Auswanderung aus dem Nahen Osten führte?

Das nahöstliche Aurignacien

Mindestens zwei Kulturtraditionen, unterschieden anhand ihrer Steinwerkzeuge, sind zwischen 40000 und 20000 Jahren vor der Gegenwart nebeneinander im Nahen Osten bezeugt. Dem noch wenig bekannten, anscheinend auf die Region beschränkten „Ahmarien" schreibt man lange, schmale Klingen zu. Viel mehr wissen wir über das „Aurignacien". Abschläge fanden häufig Verwendung, ebenso in einfacherer Technik hergestellte, schwerere Makroklingen. Torsionsklingen geringer Größe fielen bei der Fertigung keilförmiger Artefakte, Hochkratzern zum Beispiel, an. Auch Knochengeräte – gestielte Waffenspitzen, Pfrieme zum Durchstechen und Nähen von Fellen und Leder, Schlagretuschen aus Geweihstangen sowie, wenngleich selten, Speerspitzen mit gespaltener Basis – sind gebräuchlich gewesen. Roten Ocker mahlten die Träger des Aurignacien zu feinem Pulver und färbten damit Werkzeuge und Steinplatten. Sich selbst schmückten sie mit gravierten Knochenanhängern und Halsketten aus Tierzähnen und -klauen. Im Vergleich mit früheren nahöstlichen Kulturen war das Aurignacien wesentlich fortgeschrittener und stützte sich auf eine umfangreichere Rohstoffpalette.

Über die Lebensweise dieser Menschen läßt sich noch nicht viel sagen. Es gibt Hinweise, daß sie mobiler als ihre Vorfahren waren und weit verteilte Nahrungsquellen ausschöpften. Eine ganze Reihe küstennaher Abris und Höhlen diente möglicherweise als saisonale Quartiere; auf Freilandstationen stieß man bisher selten. Anscheinend wählten die Jäger ihre Beute sorgfältig aus, töteten sie aus der Distanz. Leichtere Waffen, Produkte des technologischen Wandels, erlaubten dies.

Die israelischen Archäologen Ofer Bar-Yosef und Anna Belfer-Cohen glauben, daß das nahöstliche Aurignacien über Generationen lediglich von jeweils einem „Nexus" – dem Verbund mehrerer blutsverwandter Jagdscharen – getragen wurde. Das Streifgebiet der Horden erstreckte sich von den Abhängen des Taurus im Norden bis zu den Bergen Judäas im Süden. Zu Beginn des Jungpaläolithikums kann die Siedlungsdichte in dieser Region daher nicht allzu hoch gewesen sein. Falls hier tatsächlich nur ein Nexus lebte, dessen Lokalgruppen vermutlich jedes Jahr an der Küste zusammentrafen, muß man den Schluß ziehen, daß auch das Gebiet der heutigen Türkei oder Landstriche weiter im Norden dünn besiedelt waren.

Ausgehend von einer kleinen, aber beweglichen Wildbeuterbevölkerung im Nahen Osten, die flüchtige Kontakte mit Nachbargruppen unterhielt, dürften sich neue Ideen und kulturelle Passungen rasch weiträumig verbreitet haben. Radiokohlenstoffdatierungen aus Boker Tachtit (s. Kapitel 8) nach zu urteilen, setzte dieser Prozeß unter Umständen bereits vor 45 000 Jahren ein. Für das nahöstliche Aurignacien liegt allerdings derzeit keine Altersbestimmung vor, die 32 000 Jahre vor heute überschritte; einige der Stätten sind nicht älter als 17 000 Jahre. Wenn man jedoch von datierten Straten des K'sar Akil-Abri im Libanon extrapoliert, ist eine mit dem Aurignacien verknüpfte, frühere Ansiedlung bei 38 000 Jahren durchaus denkbar. Der Übergang vom Mittel- zum Jungpaläolithikum vollzog sich dann dort vor 43 000 Jahren, was die Boker Tachtit-Chronologie stützte. Im Zagros-Gebirge weiter östlich, in den nahe der Grenze des Irak zum Iran gelegenen Höhlen von Shanidar und Yafteh, folgen auf das Moustérien vom Aurignacien zu unterscheidende jungpaläolithische Kulturtraditionen, die 38 000 Jahre zurückreichen. Demnach fand wohl auch andernorts in Vorderasien der technologische Wandel, der den Beginn der jüngeren Altsteinzeit ankündigt, in etwa zeitgleich statt.

Südost- und Mitteleuropa

Verdrängung oder indigene Entwicklung – die Debatten um den Ursprung anatomisch moderner Europäer, wir streiften sie in Kapitel 7, werden unvermindert heftig geführt, insbesondere im Blick auf Südosteuropa, der geografischen Pforte zum Nahen Osten. Zahlreiche Siedlungsspuren von Neandertalern sind aus der Donauebene und vom Balkan bezeugt, nicht allein Höhlenablagerungen, vollgestopft mit Werkzeugen und Knochen von Jagdtieren, sondern auch Fossildokumente. Vor allem letztere geben Anlaß zu wissenschaftlichem Disput, vertreten einige Physische Anthropologen doch die Ansicht, die Fossilien lägen klar im Evolutionstrend zum *Homo sapiens sapiens*, während andere Forscher glauben, die einst hier ansässigen Neandertaler seien mit ihren robusten, gedrungenen Vettern weiter im Westen morphologisch gleich. Fred Smith von der Universität Tennessee meint, daß zwei Neandertaler-Typen im zentralen Europa lebten. Die ältere Population könne man in der Tat nicht von den westlichen Verwandten unterscheiden, die ihr zeitlich folgende Gruppe jedoch „nähert sich dem Jetztmenschen in wesentlich stärkerem Maß, als das bei ihren Vorläufern der Fall ist". Smith geht daher von einem „eindeutigen morphologischen Kontinuum" zwischen der zweiten Typengemeinschaft und den ersten anatomisch modernen Menschen auf europäischem Boden aus. Doch sind nur wenige der Skeletteile, die er zu Rate zog, zweifelsfrei datiert, jedenfalls nicht so präzise, wie es nötig wäre, um Graduationsprozesse über eine Spanne von 10000 oder 20000 Jahren nachzuweisen.

Merkmale, auf die sich Smith bei seiner Beweisführung stützt, sind der supraorbitale Bereich und die Form des Hinterhauptes. Seine Kritiker werfen ihm vor, man dürfe einzelne Kennzeichen nicht überbewerten, andere dagegen völlig vernachlässigen. Die meisten Fachleute beharren daher auf dem Standpunkt, daß die mitteleuropäischen Neandertaler, ungeachtet einer gewissen Variabilität, wie sie naturgegeben in jeder Fortpflanzungsgemeinschaft vorkomme, in ihrem Äußeren den „klassischen" westlichen Vertretern glichen. Unter Berufung auf morphologische und kulturelle Fakten plädieren sie für eine schrittweise Verdrängung der Urbevölkerung durch *Homo sapiens sapiens*.

Schlagender als jeder anatomische Vergleich erhärtet der kulturelle Befund die Überlagerungshypothese, denn zwischen dem Moustérien und oberpaläolithischen Straten gibt es einen markanten Bruch. In den ältesten jungpaläolithischen Kulturschichten finden sich in der Regel kaum mehr als ein paar vereinzelte Klingen und krude Werkzeuge, die rasch von den fein gearbeiteten Artefakten des Aurignacien abgelöst werden. Der Eindruck entsteht, als hätte die neue Klingentechnologie zur Zeit ihrer Verbreitung noch in den Kinderschuhen gesteckt. Mit dem Aurignacien vergesellschaftet treffen wir jetzt auch auf menschliche Skelette, die denen des Cro-Magnon-Types entsprechen.

Träger des Aurignacien oder ihre unmittelbaren Vorfahren rasteten in der Bacho Kiro-Höhle Bulgariens nachweislich vor 43 000 Jahren, gegen Ende eines relativ milden klimatischen Intervalls. Sie nutzten den Unterschlupf bis vor 29 000 Jahren. Anders als die Neandertaler-Vorbevölkerung griffen diese Menschen bei der Werkzeugherstellung nicht auf vor Ort anstehendes Gestein zurück, sondern beschafften sich hochwertigen Flint aus der Fremde. Die Istállösko-Höhle in den ungarischen Bukk-Bergen wurde vor mindestens 40 000 Jahren von Angehörigen unserer Art begangen, und in der Nachbarschaft blühte das Aurignacien noch 9000 Jahre lang. Vielerorts lebten Neuankömmlinge und Neandertaler, die Kavernen im näheren Umkreis aufsuchten, Seite an Seite. Ein Sammelsurium mittel- und jungpaläolithischer Werkzeuge kam aus den gleichen Siedlungsschichten verschiedener Stationen, etwa der Széleta-Höhle in den Bukk-Bergen, zutage. Dies deutet möglicherweise auf sporadische Kulturkontakte hin oder könnte bedeuten, daß Neandertaler mit der neuen Technologie experimentierten. Zwischen 36 000 und 32 000 Jahren vor heute befand sich das gesamte Donaubecken fest in der Hand des Cro-Magnon-Menschen, und einige Verbände schwärmten über die angrenzenden nördlichen Ebenen aus.

Radiokohlenstoffdatierungen des osteuropäischen Aurignacien und seiner erst verschwommen konturierten Vorstufe fallen in den Zeitraum zwischen 43 000 und 22 600 Jahren vor der Gegenwart. In Westeuropa kann diese Spanne auf 40 000–24 540 Jahre eingeengt werden. In beiden Teilgebieten erreichte das Aurignacien gleichzeitig die höchste Entfaltung, trat im Osten aber offenbar etwas früher auf. Der Zeitgradient von Ost nach West ist auffällig; er bewegt sich im Rahmen von 5000 bis 10 000 Jahren, könnte aber auch darunter liegen, sollten sich Datierungen aus Spanien bei 40 000 Jahren bestätigen. Aus anatomischen, stratigrafischen und kulturellen Befunden gewinnen wir die Überzeugung, daß der Jetztmensch im Osten allmählich die alteingesessenen Neandertaler verdrängte, ehe er sich westwärts ausbreitete. Wie sich allerdings der Verdrängungsprozeß abspielte, bleibt vorläufig ein Rätsel. Vielleicht hybridisierten beide Formen. Auf Genfluß mögen mosaikartig gestreute Merkmalskombinationen zurückgehen, wie sie bei einigen frühen Cro-Magnon-Populationen auftreten. Oder die Neandertaler wurden an die Peripherie ihrer Heimat abgedrängt, wo sie noch wenige tausend Jahre neben den moderneren Nachbarn hausten.

Vorstellbar ist das Bild teils abwandernder und nachrückender, teils sich mischender Bevölkerungsgruppen, begleitet von einem Strom kultureller Neuerungen bei Technologie und Jagd. Innovationen mußten insbesondere bei Wildbeutern fruchten, die weit umherstreiften und auf sorgfältige Auswahl der Rohstoffe (für die Geräteherstellung) Wert legten. Brauchbares Gestein stand schließlich nicht überall zur Verfügung, und erst Handelsbeziehungen mit Gemeinschaften, die entsprechende Monopole hüteten, sorgten für Abhilfe. Angesichts solcher Abhängigkeiten dürfte technologische Fortentwicklung ethnischer Mischung oder Bevölkerungsverschiebungen vorausgeeilt sein. Letztendlich bildete sie auch die Basis, auf der selbst Neandertaler anspruchsvollere Werkzeuge erprobten.

Châtelperronien und Aurignacien in Westeuropa

Der Abbé Henri Breuil kann sich rühmen, die ältesten jungpaläolithischen Siedlungsschichten in Westeuropa identifiziert zu haben. Dabei handelte es sich um nur wenig ausgeprägte, unscheinbare Horizonte, kaum mehr als eine Handvoll Artefakte neben einer Feuerstelle. Werkzeuge und Klingen wirkten ziemlich roh; als typisch erwies sich ein rückengestumpfter Abschlag, den der Abbé nach dem Felsvorsprung, unter dem er die ersten Stücke barg, Châtelperron-Spitze nannte. Das Châtelperronien, gewöhnlich als Frühphase des westeuropäischen Aurignacien angesehen, kann auch heute noch nicht sauber definiert werden – vergleichbar den frühen oberpaläolithischen Kulturtraditionen Südosteuropas.

Siedlungsplätze des Châtelperronien verteilen sich über einen Raum, der sich von den Pyrenäen bis in die nördlichzentralen Départements Frankreichs ausdehnt – ein winziges Gebiet, gemessen an urgeschichtlichen Standards. Akribischer geführte stratigrafische Untersuchungen ab den 60er Jahren ergaben alternierende Kulturschichten mit Châtelperronien *und* Aurignacien an verschiedenen Orten, was der Vermutung Spiel gibt, daß beide Traditionen zumindest streckenweise zeitgleich auftraten. Wie haben wir diesen Befund zu deuten? Wurden Châtelperronien und Aurignacien von unterschiedlichen Ethnien getragen oder spiegeln sie lediglich bestimmte jahreszeitliche Aktivitäten mit spezifischen Werkzeuggarnituren wider?

Seit 34 000 Jahren (eventuell schon ab 37 000 Jahren) ist das Nebeneinander der beiden Kulturen bezeugt, muß Parallelentwicklungen in Südosteuropa also zeitlich nachgeordnet werden. Die Überlappung bestand bis vor ungefähr 33 000 Jahren, danach beherrscht das Aurignacien allein die Szene. Indem er Pollendiagnosen und Sedimentanalysen von Höhlenablagerungen heranzog, gelang dem französischen Gelehrten Henri

Laville die Korrellierung des Klimawandels zwischen 40000 und 30000 Jahren vor der Gegenwart mit Radiokohlenstoffdaten und stratifizierten Kulturgütern. Vor der Klimawende bei 37000 Jahren war es kalt, und Neandertaler kamen überall vor. Ebenfalls kühle, wenngleich gemäßigtere Temperaturen herrschten, als unvermittelt das Châtelperronien Gestalt annahm. Zwischen 37000 und 33000 Jahren, die klimatischen Verhältnisse wechselten oft in dieser Zeit, erreichte es seine weiteste Verbreitung, ablesbar an der Fundstreuung. Stätten des Moustérien verlagern sich in die Randgebiete, etwa nach Spanien, während sich von Osten her das Aurignacien langsam durchsetzt und im Westen gemeinsam mit dem Châtelperronien auftritt. Schließlich kühlte es wieder ab, und nur das Aurignacien blieb übrig.

Südöstlich von Paris, zwischen Auxerre und Avallon, liegen die Höhlen von Arcy-sur-Cure. Berühmt wegen ihrer stalagtitenbehangenen Gewölbe, locken sie seit Jahrhunderten Scharen von Touristen an. Imposante Kalksteinklippen ragen über den Kavernen auf; in ihrer Nähe steht Feuerstein an, der sich vorzüglich zur Fertigung paläolithischer Geräte eignete. In den 50er und 60er Jahren deckte der Prähistoriker André Leroi-Gourhan in einer der Höhlen, der Grotte du Renne (Rentiergrotte), mehrere gut gegeneinander abgrenzbare Siedlungshorizonte des Châtelperronien auf.

Neandertaler begingen die Grotte als erste. Sie fertigten nicht nur die üblichen Waffenspitzen und Seitenschaber in Levalloiskerntechnik, sondern ebenso rückengestumpfte Messer sowie gekerbte oder gesägte Werkstücke, die aus langgezogenen, klingenähnlichen Rohlingen entstanden und an spätere Châtelperron-Geräte erinnern.

Die dem Châtelperronien selbst zugeschriebenen Straten weisen eine Mächtigkeit von 40–75 cm auf. Sie enthielten eine Menge Levallois-Abschläge, mittelpaläolithische Seitenschaber und dreieckige Spitzen, dazu gekerbte und gesägte Abschlagswerkzeuge. Zur selben Zeit erschienen neue Typen, darunter die klassische Châtelperron-Spitze, jungpaläolithische Nasenschaber und – selten – Stichel. Keines der hinzugekommenen Artefakte ist formal standardisiert, alle zeigen eine beträchtliche Variationsbreite und sind eher schlampig retuschiert; es fehlen die handwerkliche Sicherheit und Präzision, die das Aurignacien und ihm folgende jungpaläolithische Kulturen auszeichnen.

In der Sequenz tauchten nicht nur Feuersteinwerkzeuge auf, daneben fanden sich auch Reibsteine aus Granit, Steinhämmer, Stampfer und Paletten, die der Verarbeitung von rotem Ocker dienten. Ungleich ihren Vorgängern schufen die Menschen des Châtelperronien nahezu perfekte

Knochengeräte. Aus Geweihstangen und Elfenbein zum Beispiel trieben sie lange Späne und Splitter, um daraus Pfrieme, Projektilspitzen und anderes Gebrauchsgut herzustellen. Vogelknochen zersägten sie zu Röhrchen, und mit Rippen von Großtieren gruben sie Pfostenlöcher für ihre Hütten, die sie vor dem Höhleneingang aufschlugen. Da Holz knapp war, und man in der gleichen Siedlungsschicht auf die Überreste von 15 Mammutstoßzähnen stieß, vermutete Leroi-Gourhan, daß sie als Bauelemente verwendet wurden; darüber spannten die Bewohner wohl Häute. Ähnliche Behausungen kennen wir aus den russischen Steppen (vgl. Kapitel 13).

Die meist kruden und formal uneinheitlichen Artefakte des Châtelperronien der Grotte du Renne stehen in auffälligem Kontrast zu Werkzeugen des sich stratigrafisch anschließenden Aurignacien, das hier auf 30 400 Jahre vor unserer Zeit datiert wurde. Nun sucht man moustéroide Elemente im Geräteinventar vergeblich. Die Herstellungsverfahren, die das Aurignacien definieren, sind fortgeschrittener und ökonomischer zugleich, heben sich somit deutlich von den im Moustérien oder Châtelperronien üblichen Techniken ab.

Spätestens seit den Funden von Arcy-sur-Cure wurde wahrscheinlicher, daß Neandertaler die Châtelperronien-Artefakte fertigten. Drei Zähne mit archäomorphen Kronen, die aus den entsprechenden Schichten stammten, stützten diese Annahme, denn sie ähnelten weit mehr den Kauwerkzeugen von Neandertalern als denen des *Homo sapiens sapiens*. Dann stießen François Lévêque und Bernard Vandermeersch 1979 unter dem Saint Césaire-Abri in Südwestfrankreich auf ein Châtelperronien-Stratum, dem auch zwei Neandertaler-Skelette angehörten. Die Altersbestimmung ergab 32 000 Jahre vor heute. Somit handelt es sich um die jüngsten Fossilien des europäischen Altmenschen, denn alle zeitlich nachgeordneten Funde sind anatomisch modern.

Die Entdeckung von Saint Césaire impliziert, daß zumindest einige Bausteine des oberpaläolithischen Technokomplexes von Neandertalern übernommen wurden. Vielleicht beantworteten sowohl das Châtelperronien als auch ähnliche Traditionen, wie die von Széleta in Ungarn, die kulturelle Herausforderung, die das Erscheinen der Fremdlinge den Altmenschen stellte.

Kontinuität oder Verdrängung

Wie also ging die Erstbesiedlung Europas durch moderne Menschen vor sich? Gewiß waren es sehr komplizierte Vorgänge, die gegen Ende des Moershoofd-Interstadials zur Einwanderung des *Homo sapiens sapiens* und zur Verdrängung bzw. biologischen Ablösung der Neandertaler führten. Bevölkerungsverschiebungen allein reichen zur Erklärung des widersprüchlichen Befundes nicht aus, und es ist wohl auch von einer parallel verlaufenden Assimilierung altmenschlicher Populationen auszugehen. In Europa kann die Verdrängungshypothese kaum angezweifelt werden, da es hier keine der morphologisch hochgradig variablen Gruppierungen des *Homo sapiens* gab, wie wir sie aus dem Zeitraum vor 50000 Jahren aus dem Nahen Osten oder aus Afrika kennen.

Der Archäologe Ezra Zubrow von der State University of New York in Buffalo stellte jüngst ein demografisches Modell vor, das die Interaktion alt- und jetztmenschlicher Gemeinschaften annimmt. Zubrow glaubt, daß den Zuwanderern nur ein geringes demografisches Hoch genügte, um weiteres rasches Wachstum zu gewährleisten, die Neandertaler aber an den Rand des Aussterbens brachte. Angenommen, die jeweilige Mortalitätsrate differierte lediglich um 1%, dürfte das ausgereicht haben, um die Altmenschen binnen 30 Generationen, d.h. innerhalb eines Jahrtausends, von der Bildfläche verschwinden zu lassen.

Hinsichtlich des evidenten technologischen Wandels bzw. Übergangs liegen die Verhältnisse nicht ganz so einfach, denn wir wissen, belegt durch Saint Césaire, Arcy-sur-Cure und eine ganze Reihe mittel- und südosteuropäischer Stätten, daß das Moustérien bestimmte jungpaläolithische Entwicklungen, Klingenindustrien beispielsweise, vorwegnahm – Jahrtausende vor Eintreffen des Cro-Magnon-Menschen. Dennoch fallen einige klärende Unterschiede auf. Während die Neandertaler mit verhältnismäßig wenigen Steinarten auskamen, verwendete *Homo sapiens sapiens* oft qualitätvolle Importware aus z.T. beträchtlicher Entfernung. Weithin in Europa hantierte die paläanthropine Bevölkerung mit annähernd den selben Werkzeugtypen, früh im Jungpaläolithikum jedoch stellte sich größere Vielfalt ein, und mit dem Aurignacien stabilisierte sich auch die Form der Artefakte auf standardisiertem Niveau. Weder im Moustérien noch im Châtelperronien entstanden Knochengeräte in nennenswerter Zahl, doch fabrizierten Träger der letzteren Tradition in Arcy-sur-Cure aus Rentiergeweihen Prototypen später weit verbreiteter und unter arktischen Bedingungen nützlicher Gegenstände – Waffenspitzen, Ahlen und anderes mehr. Erst mit dem Aurignacien erscheint eine voll ausgebildete jungpaläolithische Kultur in Europa. Und erst mit ihrer festen Etablierung zwischen 34 000 und 32 000 Jahren vor unserer Zeit schwang sich der Cro-Magnon-Mensch zum alleinigen Herrn über den Südwesten Eurasiens auf.

Analog der Kulturabfolge gegen Ende der Eiszeit lassen sich drei somatische Typen des Cro-Magnon-Menschen unterscheiden. Die älteste Form ist der hauptsächlich mit dem Aurignacien (35 000–28 000 Jahre vor heute) verbundene Cro-Magnon-Mensch im eigentlichen Sinn, mit 1,80 m sehr groß und durch langen, breiten Schädel sowie schmale und hohe Nase gekennzeichnet. Im Gravettien (27 000–20 000 Jahre vor der Gegenwart), dem in Osteuropa das Pavlovien entspricht, lebten gleichfalls recht hochgewachsene Vertreter in unseren Breiten; ihr Typ ist nach dem Erstfundort Brno (Brünn) benannt. Schließlich tauchten im Magdalénien (19 000–10 000 Jahre vor unserer Zeit) verhältnismäßig kleine Personen mit massivem Kinn, breiten Wangenknochen und langgestrecktem Mittelschädel auf. Zwar verwischten sich diese Merkmale durch Mischung der Populationen allmählich, blieben rudimentär in manchen Gegenden aber bis auf den heutigen Tag erhalten.

12. Ein kulturelles Apogäum

Vor 25 000 Jahren verschlechterten sich die klimatischen Bedingungen auf der Nordhalbkugel drastisch: Europa und Nordasien gerieten in den Würgegriff immer strengerer Winter, Vorboten des glazialen Höhepunktes der Weichsel/Würm-Vereisung. Damals gelang es *Homo sapiens sapiens*, seinen grimmigsten Feind, der mit Sturm, Eis und Schnee Schrecken verbreitete, endgültig zu besiegen. Aber nicht der ganze Globus war in klirrende Kälte gehüllt. In den Tropen fielen die Temperaturen zwar auch, aber nicht dramatisch und regional höchst unterschiedlich. Wechselnde Niederschläge bescherten Afrika, Südasien, Sundaland und Sahul ausgedehnte Trockenperioden. Im Norden Eurasiens jedoch stellten die geänderten Klimaverhältnisse den Menschen und seinen Erfindungsreichtum auf eine harte Probe. Die letzthin erfolgreiche Kolonisierung subarktischer und arktischer Lebensräume bildet eines der abschließenden Kapitel aus dem Urgeschichtsbuch der Erde. Worin bestand die Meisterschaft, die es *Homo sapiens sapiens* ermöglichte, den eiszeitlichen Winter zu bezwingen? Und warum ist uns gerade aus dieser lebenswidrigen Epoche ein so reiches künstlerisches Erbe überliefert?

Mörderische Winter

Die späteiszeitlichen Einwohner Europas brachten ihr Leben in eintönigen, fast baumlosen Gefilden zu, über die furchtbar kalte Winde brausten. Wiesensteppen und von Stauden und Zwergsträuchern übersäte Steppentundren bedeckten weite Teile West-Eurasiens von der Nordsee bis zum Ural. Abseits der Freiflächen, im Périgord, in Nordspanien und Südosteuropa boten geschützte Täler neben periglazialer Vegetation auch wärmeliebenden Bäumen ihr Auskommen; es bildete sich ein Flikkenteppich aus Grasland und Wald. Zwischen 35 000 und 11 000 Jahren vor unserer Zeit wechselten außerordentlich kalte Abschnitte mit Phasen, in denen man da und dort moderates Klima antraf. Mensch und Tier stellten sich auf solche Fluktuationen ein. Das Pflanzenkleid des Périgord entsprach damals der Vegetationsdecke, die heute in ca. 1000 m

Höhe am Massif Central wächst. Hallam Movius von der Harvard-Universität sammelte in Sedimenten des lange begangenen Abri Pataud bei Les Eyzies Pollenkörner von Hängebirke, Waldkiefer, Stieleiche, Grauerle, Hasel und von verschiedenen Weiden. Die Leute, die hier jagten, waren ständig auf Wanderschaft – in offenem Gelände während der kurzen Sommermonate, im Schutz von Talauen zwischen Rhône und Dordogne, wenn die Winterstürme tobten.

Cro-Magnon-Menschen sind bei der Auswahl ihrer Wohnstätten äußerst findig gewesen. Oft hausten sie unter Balmen, die immer wieder in unregelmäßigen Abständen aufgesucht wurden, jahrtausendelang und meist im jahreszeitlichen Rhythmus. Siedlungsschichten solcher bevorzugten Lagerplätze erreichen nicht selten über 5 m Dicke. Daneben gab es Freilandstationen, häufig mit Blick auf die nähere Umgebung. In den Tälern des Périgord lagerten die Menschen gern an den sonnenexponierten Südhängen der Berge. Eine leicht zugängliche Wasserstelle – Quelle oder Fluß – gehörte fast unabdingbar zu den Kriterien, die der auszuwählende Platz erfüllen mußte. Möglicherweise hielten sich die Cro-Magnon-Menschen überwiegend im Freien auf, wo sie quadratische oder rechteckige Behausungen aus Häuten errichteten, die man über Holzgestelle oder große Tierknochen warf. Manchmal bestand der Fußboden aus sorgfältig angeordneten Flußkieseln. Vor dem Verlegen waren die Steine erhitzt worden, um sie plan in den Dauerfrostboden einfügen zu können. An Ort und Stelle verhinderten sie, daß sich der durch häusliche Aktivitäten langsam auftauende Grund in einen Morast verwandelte.

Bei Licht besehen sind es nicht allein die Witterungsverhältnisse gewesen, denen so mancher steinzeitliche Jäger erlag, sondern das Zusammenwirken klimatischer Faktoren mit dem kaum kalkulierbaren Nahrungsangebot. Um zu überleben, hatte man daher Vorsorge für Mangelzeiten zu treffen. Ebenso wichtig war, die Körperwärme konstant zu halten, wenn Blizzards draußen die Temperaturen auf − 45 °C stürzen ließen, umgekehrt aber, bei drehendem oder sich legendem Wind, sofort wieder Werte erreicht wurden, die 17 °C über dem Gefrierpunkt lagen. Alle materiellen Güter mußten leicht zu transportieren sein, ihre Effizienz beweisen und rasch ersetzt werden können, falls sie entzwei gingen. Zuallererst jedoch galten die Gebote der Anpassungsfähigkeit, des Willens zur Kooperation mit anderen sowie zu opportunistischem, gleichwohl wachsamem Verhalten.

Die Rentierjäger

Eine Fülle an Kälte gewöhnte Säugetiere bevölkerte die unterschiedlichen Biotope des späteiszeitlichen Europa. Im Wald lebten Gemse, Braunbär, Rothirsch, Reh, Auerochs, Waldwisent, Wildschwein, Elch und Leopard, im offenen Gelände trafen die Jäger auf Riesenhirsch, Höhlenbär, Ren, Steppenwisent, Wildpferd, Eiszeitlöwe, Säbelzahnkatze, Tüpfelhyäne, Moschusochse, Fellnashorn und Kältesteppenmammut, an den Abbruchkanten der Taleinschnitte auch auf Steinböcke. Doch stellte der Cro-Magnon-Mensch nicht nur Großsäugern nach, er brachte auch Niederwild – Luchs, Polar- und Rotfuchs, Fischotter, Wolf, Biber, Schneehase, Vielfraß und Dachs – zur Strecke, hauptsächlich seiner wärmenden Pelze wegen. Darüber hinaus fing man Kraniche, Schneehühner, Birk- und Auerwild, Gänse, Enten, Schwäne und Taucher. Fischfang spielte ebenfalls eine Rolle. Man erwartete die Laichzüge der Lachse und Saiblinge, trieb Groppen, Äschen, Forellen und Weißfische in Wehre oder seichtes Wasser, wo man ihrer leicht habhaft wurde.

Eine solch große Anzahl Tiere erweckt die Illusion, daß unsere Vorfahren im Schlaraffenland wohnten. In Wahrheit aber fluktuierten die Bestände aus den unterschiedlichsten Gründen stark. Die meisten Arten unternahmen weite Wanderungen, und das Überleben der Jäger war nur dann garantiert, wenn sie möglichst viele Spezies in die Subsistenzplanung einbezogen, anstatt sich auf nur eine oder zwei davon zu beschränken. Obwohl das sicher so gewesen ist, staunten die Archäologen immer wieder über die Masse an Rentierknochen, auf die sie in Camps des Cro-Magnon-Menschen stießen. Ihrer Menge am Abri Pataud nach zu schließen, standen die arktischen Hirsche über einen Zeitraum von ca. 10000 Jahren mit 30% an der Spitze der Beutetierskala. Rentiere sind heikle Kostgänger, denn sie ernähren sich vorzugsweise von Flechten, im Winter auch von freigescharrten Gräsern und dem Blattwerk der Zwergsträucher. Um eine Überbeanspruchung der Weidegründe zu vermeiden und der Pflanzendecke Zeit zur Regeneration zu geben, waren sie, wie anderes Herdenwild auch, zu weiten zyklischen Wanderungen gezwungen. Die Jäger lauerten ihnen an Furten auf, von denen sie wußten, daß die Tiere auf ihrem Zug dort vorbeikamen. Laugerie Haute an der Vézère im Périgord diente als solche Jagdstation. Ausgräber fanden fast vollständige Renskelette zwischen dem Abri und der Furt über die Vézère. An einem Anstieg entdeckten die Forscher 1 m in den Boden abgeteufte Schächte, angefüllt mit Knochen und Steingeräten. Vielleicht handelte es sich dabei um Vorratsgruben, um Fallen, in die man die

Hirsche trieb oder um Anstände, wo die Jäger kauernd ihre Beute erwarteten.

Der Kanadier Bryan Gordon hat die Wanderbewegungen von Jägern der Magdalénien-Kultur, die in Mittel- und Westeuropa zwischen 19000 und 10000 Jahren vor heute in Blüte stand, studiert. Dabei bediente er sich einer ungewöhnlichen Technik. Sein Verfahren beruht auf dem meßbaren Alterszuwachs an Rentiergrandeln und erinnert an die Altersbestimmung von Bäumen anhand ihrer Jahresringe. Es stellte sich heraus, daß der neu gebildete Zahnschmelz in der warmen Jahreszeit dick und hell war, im Winter dagegen eher dünn und dunkel. Im Test mit rezenten Vergleichsstücken ließ sich das Alter der Rene ablesen, die an verschiedenen Lagerplätzen des Cro-Magnon-Menschen erlegt wurden.

Gordon verglich also den Alterszuwachs zweijähriger Rentiere von La Madeleine im Vézère-Tal und aus Canecaude in den Pyrenäen, Stätten, die rund 200 km auseinander liegen. Alle Grandeln wiesen einen Wachstumsschub pro Winter auf; der Frühlingszuwachs an den Zähnen aus La Madeleine war gering, und auch die aus Canecaude ließen ein erst halbfertiges Sommerwachstum erkennen. Bei Stichproben aus der näheren Umgebung beider Fundorte bestätigte sich dieses Muster; zudem zeigten Rengrandeln aus der Gegend um Canecaude gemäßigt bis vollständig transparenten Außenschmelzzuwachs, typisch für die Entwicklung im Spätfrühling oder Herbst. Die Untersuchungsgebiete dürften, so Gordon, die üblichen Winter- und Sommereinstände einer Großherde dargestellt haben, wobei sich die Tiere während der Sommermonate in den Pyrenäen aufhielten, im Winter aber die Täler im Osten aufsuchten; im Frühjahr und Herbst wechselten sie jeweils rasch hin beziehungsweise zurück. Auf ihren Zügen brachten die Rene dann 200–400 km hinter sich, Distanzen, die in etwa der Wanderstrecke heutiger Barrenground-Karibus entsprechen. Jägergruppen müssen den Herden gefolgt sein, was die enormen Ähnlichkeiten bei Handelswaren, künstlerischen Überlieferungen und im Artefaktrepertoire weit voneinander entfernter Örtlichkeiten erklären würde.

Bryan Gordons Untersuchungen machen ein sehr komplexes Migrationsverhalten der Jagdscharen wahrscheinlich, das über viele Jahrtausende gleich blieb. Als magdalénienzeitliche Wildbeuter im Périgord umherstreiften, profitierten sie von acht großen Herden, von denen drei, wie man herausfand, in Südwestfrankreich wanderten, die übrigen weiter im Norden und Osten. Der Brauch, den Tieren nachzuziehen, scheint an frühe jungpaläolithische Traditionen anzuknüpfen. Fraglich

Rentierjäger des Jungpaläolithikums in Pincevent (Südfrankreich) aus der Sicht eines Künstlers.

dagegen ist, ob auch Neandertaler schon den Herden folgten. Falls sie dies nicht taten, darf sich wiederum der *Homo sapiens sapiens* damit schmücken, ein neues, dynamisches Verfahren eingebürgert zu haben, das es erlaubte, eine Vielzahl Einzeltiere zu überwältigen. Indem er seine Fähigkeit zu enger Kooperation, das nun voll erblühte Sprachvermögen und seinen ausgereiften, funktional spezialisierten Werkzeugbesitz in die Waagschale warf, erhöhte der Jetztmensch seinen Vorgängern gegenüber Effizienz und Erfolg bei der Jagd.

Fast das ganze Jahr über lebten die Cro-Magnon-Menschen in Kleingruppen, verfolgten das Wild und legten Vorräte an. Im Sommer schwärmten sie über die höheren Lagen ihrer Wohngebiete aus. Jetzt streiften sie wohl in Familienverbänden umher, im Frühling und Herbst allerdings, wenn Rentiere (und Lachse) wanderten, schlossen sich die Gemeinschaften zusammen. Solche Treffen bildeten Höhepunkte im Jahreslauf, denn nun pflegte man intensiv soziale Kontakte. Ehen wurden angebahnt, Reifefeiern für Knaben und Mädchen abgehalten und Tauschhandel betrieben. Man saß gesellig beieinander, aß und trank, spielte, lauschte begierig Neuigkeiten oder schmiedete Pläne. Wenn der Winter mit schneidendem Wind herannahte, zerstreuten sich die Horden wieder, kehrten in die schützenden Täler und zu ihren Nahrungsvorräten heim. Ähnlich verhielt sich das Wild.

Dieses Grundmuster blieb tausende Jahre lang lebensbestimmend, währte von etwa 32 000 Jahren vor heute bis zum Ende der Eiszeit. Dann, vor rund 10 000 Jahren, schmolzen die Gletscher und gaben den Weg für Wälder frei, die sich rasch über die Ebenen und tiefen Täler Europas ausbreiteten. Doch schon vorher mußten sich die Menschen auf geänderte Verhältnisse einstellen, denn das Klima schwankte beträchtlich. Dank des vielfältigen Nahrungsangebots und ihrer technischen Errungenschaften gelang es unseren Ahnen aber jederzeit, solche Umwälzungen durch Anpassung zu überstehen.

Der Taschenmesser-Effekt

Welche technologischen Voraussetzungen waren vonnöten, um die Adaption des Cro-Magnon-Menschen an seine Umwelt zu gewährleisten? Vier interdependente Faktoren, die bereits im Châtelperronien rohe Form annahmen, sind hier zu nennen: 1. die sorgfältige Auswahl feinkörnigen Gesteins für Klingenkerne; 2. die Herstellung weitgehend standardisierter, parallel abgeschlagener Rohlinge; 3. die Fortentwicklung des Stichels und 4. die sogenannte „Span- und Splittertechnik", die die Fertigung von Geweihgeräten revolutionierte. Jede dieser Neuerungen ragte in ihrer Bedeutung über die Grenzen Europas hinaus, denn zusammengenommen bildeten sie das materielle Fundament für die Kolonisierung der asiatischen Steppen und Sibiriens.

Ein kulturelles Apogäum

Cro-Magnon-Werkzeugmacher, gleich ob im Périgord oder in Mitteleuropa, achteten peinlich genau auf die Beschaffenheit des steinernen Rohmaterials. Primär zielten ihre Bemühungen auf die Herstellung kantenparalleler Abschläge, aus denen anschließend eine Fülle von Spezialgeräten für den Alltag entstand. Solche Werkzeuge benutzte man bei der Jagd, beim Ausweiden der Beute, zur Nahrungszubereitung, zum Holzschnitzen sowie bei der Anfertigung von Kleidungsstücken – und in Fällen, wo Geweihstangen anstelle von Holz, das rar war, zugerichtet werden mußten. Hohe Ansprüche an die Qualität der zu verarbeitenden Werkstoffe machen wahrscheinlich, daß die Menschen des Magdalénien, dem Beispiel ihrer Vorgänger in Gravettien und Aurignacien folgend, Handel trieben und Kontakte mit anderen Gruppen pflegten, selbst wenn diese weit entfernt wohnten. Es bildeten sich so, unterstützt durch die viele Kilometer weiten Wanderungen der Jäger übers Jahr, regelrechte Handelsketten.

Nachdem man sich die erforderlichen Rohsteine beschafft hatte, galt es, sie in die günstigste Ausgangsform, zylindrische Kerne, zu bringen. In La Ferrassie und anderen immer wieder aufgesuchten Orten trifft man auf steinzeitliche „Werkstätten", in denen Hunderte von Klingen durch fleißige Hände gingen. Die Werkzeugmacher prüften das Material eingehend und verwarfen oft Stücke als für ihre Zwecke ungeeignet. Ein hochwertiger Kernstein kam einer Spareinlage gleich, die, vielleicht in einem Beutel, über ziemliche Strecken mitgeschleppt wurde. Die „Einlage" verzinste sich dann, wenn daraus zunächst Klingenabschläge und im folgenden allerlei Gebrauchsgegenstände Gestalt annahmen. Der opportunistische Charakter dieses Vorgehens liegt auf der Hand. Man trug den Rohstoff bei sich, um ihn gegebenenfalls rasch seiner Bestimmung zuführen zu können. In unserer Kultur existiert ein frappierendes Analogon – das Schweizer Armeemesser. Wie wir alle wissen, handelt es sich dabei um ein multifunktional verwendbares Gerät mit stabiler Verkleidung und ausgeklügeltem Federsystem, das nahezu jeden Bedarf befriedigt – von der Schere bis zum Korkenzieher. „Chassis" und „Federn" der Cro-Magnon-Technologie waren der Kern und die von ihm abgesprengten Klingen. Ein derart effektives Instrumentarium versetzte die, die sich seiner bedienten, in die Lage, Aufgabenstellungen zu bewältigen, von denen ihre Vorgänger nur zu träumen wagten.

Von allen Steinwerkzeugen, die der Cro-Magnon-Mensch formte, ist der Stichel das wichtigste gewesen. Neben anderen Tätigkeiten wurde er zum Schnitzen verwendet, zum Riemenschneiden oder um an Knochen, Geweihstücken und Felswänden Verzierungen anzubringen. Darüber hinaus schuf er die Voraussetzung zur systematischen Geräteherstellung aus Hirschgeweihen und – in der Bedeutung etwas zurücktretend – Elfenbein.

Späne und Splitter

Cro-Magnon-Menschen jagten Tiere nicht allein des Fleisches wegen, sondern sie nutzten ihre Beute auch als Lieferanten wichtiger Gebrauchsgegenstände wie Häute, Sehnen etc. Nachdem die Jäger gelernt hatten, wie man vorgehen mußte, entdeckten sie die Stirnwaffen der Hirsche als ergiebige Rohstoffquelle, die sich ebenso gut zu Werkzeugen verarbeiten ließen wie feinkörniger Stein. Freilich stand auch hier der „Taschenmessereffekt" am Beginn der Produktion.

Vor allem Geweihe von gerade erlegten Tieren oder frische Abwurfstangen eigneten sich als Ausgangsmaterial. Ehe man die Vorzüge des Stichels und, damit verbunden, der „Span- und Splitter-Technik" erkannte, ließ sich mit den Stangen, Sprossen und Schaufeln nicht allzu viel anfangen; in der Regel dienten solche Geweihteile als Wühlstöcke, mit denen man nach Knollen und Wurzeln grub oder Ocker förderte, und als primitive Hacken und Spaten, die zum Ausschachten halbunterirdischer Behausungen gebraucht wurden. Stichel und scharfkantige Klingen aber erlaubten die Fertigung leichter Projektilköpfe und mit Widerhaken versehener Harpunen, außerdem von weiterem Präzisionsgerät.

Klinge und Stichel verhalfen der Blankstücke liefernden „Span- und Splitter-Technik" zum Durchbruch. Versehen mit einer scharfen Klinge oder eben dem Stichel löste der Werkzeugmacher zunächst längliche Späne aus einer Geweihstange. Den Einschnitt führte er bis zum schwammigen Innengewebe des Knochens. Ein zweiter, V-förmig angesetzter Schnitt hob den Splitter heraus. Diesen Rohling verwandelte der Handwerker sodann in das gewünschte Objekt. Selbst eine durchschnittlich große Stange ergab mehrere Blankstücke. Wenn er noch am Schlachtplatz mit der Arbeit begann, sparte der Jäger den Aufwand, die oft schweren und sperrigen Geweihe nach Hause zu transportieren. Ohne Übertreibung kann gesagt werden, daß Klinge und Stichel dem Cro-Magnon-Menschen einen Werkstoff erschlossen, der nicht nur sein Jagdverhalten revolutionierte, sondern auch Auswirkungen auf Rahmenkultur und gesellschaftliches Gefüge zeitigte.

Sowohl die Herstellung von Knochengeräten (insbesondere solcher

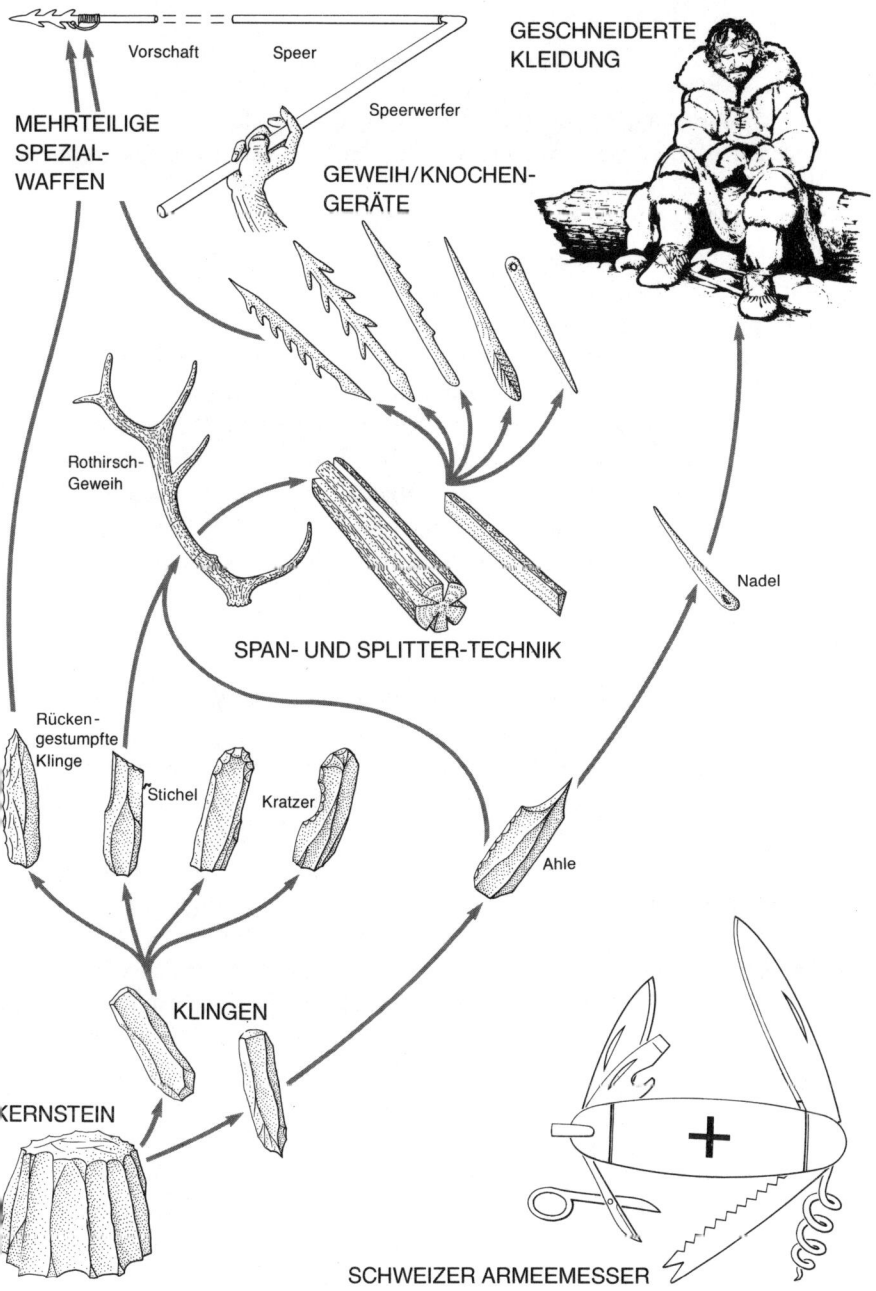

Der Taschenmesser-Effekt: Vergleichbar einem modernen Schweizer Armeemesser bildete die Klingenkerntechnik die Grundlage eines Mehrzweck-Werkzeugsystems, das dem Steingeräteshersteller ein weiterführendes Tätigkeitsspektrum (insbesondere die Verarbeitung von Knochen und Geweihstangen) erschloß. Hierauf aufbauend gelang die Entwicklung neuer Waffen und – mit Erfindung der Nähnadel – maßgeschneiderter Kleidung.

aus Geweihstangen) als auch die dazugehörige „Span- und Splitter-Technik" sind mit der Ausbreitung des Aurignacien in Europa verbunden, zentrale Bedeutung erlangten sie jedoch erst ab 25 000 Jahren vor der Gegenwart. Die technologische Grundausstattung, über die der Cro-Magnon-Mensch verfügte – Schaber, Ahlen, Stichel und Rückenspitzen (Federmesser) –, war zahlreichen regionalen Modifizierungen unterworfen. Allgemein läßt sich eine Tendenz zu kleineren und filigraner gestalteten Artefakten erkennen, von denen eine ganze Reihe offenbar geschäftet oder geheftet wurde. Ihr größter Vorteil bestand in dem geringeren Gewicht, ein Faktor, der insbesondere die Jagd günstig beeinflussen sollte. Darüber hinaus ergab sich die Möglichkeit, dieselben Waffen, wenn auch mit minimalen Abänderungen, unterschiedlich einzusetzen – zum Speeren springender Lachse etwa, zur Hasenjagd oder gar zur Armierung von Pfeilen, die sich zusammen mit Bögen gerade in der Entwicklungsphase befanden.

Waffenspitzen, Harpunen und Speerwerfer

Henri Breuil unterschied die jungpaläolithischen Kulturen hauptsächlich anhand der Veränderungen, die knöcherne Waffenspitzen im Lauf der Zeit durchmachten. Vor 30 000 Jahren fertigten die Träger des Aurignacien Projektilköpfe mit konischer oder gespaltener Basis. Erst im Magdalénien, Jahrtausende später, schuf der Mensch prächtige Hirschhornspitzen, dazu widerhakenbesetzte Fischspeere und Stabharpunen. Letztere besaßen oft kleine Vorsprünge (Nasen), an denen man Fangleinen aus Sehnen oder Lederstreifen befestigte. Höchstwahrscheinlich steckten die Spitzen der Wurfspeere in Vorschäften. Derartige Vorrichtungen gaben der Jagdwaffentechnik gewaltigen Auftrieb. Der Vorschaft, das Verbindungsstück zwischen Stiel und Spitze brach ab, sobald ein Beutetier getroffen wurde. Da er samt eingedrungener Spitze am Körper verblieb, regte der wippende Vorschaft, unterstützt durch die Bewegungen des flüchtenden Wildes den Blutfluß an, und das Tier ermattete rasch. Indem er einen neuen Vorschaft montierte, war ein Akteur in wenigen Augenblicken wieder wurfbereit. Diese Art der Bewaffnung kam speziell hochmobilen Wildbeutern zugute, und bewährte sich da vor allem in Situationen, wo Jäger den Trecks der Herdentiere auflauerten. Schnelle Wurfbereitschaft konnte, gemessen an der Alternative, dem Mitführen eines ganzen Arsenals Speere, nur von Vorteil sein.

Verbessertes Handwerkszeug, namentlich Klinge und Stichel, eröff-

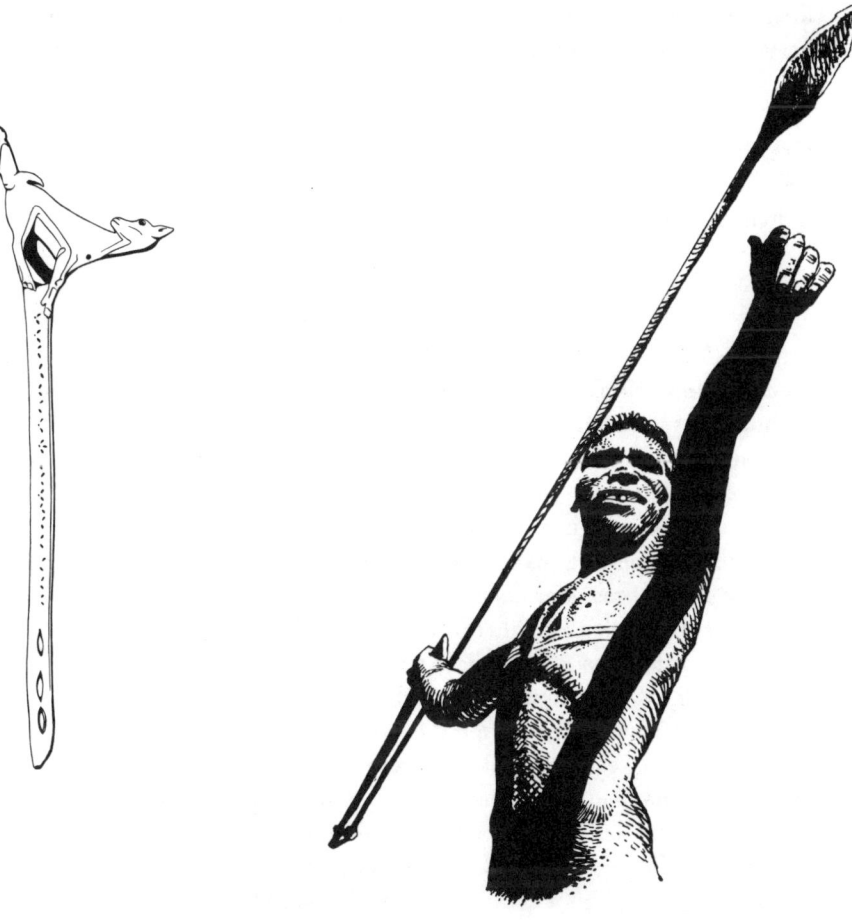

Der Speerwerfer: Ein Schwarzaustralier demonstriert dessen Gebrauch (rechts); jungpaläolithisches Exemplar aus Le Mâs d'Azil mit Schnitzwerk in Gestalt eines Steinbockkitzes (links).

neten schier endlose Möglichkeiten zur Erweiterung des Geräteinventars. Auch der Speerwerfer gehörte zu diesen Neuerungen. Er erhöhte Reichweite, Durchschlagskraft und Treffsicherheit eines Speeres. In seiner einfachsten Ausprägung, bei einigen Schwarzaustraliern noch heute in Gebrauch, ist diese Hebelschleuder wenig mehr als ein Stock oder leichtes Brett mit Widerlager. Das Projektil wird am schräg nach vorn abstehenden Widerlager, dem Dorn, eingelegt und dann mit kräftigem Schwung fortgeschleudert. Ehe Pfeil und Bogen in Mode kamen, bediente sich auch der Cro-Magnon-Mensch solcher Vorrichtungen und gestaltete einige davon in künstlerisch ansprechender Weise. Geweihstangen bildeten wieder das Ausgangsmaterial; aus der Stangenkrone oder einem starken Sproß entstanden durch Schnitzen, Glätten und Gravieren der Dorn und oft neckische Aperçus, in dem abgebildeten Beispiel aus Le Mâs d'Azil zum Beispiel ein Steinbockkitz mit nach hinten gewendetem Kopf.

Kleidung gegen die Kälte

Auch so unscheinbare Dinge, jedenfalls nach unserem Verständnis, wie Nähnadeln spielten im Kampf späteiszeitlicher Menschen gegen die unbarmherzige Natur keine geringe Rolle. Die Nadel ist aus der Zeit zwischen 20000 und 18000 Jahren vor heute erstmals archäologisch bezeugt. Ihr voraus ging der Gebrauch spitzer Pfrieme. Durch die damit gebohrten Löcher zog man entweder Sehnen oder dünne Lederriemen. Daß die Nadel, gewissermaßen ein schmaler Knochenpfriem mit Öhr, durch das ein „Faden" geführt werden konnte, auf dem Höhepunkt der letzten Vereisung ins Rampenlicht tritt, ist bestimmt kein Zufall.

Die Eskimos, Menschen, die noch heute einen vergleichbar kalten Lebensraum bewohnen, spürten die Vorzüge unterfütterter und genähter Kleidung am eigenen Leibe. Es war also nur logisch, daß auch die ersten europäischen Polarexpeditionen ihrem Beispiel folgten. Eine Erklärung, warum der Norweger Roald Amundsen 1912 vor seinem britischen Kontrahenten Robert Scott den Südpol erreichte, dürfte darin zu sehen sein, daß er sich wie die arktischen Völker kleidete, die Engländer aber den Verhältnissen weniger angemessene Pullover, Jacken etc. trugen. Drei Komponenten machen das Geheimnis der Eskimotracht aus: sorgfältige Auswahl der Rohmaterialien für Unterzeug, Parkas und Stiefel; die Unterfütterung, also das schichtweise Übereinandertragen mehrerer Kleidungsstücke je nach Bedarf; und Maßanfertigung. All diese Elemente beugen Wärmeverlusten des Körpers vor, schützen insbesondere die Extremitäten. Bis zur Erfindung der Knochennadel – ohne Präzisionsgeräte, mit deren Hilfe feinste Splitter erzeugt und Ösen gebohrt werden konnten, unvorstellbar –, war auch an maßgeschneiderte Kleidung nicht zu denken. In einem Habitat, wo es vor Pelztieren nur so wimmelte, schloß der Gebrauch der Nadel eine schmerzliche Bedarfslücke. Jetzt ließen sich aus Häuten und Fellen Kleidungsstücke jeglicher Art herstellen. Aus einer Bestattung in der Nähe von Moskau weiß man, wie die Mode des Jungpaläolithikums in etwa aussah. Im Sommer bestand sie aus Mokkasins, Hose, weitgeschnittenem Oberteil und kapuzenähnlicher Kopfbedeckung (vgl. Kapitel 13). Ansonsten sind wir auf Vergleiche mit rezenten arktischen Kulturen angewiesen. Der Völkerkundler Richard Nelson beschreibt den selektiven Charakter der Pelzverarbeitung bei den Eskimos in Alaska. Für die Außenhaut ihrer Stiefel wählen sie beispielsweise wasserabstoßendes Robbenfell, und die Krägen ihrer Parkas säumen sie mit Wolfspelz, der wie ein Kältefilter die eingesogene Atemluft erwärmt. Ähnliche Kenntnisse dürfen wir wohl auch bei den Cro-Magnon-Menschen voraussetzen. Die Nadel revolutionierte aber nicht allein die Tracht, sie verbesserte auch den Wohnkomfort. Früher nur durch Schlaufen zusammengehaltene Hautbahnen der Sommerzelte ließen sich nun bequem und vor allem dicht vernähen, das selbe gilt für Vorhänge, mit denen im Winter zugige Höhleneingänge verschlossen wurden. Daneben nähte man Hauttaschen und Lederbeutel zur Aufbewahrung von Speerspitzen und Vorschäften, Schmuckstücken und anderen Wertgegenständen.

Die Erfindung der Nähnadel bildet zusammen mit der Entwicklung immer effizienterer Waffen sozusagen Fortsetzung und maximale Entfaltung des „Taschenmesser-Effektes". Die Klingentechnologie des Cro-Magnon-Menschen befähigte ihn zum Abspalten dünner Knochenspäne oder zur Ornamentierung der unterschiedlichsten Utensilien, und es gelang ihm, in plastische, manchmal sogar überraschend harte Werkstoffe feine Löcher zu bohren. Zugespitzte Feuersteinahlen dienten der Perforierung von Leder und der Anfertigung von Körperschmuck aus Knochen (einschließlich Hirschhorn und Elfenbein) oder Stein. Auch der Neandertaler schmückte sich gelegentlich mit gelochten Tierzähnen und stellte getriebene Verzierungen her, doch erst die überlegene Technologie seines anatomisch modernen Verwandten vergrößerte den Spielraum für ornamentales Gestalten, das nun im Kultus wie auch im Sozialleben an Bedeutung zunahm.

Gesellschaftliche Beziehungen und Sozialordnung

Der Cro-Magnon-Mensch stand in regem Kontakt mit seinen Nachbarn in nah und fern, während jahreszeitlicher Gruppentreffen ebenso wie auf mehr individueller Ebene. Wir können dies so sicher behaupten, weil man regelmäßig Gegenstände „exotischer" Provenienz in Ausgrabungsstätten findet. Es wurde bereits gesagt, daß sich die Jungpaläolithiker feinkörniges Werkgestein von weit her beschafften. Ursprünglich dürften Handelsnetze auf Nachfrage und Vertrieb solcher Steine, eventuell auch fertiger Artefakte, zurückgehen. Im Lauf der Zeit kamen Tauschobjekte hinzu, oft Zierat und Güter, die man für Zeremonien benötigte, am Ort aber nicht vorhanden waren. Nach dem, was wir von rezenten naturvölkischen Gemeinschaften wissen, vollzogen sich entsprechende Transaktionen keineswegs zufällig. Der Tauschakt hatte vordergründig wohl symbolischen Charakter und konstituierte eine formale Beziehung, die auf dem reziproken Verhältnis von Geben und Nehmen zwischen Partnern beruhte. Der soziale Aspekt des Tausches verknüpfte Dutzende, ja Hunderte Kilometer voneinander getrennt lebende Familiengruppen. Durch Eheschließungen könnte dieses soziale Band verstärkt und ausgebaut worden sein. Reziprozität, die Leitformel der Tauschhandel Treibenden, kommt auch als Vorbild möglicher Exogamievorschriften, also des von der Inzestschranke diktierten Gebotes, Heiratspartner nur außerhalb der eigenen Gruppe zu suchen, in Frage.

Einige Gemeinschaften importierten Flint, der von weit entfernten Aufschlüssen stammte. Bernstein, ein fossiles Polyesterharz, das sich beim Reiben elektrisch auflädt, aus dem Baltikum fand sich in Südeuropa wieder. Bei Sprendlingen in Rheinland-Pfalz zeltende Rentierjäger behängten sich mit Schmuckschnecken aus dem Mittelmeerraum, und dort jagende Verbände besaßen aus tertiären Ablagerungen des Mainzer Beckens gesammelte Haifischzähne und Konchylien. Anhand einiger Depots und Zufallsfunde läßt sich sogar die Handelsroute rekonstruieren: über Marseille rhôneaufwärts durch die Burgundische Pforte nach Südwestdeutschland! Vielleicht schrieb man solchen Fernhandelsgütern magische Wirkung zu, unter Umständen dienten sie auch als Rangabzeichen oder Statussymbole.

Gemeinhin wird angenommen, daß Wildbeutergesellschaften strukturell egalitär sein müssen. Alter, Erfahrung, Prestige und nicht zuletzt die Geschlechtszugehörigkeit bestimmten jedoch zu allen Zeiten den Status des einzelnen in seiner Gruppe. Gerade bei den Cro-Magnon-Menschen, die geplante Wanderungen unternahmen und organisierte Massenjagden abhielten, dürfte Ranggebaren von Bedeutung gewesen sein und zu Ansätzen sozialer Schichtung geführt haben. Die einzige Möglichkeit, soziale Statusrollen archäologisch zu belegen, besteht in der Interpretation von Bestattungen.

Grablegungen zur Zeit des Cro-Magnon-Menschen weisen hinsichtlich der Beigaben mancherlei Nuancen und Varianten auf. Schon hieran lassen sich, neben regionalen und modischen Eigenarten, auch Rang-

26 *Sakralkunst*. Tief im Innern der Höhle Le Tuc d'Audoubert schuf ein Künstler des Jungpaläolithikums aus Ton dieses Waldwisentpaar.

27–31 *Das Geheimnis der Höhlenkunst.* Die großartigen Malereien und Skulpturen des Cro-Magnon-Menschen illustrieren seine Befähigung zu kraftvoller Imagination und symbolischer Aussage. Ihre Themen schöpften die Eiszeitkünstler Südwestfrankreichs und Nordspaniens aus der Natur: Wildpferd *(oben)*, Wisent *(Mitte, rechts)*, aber auch Mammut *(unten)*, Rothirsch *(rechts, unten)* und andere Tiere. Umstritten ist nach wie vor die Bedeutung der Kunstwerke. So bleibt unklar, ob es sich bei der Wisent-Mensch-Vogel-Szene aus Lascaux *(rechts, oben)* um die Schilderung eines Jagdunfalls, einer schamanistischen Jenseitsreise oder eines ganz anderen Zusammenhangs handelt.

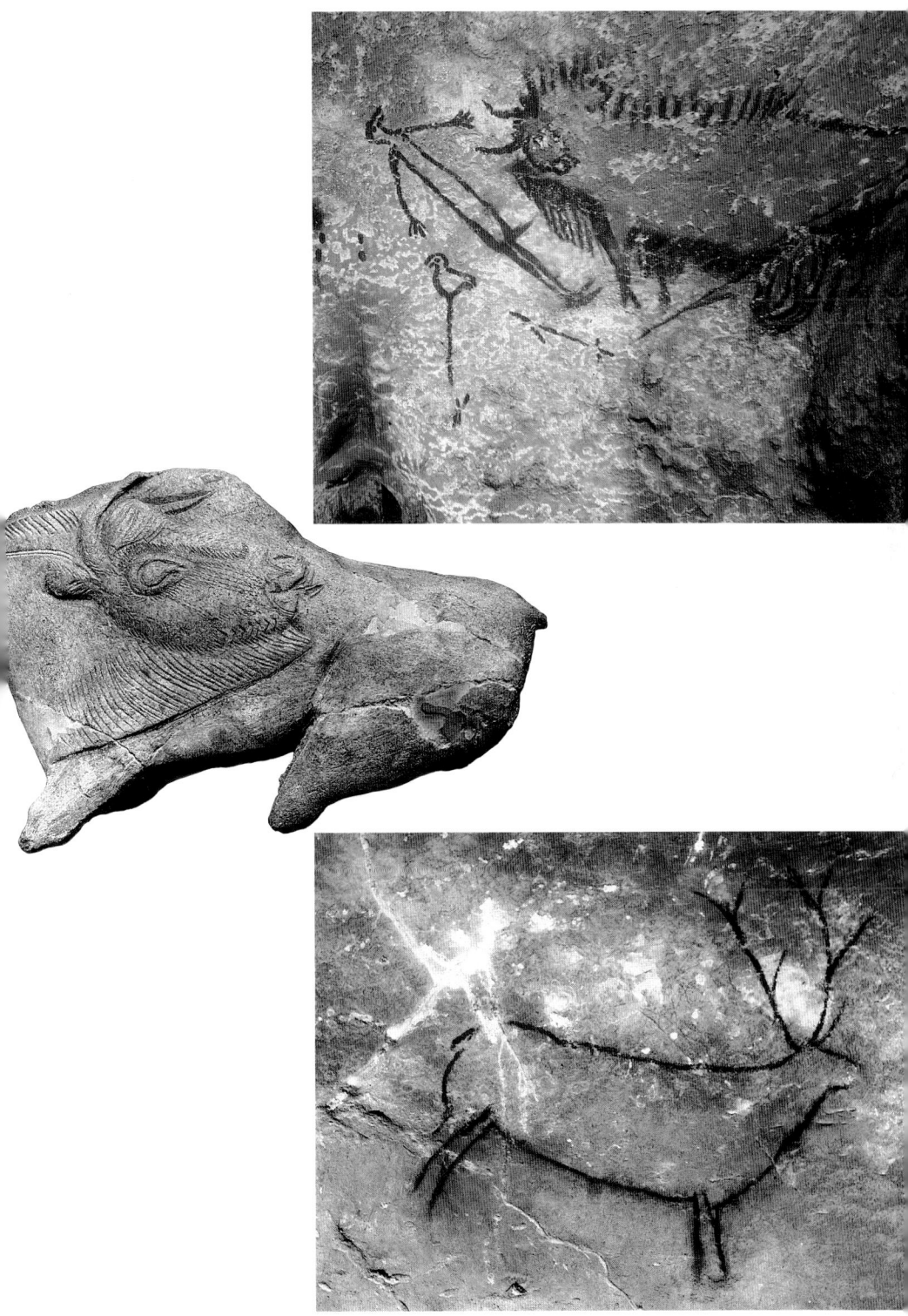

32–35 *Des Menschen neue Kleider.* Der Gebrauch von Klingenwerkzeugen, etwa von Sticheln, versetzte den Cro-Magnon-Menschen in die Lage, Knochen oder Geweihe zu bearbeiten. Auf solche Weise entstanden Kunstwerke wie die oben abgebildete Szene mit Lachsen und Rentieren. Weitaus wichtiger jedoch war die Erfindung der Nähnadel, die geschneiderte Kleidung möglich machte. Die Darstellung eines Menschen im Parka (*rechts, oben,* Felsgravierung aus Gabillou) erlaubt den Vergleich mit historischen Eskimos (*links* und *rechts*), deren unterfütterte Tracht half, den Kampf gegen die arktische Kälte erfolgreich zu bestehen.

36–39 *Mammutjäger.* Um den strengen Wintern der russischen Ebenen zu widerstehen, bezogen die hier lebenden Menschen auf dem Höhepunkt der letzten Vereisung dauerhafte Lager. In Mežirič am Dnepr, wo vor 18 000 Jahren ein solches Dorf stand, kamen ovale Mammutknochenbehausungen zutage *(rechte Seite).* Die wegen besserer Isolierung teilweise eingegrabenen Gebäude hatte man mit Häuten und Moossoden gedeckt.
Auch auf den Ebenen waren Kunstsinn und Ritualistik reich entwickelt. Vor 24 000 Jahren schufen die Bewohner der Siedlung Dolní Věstonice in der heutigen Tschechoslowakei aus Ton und Knochenmehl diese »Venusfigur« *(rechts).* Etwa zur gleichen Zeit bestatteten die Jäger von Sungir nahe Moskau einen älteren Mann *(unten)* und zwei Kinder. Aus der Anordnung der Schmuckperlen, die die Skelette bedecken, läßt sich die damals übliche Tracht rekonstruieren.

40 *Leben auf der Ebene.* Künstlerisch nachempfundene Alltagsszene im Jägerlager Ostrava Petřkovice (Tschechoslowakei): Nahe dem wärmenden Kochfeuer, das vor einem Mammutknochenhaus brennt, modelliert und graviert ein Mann Kleinkunstwerke.

und Altersunterschiede ablesen. Tote, denen festlicher Schmuck angelegt wurde, sind nicht selten. Ein Mädchen aus La Madeleine z. B. trug an den Gliedmaßen Ketten und Armbänder aus Perlen, die man aus Muschelschalen geschnitten hatte, sowie ein Stirnband. Durchbohrte Bären- und Löwenzähne zieren mitunter den Hals verstorbener Männer. Wahrscheinlich waren sie Ausweis besonderer Leistungen oder unterstrichen, wie auch einzelne Wolfszähne, die Würde eines Führers über sein Ableben hinaus.

Die geheimnisvolle Welt der Symbole

Ohne Zweifel lebte der Cro-Magnon-Mensch, wie auch einige seiner afrikanischen und australischen Zeitgenossen, in einer komplexen, maßgeblich von Symbolen regierten Gedankenwelt, einem geistigen Universum, dessen philosophische Qualität und Tragweite ideelle Konzepte früherer Hominiden übertraf. Wir wissen das, weil der Auftritt des *Homo sapiens sapiens* in Europa mit neuen Formen künstlerischen Ausdrucks, der Abstraktion und des Dekors einherging. Auch andernorts existieren Anzeichen für diese Entwicklung, die Erhaltungsbedingungen jedoch waren im Westen der Alten Welt weitaus günstiger. Anstelle von Holz oder Häuten bedienten sich die Künstler der europäischen Altsteinzeit nämlich haltbarer Geweihe oder Stoßzähne, und sie bemalten Höhlenwände.

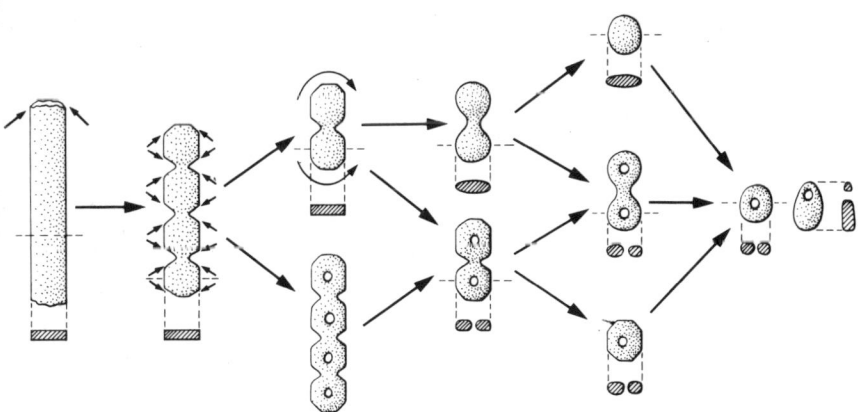

Perlenherstellung aus einem Elfenbeinstift (nach Marcel Otte).

Der Archäologe Randell White von der Universität New York untersuchte kürzlich jungpaläolithische Schmuckstücke, wobei er sich auf Vorarbeiten der Franzosen Marcel Otte und Yvette Taborin stützte. Im Aurignacien bestand solcher Zierat oft aus gelochten Raubtierzähnen, vielleicht, wie White vermutet, um sich Kraft und Stärke dieser Tiere anzueignen. Der Hersteller stanzte Vertiefungen in Zahnwurzeln und Konchylienschalen und brach dann von der anderen Seite mit einem spitzen Gegenstand die Perforierung zum Einfädeln. Erst im Magdalénien fanden Drillbohrer Verwendung. Elfenbeinperlen gewann man aus Blankstücken, die von Mammutstoßzähnen gelöst und anschließend in Stiftform gebracht wurden. Durch immer weitere Segmentierung erhielt der Perlenschneider endlich die gewünschten Produkte. Geschliffen und poliert zierten sie Halsketten oder – als Applikationen – die Tracht.

Der plötzliche Schmuckboom läßt sich nicht leicht erklären. White meint, das gewachsene Schmuckbedürfnis könne mit der Betonung sozialer Identität – Geschlechts- oder Gruppenzugehörigkeit, gesellschaftliche Stellung – zusammenhängen. Auffälligerweise konzentrieren sich solche Dekorformen an Stätten, wo auch bemalte Steinplatten, Elfenbeinskulpturen und verzierte Knochen auftreten. Kreuzschnitte, Kerben, Einritzungen und Punktmarken gehören ebenfalls zum Allgemeingut derartiger Fundorte. White schließt daraus, daß die Menschen gelernt hatten, elementare Dinge zu visualisieren und hieraus kommunikative Strukturen abzuleiten. Erblühtes Sprachvermögen mag ein auslösendes Moment gewesen sein. Die materielle Umsetzung ideeller Konzepte geriet zum Ferment, das den tiefgreifenden sozialen, technologischen und ökonomischen Wandel im Gefolge der Einwanderung von *Homo sapiens sapiens* stimulierend begleitete. Es entstanden ungemein vielschichtige Kunsttraditionen, die mehr als 20 000 Jahre lang bestimmend blieben und im Magdalénien ihre größte Entfaltung erlebten.

Die uns überlieferten Zeugnisse späteiszeitlichen Kunstschaffens sind womöglich nur ein kleiner Ausschnitt des Gesamtbildes, denn fraglos gestalteten die Menschen auch vergängliches Material – Lehm, Holz, Bast, Rinde, Häute und Vogelfedern, vielleicht sogar Eis und Schnee. Bekanntermaßen benutzten sie Ocker und andere Farbstoffe zur Körperbemalung. Allenthalben in der Paläarktis – von Nordafrika bis Sibirien – treffen wir auf jungpaläolithische Kunstströmungen, verdichtet insbesondere an dem geografischen Scharnier, das Spanien mit Südwestfrankreich verbindet, aber auch in Mittel- und Osteuropa. Tiere und – seltener – Menschen wurden auf Höhlenwände gemalt oder dort im

Ein kulturelles Apogäum 179

Umriß eingeritzt. Daneben fallen abstrakte Motive auf: Linien, Gitter, Kreise und kompliziertere geometrische Figuren. Schiefertafeln, Geweihe, Langknochen und Elfenbein zeigen Gravuren in vollendeter Ausführung. Bestechend lebensecht wirken manche Tierportraits. Wisente etwa hat man so detailgetreu auf Knochenstücke gebannt, daß man den Tränensack im Auge erkennt, den zottigen Bart und die struppige Rückenmähne. Aufgefunden wurden auch eine Reihe theriomorpher und anthropomorpher Figurinen aus Elfenbein, weichem Stein und gebranntem Ton. Weltweite Berühmtheit erlangten die im Gravettien geformten „Venusplastiken", Frauendarstellungen mit üppigen Rundungen, deren Funktion noch nicht eindeutig geklärt ist. Vielleicht waren es von Männern getragene Sexualamulette, Fruchtbarkeitssymbole oder Verkörperungen weiblicher Elementargeister („Erdgöttinnen").

In Westeuropa beschränken sich Kleinkunstwerke und Bilderhöhlen auf relativ wenige Plätze. Dazu zählen Lascaux im Périgord, Trois Frères in den Pyrenäen und Altamira in Nordspanien. Nicht weniger als 60% aller im Périgord entdeckten Kleinkunstwerke stammen aus nur vier Fundstätten, und gar 84% der Höhlenmalereien finden sich im Verwaltungsbezirk Ariège.

Jungpaläolithische Kunst vermittelt aufregende Ansichten spätpleistozänen Lebens. In Höhlen, Orten mit weihevoller Aura und mystischem Ambiente, wirkt sie geradezu geballt. Solche „Kathedralen der Eiszeit" waren Begegnungsstätten, die nicht allein verstreute Verwandtschaftsgruppen zusammenführten, sondern auch Kontakte zur übernatürlichen Sphäre herstellten. Entgegen der früheren Auffassung, daß die Höhlen über viele Jahrtausende hinweg immer wieder aufgesucht wurden, steht die Forschung heute auf dem Standpunkt, die Wandbilder seien das Werk jeweils einer Kultgemeinschaft, die nur wenige Generationen lang ihr Heiligtum nutzte.

Wichtige Zeremonien müssen hier stattgefunden haben. Nirgendwo wird dies deutlicher als in der Grotte Le Tuc d'Audoubert (Département Ariège). Zwei aus Lehm modellierte Wisente stehen dort gegen den Fels gelehnt in einer niedrigen Kammer. Die Plastiken wurden von Hand geformt und mit einem Spatel geglättet. Ein zugespitzter Gegenstand diente dem Ausstechen der Augenöffnungen, Nüstern und anderer Einzelheiten. Spuren bloßer Füße sind im einst weichen Lehmboden um das Wisentpaar erhalten. Die meisten Gemälde und Gravierungen liegen tief im Höhleninnern, abgeschirmt vom Tageslicht, und wieder stößt man auf menschliche Fußabdrücke, oft auf die von Jugendlichen. Der Verdacht liegt nahe, daß vor Ort Initiationen abgehalten wurden, Reifefei-

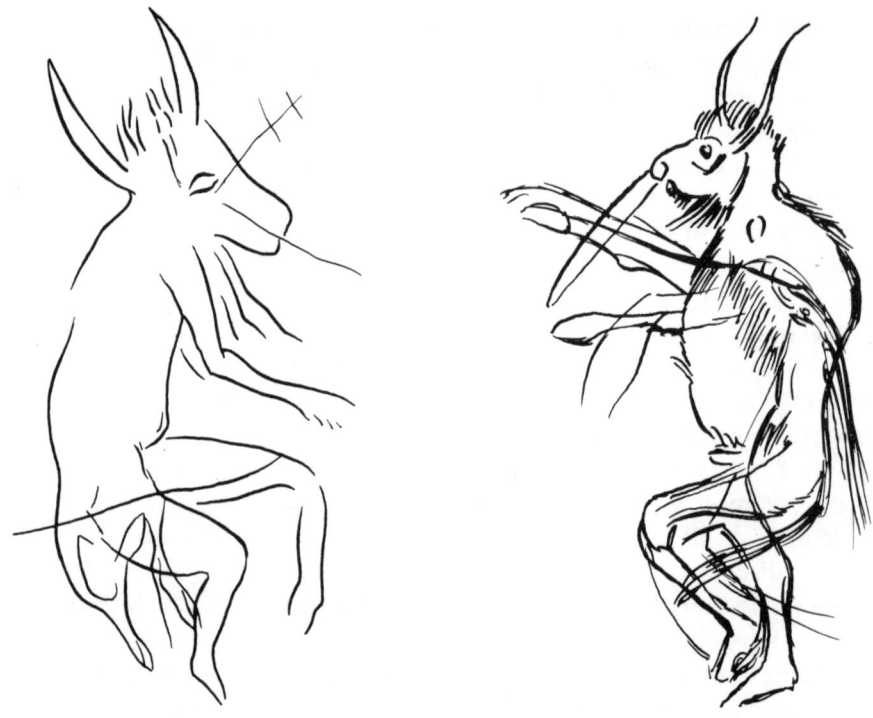

Schamanen oder maskierte Tänzer. Höhlenbilder aus Gabillou (links) und Les Trois Frères (rechts) in Frankreich.

ern also, die Heranwachsenden den mythischen Kanon ihrer Gemeinschaft vermitteln sollten und sie damit zu Erwachsenen weihten.

Die vorzeitliche Bilderwelt verschließt sich eiliger Deutung, denn ihr Symbolgehalt spiegelt Botschaften, die uns Nachgeborenen nicht mehr verständlich sind. Dennoch spricht aus ihnen so große Lebendigkeit und Realitätsnähe, daß man ahnt, welch machtvolles Kommunikationsmittel hier die Verbindung zwischen Mensch und Natur festigte. Niemals werde ich den Anblick von Tiergravuren im „Saal" der Höhle Les Combarelles bei Les Eyzies vergessen. Im flackernden Schein der Acetylenlampe, die mein Führer hielt, erschienen mir die Darstellungen größer als in Wirklichkeit. Das unstete Licht erweckte gar die Illusion von Bewegung, verlieh der Szenerie einen Hauch Magie. Gibt es, fragt sich der Betrachter, Interpretationen der Wandbilder? Schuf der Cro-Magnon-Mensch Kunst um ihrer selbst willen, oder veranstaltete er eine

Ein kulturelles Apogäum 181

Felsbildkunst der Buschleute im südlichen Afrika: Eine bereits verwundete Elenantilope wird von Speere tragenden Jägern und von Hunden angegriffen.

Art Jagdzauber, mit der er das Wild bannen wollte, ehe er es erlegte? Derartige Erklärungsansätze finden heutzutage kaum noch Widerhall. Wir können davon ausgehen, daß die tatsächliche Motivation weit über ökologische und ökonomische Antriebe hinausgriff. Beispielsweise verewigten die Künstler von Lascaux nur ein einziges Rentier, obwohl 90% der Tierknochen am Ort dieser Art angehören!

Schamanen spielten (und spielen) im religiösen Leben arktischer Wildbeuter eine zentrale Rolle. Auf ihrer in ritueller Ekstase unternommenen Jenseitsreise versuchen diese Mittler zwischen den Welten die Mitwirkung, den Rat oder die Kontrolle der Geistwesen für Krankenheilung, Jagdglück oder Prognostik zu sichern. Vielleicht, so jedenfalls die Meinung nicht weniger Forscher, stand die Höhlenkunst im Zeichen entsprechender Rituale. Eventuell waren (zumindest einige) der abgebildeten Spezies zoomorphe Hilfsgeister des Schamanen oder sie portraitierten sein „anderes Ich", seinen nichtmenschlichen Persönlichkeitsaspekt, der nach Vorstellung vieler Völker in jedermann schlummert und von

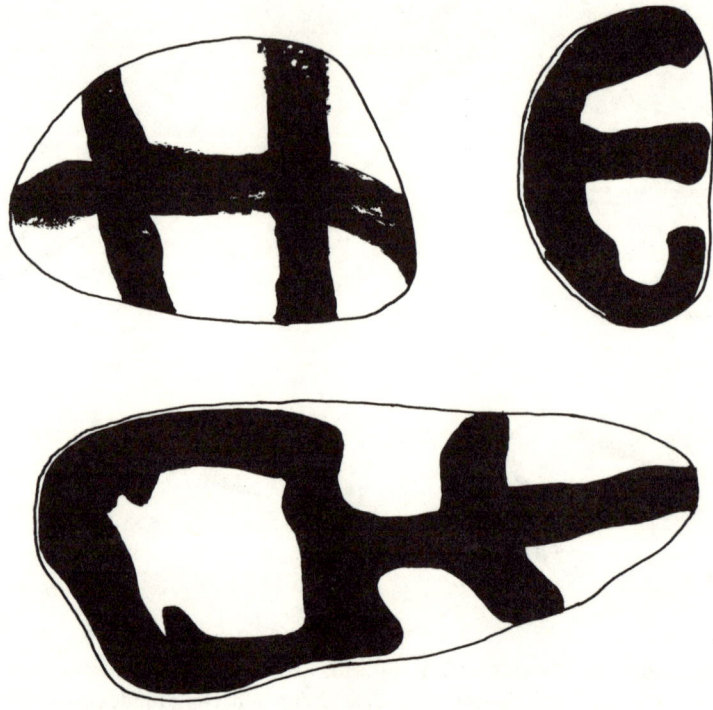

Bemalte Kiesel aus der Höhle Le Mâs d'Azil in Frankreich. Vermutlich handelt es sich um Spielsteine oder um mnemotechnische Aufzeichnungen.

spirituell begabten Individuen zum Wohle der Gemeinschaft dienstbar gemacht werden kann. Mischwesen scheinen solche Verwandlungen anzudeuten, aber möglich ist auch, daß hier kostümierte Tänzer Szenen aus der Mythologie nachvollzogen.

Häufig wird der Vergleich mit rezenten Jägerkulturen bemüht. David Lewis-Williams von der Universität Witwatersrand in Südafrika studierte zu diesem Zweck im 19. Jahrhundert unter Buschleuten aufgezeichnete mündliche Überlieferungen. Die komplexen Metaphern der Vorstellungswelt dieser Wildbeuter versuchte er auf Felsbilder seiner Heimat zu übertragen. Einige der Malereien stellen von Tänzern umringte Elenantilopen dar. Lewis-Williams glaubt, daß sie von der Potenz zehren, die ein sterbendes Tier verströmt. Dabei fallen sie in Trance, und im letzten Stadium der Ergriffenheit verwandeln sie sich selbst in Elenantilopen. Es handelt sich hierbei wohl um einen Akt der Kraftübertragung, die den Bestand einer Nahrungsquelle magisch absichern soll. Auch die Schwarzaustralier zelebrierten Vermehrungsrituale, allerdings aus Sorge um das Gleichgewicht in der Natur, das letztlich auch ihr Dasein garantierte. Die Schamanen der Desâna in Kolumbien „erweckten" auf Höhlenwände gemaltes Wild aus seinem „Stupor" und gaben vor, es in Körben nach draußen zu tragen, worauf die „befreiten" Tiere in den Urwald entwichen. Der Gedanke an die Bewahrung der Schöpfung, der aus diesen Beispielen spricht, könnte auch im Jungpaläolithikum von Bedeutung gewesen sein, gewiß ist das aber nicht.

Abweichend von solchen Erklärungen, deren Unterton durchaus tragen mag, konnte die neuere französische Forschung belegen, daß die Malereien in der Regel thematische und stilistische Einheiten bilden. Dank der Faktorenanalyse gelang der Nachweis eines thematischen Schwerpunktes, gesetzt vom Wildpferd, der Verkörperung des männlichen Prinzips, und begleitet von Rothirsch, Löwe sowie Auerochs, während Wisent, ein Tier mit weiblicher Konnotation, und Mammut die thematische Gegenposition einnehmen. André Leroi-Gourhan sieht in den Abbildungen Mythogramme, also „symbolische Darstellungen, deren Beziehung zum Sujet nur durch das Wort, die mündliche Überlieferung, deutlich wird." Mehrheitlich stimmen heute die Fachleute überein, daß entsprechende Einweisungen im Rahmen von Initiationsriten erfolgten. Integraler Bestandteil der Zeremonien war vermutlich der Neugeburtsgedanke: das Entlassen der gereiften Jugendlichen aus dem Schoß der Erde durch die finstere Passage des Höhlenschachtes. Oft sind die Gemälde in abseits gelegenen Kammern oder Nischen plaziert, Winkel, die, auch über Schallphänomene, Empfindungen und Gefühle der Initianden dramatisch verstärkten. Eiszeitkunst vermittelte, soviel dürfte feststehen, Anschauungsunterricht in Mythologie, war in wesentlichem Umfang Medium des Informationstransfers von Generation zu Generation.

Die Übertragung derartiger Überlegungen auch auf die Kleinkunst ist freilich problematisch. Der ehemalige Journalist und Raumfahrt-Experte Alexander Marshack hat sich mit Unterstützung des Peabody Museum der Harvard-Universität gerade dieser Sparte gewidmet. Marshack vertritt die Ansicht, daß vor allem die mit Punkten, Kerben, Linien und anderen Markierungen versehenen Kleinkunstwerke zeitliche „Notierungen" enthalten, an wichtige Ereignisse erinnerten oder als „Kalender" fungierten, in dem Mondphasen und Mondmonate eingetragen waren. Um ein solches Aufzeichnungssystem handelt es sich wahrscheinlich auch bei dem 1979 von Joachim Hahn in der Geißenklösterle-

Höhle auf der Schwäbischen Alb ausgegrabenen, 32 000 Jahre alten Elfenbeinplättchen, das auf der Rückseite und an den Kanten seriell angeordnete Kerben erkennen läßt, die den Mondzyklen entsprechen. Die eigentliche Sensation aber ist die als „Adorant" (Anbetender) bezeichnete Figur auf der Vorderseite des mutmaßlichen Mondkalenders, denn wir haben hier die älteste bekannte Darstellung eines Menschen vor uns.

Die Meisterwerke von Altamira und Lascaux, von Niaux und Trois Frères künden vom außergewöhnlichen kulturellen Reichtum der Cro-Magnon-Gesellschaft. Doch offenbaren Begräbnisse aus jener Zeit auch Unterernährung und Mangelkrankheiten. Das Leben war beileibe nicht einfach, und ständig drohte das Hungergespenst. Während weniger Wochen im Jahr feierten die Menschen ihre kultischen Feste. Schamanen tanzten und sangen, uralte Zeremonien beschworen die Fruchtbarkeit der Natur und stärkten das Band zwischen den eiszeitlichen Völkern und ihren Mitgeschöpfen. Dann zogen die Menschen weiter, so wie es unter Wildbeutern Brauch ist. Einige folgten den wandernden Herden auf vertrauten Routen, andere jedoch gelangten in den Osten – auf die unwirtliche Steppentundra der nordeurasischen Ebenen.

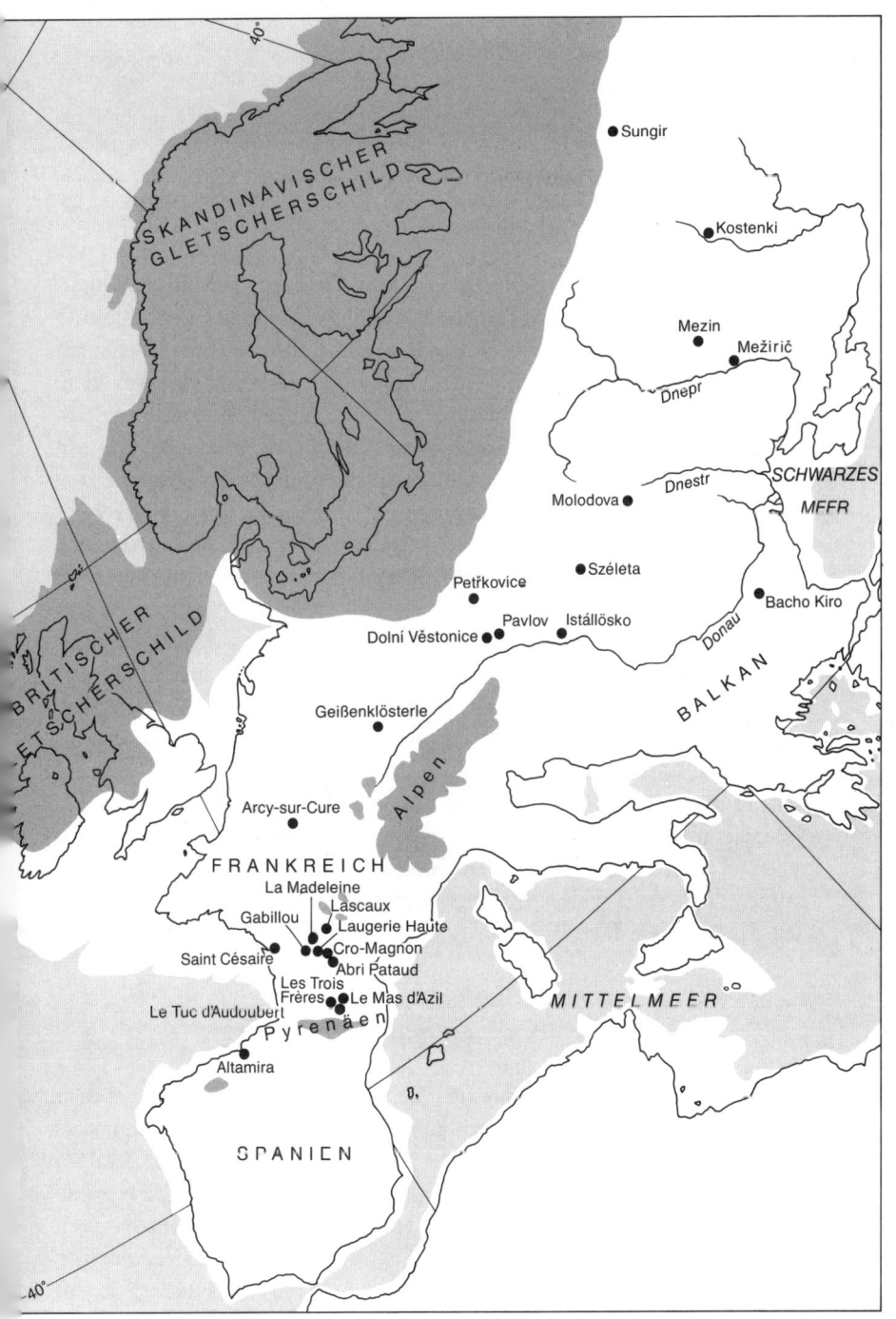

Übersichtskarte der in den Kapiteln 12 und 13 erwähnten Fundorte.

13. Die Bewohner der Ebenen

Im letzten Abschnitt der Eiszeit erstreckte sich ein gewaltiger Gürtel hügeliger, praktisch baumloser Ebenen über Nordeuropa, vom Atlantik bis tief nach Sibirien. Jene Steppengebiete und Tundrazonen waren für Menschen wenig anziehend, bitter kalt und trocken, tagtäglich dem schneidenden arktischen Wind ausgesetzt, der feine Eiskristalle von den Gletschern im Norden mitführte. Neun Monate herrschte Winter mit Minuswerten bis 40 °C, und auch im Juli kletterten die Temperaturen kaum über 18 °. Die warme Jahreszeit gab nur ein kurzes Gastspiel, sie brachte ein wenig Feuchtigkeit. Die Vegetationsperiode beschränkte sich auf Spätfrühling und Frühsommer. Soweit der Steckbrief Nordeuropas im Endpleistozän.

Die Menschen, die hier siedelten, verloren sich in den Weiten der welligen Ebene. Ausgrabungen in den ehedem wildreichen Flußtälern der Tschechoslowakei und der Ukraine verraten Einzelheiten ihrer Lebensweise. Mehrheitlich datieren die Stationen an Donau, Dnestr, Dnepr und Don später als 25 000 Jahre vor heute; Sie beziehen sich auf den Höhepunkt der Weichsel/Würm-Vereisung (in der Sowjetunion Valdaj-Stadial genannt). Sehr viel früher schon streiften im Raum zwischen Karpaten und Innerasien Neandertaler umher. Grabungskampagnen der Sowjets bescherten uns wertvolle Hinweise auf die Anwesenheit dieser zähen Jäger.

Die Neandertaler der mittelrussischen Ebene

Nicht immer sind die klimatischen Bedingungen so rauh wie auf dem Höhepunkt der Vereisung gewesen. Während des letzten Interglazials bedeckten sommergrüne Laubwälder die Nordhälfte der Region, und im Süden gedieh parkähnliche Waldsteppe. Die ältesten Lagerplätze von Neandertalern auf der mittelrussischen Ebene und der Krim datieren 90 000–80 000 Jahre zurück. Zu Beginn des Eisvorstoßes lebten hier – wenn überhaupt – nur wenige Menschen. Verstreute Funde belegen, daß sich die paläanthropine Bevölkerung zwischen 60 000 und 40 000 Jahren vor der Gegenwart in gemäßigten, subarktischen und arktischen

Die Bewohner der Ebenen 187

Habitaten bis zum 52. nördlichen Breitengrad in Mitteleuropa und bis zum 49. in Rußland ausgebreitet hatte. Im Gebiet um den Don jagte sie Mammut, Steppenwisent, Wildpferd und Saiga-Antilope. Überall lagerten die Neandertaler an Wasserläufen, an Stellen, wo Auwald wuchs und sie vor dem Wind schützte, stets jedoch in Reichweite der offenen Landschaft. Bis 38 000 Jahre vor unserer Zeit wurden die Horden Zeugen sich ständig verschlechternder Witterungsverhältnisse. Dort, wo Verengungen der Flußtäler mit unterschiedlichen Höhenstufen für ein abwechslungsreiches Nahrungsangebot sorgten, wie am Mittellauf des Dnestr, gab es auch weiterhin Ansiedlungen. Die Station Molodova V. weist nicht weniger als 12 archäologische Horizonte auf, die untersten drei mit mittelpaläolithischen Werkzeugen. Etwa 45 600–40 300 Jahre alt, fällt das Moustérien hier in eine wärmere Phase, zeitgleich mit der Ankunft anatomisch moderner Menschen in Südosteuropa.

Die Neandertaler paßten sich der mittelrussischen Ebene hervorragend an, doch blieb die Bevölkerungsdichte gering und die Kolonisierung eine Episode. Die östlichen Teile der Region wurden nur sporadisch aufgesucht, in Zeiten, da klimatischer Wandel den Lebensraum zeichnete. Es war dem *Homo sapiens sapiens* vorbehalten, dieses unfreundliche Land optimal zu nutzen.

Erstarrt im Frost

Wie auch andernorts erreichte die letzte Vereisung ihr Maximum zwischen 20 000 und 18 000 Jahren. Damals herrschten hocharktische Bedingungen. Der Rand des nördlichen Gletscherschildes näherte sich dem 53. Breitengrad, 150–200 km entfernt von den Stationen an Don und Dnestr. Im Süden wurde das Schwarze Meer durch die Bosporus-Landbrücke vom Mittelmeer abgeschnitten, bildete also einen See, in den sich die vom Dnepr und seinen Seitenarmen beförderten Schmelzwässer ergossen. Die überfrachteten Flüsse dürften zeitweise Seenketten oder Flutbecken gebildet haben. Am Kamm der Uferböschungen hielten die Lager der ansässigen Jäger Wacht. Zwischen 18 000 und 10 000 Jahren vor heute begannen die Gletscher, freilich mit Unterbrechungen, allmählich zu weichen. Überschwemmungsgebiete und Eisstromrinnen jedoch bestanden noch bis vor mindestens 14 000 Jahren.

In der zweiten Hälfte des Stadials war es trocken und sehr kalt. Das Erdreich taute auch im Sommer selten tiefer als 30 cm auf. Allenthalben türmten sich die Endmoränen der Gletscher, und auf den Lößflächen blies der Wind Wanderdünen von Ort zu Ort. Kühlere Temperaturen und die Nähe des skandinavischen Eisschildes beeinflußten nachhaltig die atmosphärische Zirkulation. Der Eispanzer blockierte den Zustrom feuchtigkeitsgesättigter atlantischer Luftmassen, drückte dadurch die Temperaturen und minderte den Schneefall. Spärlicher Regen fiel lediglich während der kurzen Sommermonate. Im Winter schneite es kaum.

Ausgerechnet im Umfeld der Gletscherränder, im Bereich der Eisstromnetze, also dort, wo es ausreichend Feuchtigkeit gab, gediehen frische, kräuterreiche Wiesen, die Großsäugern als Weide dienten. Aber auch in der Tundra und auf Lößböden mit ihren Trockenrasengesellschaften lebten zahlreiche Tiere. Dauernde klimatische Wechsel bewirkten allerdings ständige Verschiebungen hinsichtlich Menge oder Verteilung des Wildes, und der Mensch hatte sich auf dieses fluktuierende Angebot einzustellen.

Der Steppenzoo

Eine erstaunliche Fülle verschiedenster Tierarten kam in der Wildnis Mittelrußlands vor, viele davon sind heute ausgestorben oder zogen sich in andere Teile der Welt zurück. Man faßt die Biotope ihrer Heimat gern in drei Vegetationstypen zusammen: Steppe, Steppen-Tundra und Tundra. Unter Steppen verstehen die Ökologen Graslandschaften der kühlen und gemäßigten Breiten. Bei guter Durchfeuchtung ähneln sie saftigen Wiesen, ansonsten schauen sie eher dürr und schütter aus. In der Tundra dominieren Moose, Flechten und Zwergsträucher, die Steppen-Tundra dagegen weist mehr Gräser und Kräuter auf. Mehr als 40 mittelgroße bis große Säugetierarten fanden hier Nahrung, von Mammut und Fellnashorn bis zu Ren, Steppen-Murmeltier und Steppenfuchs. Generell waren Konzentrationen dieser Spezies selten, nahmen aber in den Wiesen am Gletscherrand und da, wo Schmelzwasserströme oder Galeriewälder auf Grasland trafen, zu. Steinzeitliche Jäger dürften ihre Wanderungen auf die Züge des Großwildes, das immer wieder Auen und Eisstromnetze aufsuchte, abgestimmt haben.

Von allen Tieren, denen der Steinzeitmensch nachstellte, ist das Kältesteppenmammut die bekannteste Art. Seine Größe wird oft übertrieben, aber mit 2,70 m Schulterhöhe lieferte dieser behaarte Elefant geschlachtet doch einen gigantischen Fleischberg. Die Unterwolle war bis 15,2 cm dick. Olga Soffer von der Universität Illinois hat alle verfügbaren Daten über das Mammut zusammengetragen. Sie kommt zu dem Ergebnis, daß

Tierdarstellungen der jungpaläolithischen Höhlenkunst: Rentier, Wildpferd, Kältesteppenmammuts, Steppenwisent (im Uhrzeigersinn).

die Bestände im Verlauf der letzten Vereisung schwankten und in wärmeren Phasen stark abnahmen. Nie sind die Tiere besonders häufig gewesen, auch unter günstigsten Voraussetzungen kamen nur 0,13–0,50 Mammuts auf den Quadratkilometer. Menschliche Verfolgung und Klimastreß, namentlich höhere Schneelagen und morastiger Grund bei milderer Witterung, könnten periodische Zusammenbrüche nach sich gezogen haben.

Auch der Steppenwisent gehörte zu den Riesen der endpleistozänen Fauna. Er stellte die bevorzugte Beute von Jägern im südlichen Grasland dar. Die Stiere waren äußerst kräftig gebaut und verfügten über weit ausladende Hörner. Ein reiner Tundrabewohner ist der Moschusochse. Sein zottiges Fell mit bis 90 cm langen Haaren schützt ihn hervorragend gegen die arktische Kälte. Die Saiga-Antilope hält sich noch heute überwiegend in Lößsteppengebieten auf. 64 km/h erreichen die flinken Gazellenverwandten auf der Flucht. Ihren Lebensraum teilte die Saiga mit Wildpferden, Wildeseln und Kropfgazellen. Löwe, Gepard und Wolf gingen auf Beute aus, Säbelzahnkatze, Tüpfelhyäne und Geier beseitigten die Kadaver. Oft kam es zu regionalen, klimaabhängigen Umschichtungen im Artenspiegel. Wenn sich zum Beispiel die Tundra ausbreitete, folgten ihr Rentier und Moschusochse, vergrößerte umgekehrt die Steppe ihr Areal, nahmen die Wildpferdherden zu.

Überlebensstrategien

In Osteuropa fehlen die tiefen Taleinschnitte mit steilen Abbruchkanten, wie sie der Mensch im Périgord vorfand und zu seinem Schutz aufsuchte. *Homo sapiens sapiens* mußte sich daher offenem Gelände anpassen, Winterbehausungen errichten und eine Kleidung entwickeln, die ihn vor Erfrierungen oder Unterkühlung bewahrte.

Es mag einige Zeit vergangen sein, ehe die Jäger in Steppe und Tundra das ganze Potential ihrer Lebensräume zu nutzen verstanden. Wahrscheinlich kam ihnen auch hier der „Taschenmesser-Effekt" zu Hilfe, ein technologisches Stimulans, das den Erfindergeist beflügelte. Vergleichbar den Verhältnissen in Südwestfrankreich dürften Zylinderkerne und die davon abgesprengten kantenparallelen Abschläge Grundlage weiteren Fortschritts gewesen sein. Scharfe Klingen und Stichel bewährten sich bei der Zurichtung von Mammutelfenbein, insbesondere der Gewinnung schlanker Blankstücke, die man lochte und so in den Besitz feiner Nähnadeln kam. Schlecht sitzende Fellumhänge konnten zugunsten maßgeschneiderter Kleidungsstücke abgelegt werden. Genähtes Unterzeug, Parkas, pelzgesäumte Kapuzen und Spezialschuhe gestatteten Jagd und Fallenstellerei ohne Risiko selbst bei Temperaturen weit unter dem Gefrierpunkt.

Dauerhafte Winterquartiere, die auch bei großer Kälte Wärme speicherten, waren dringend erforderlich. Abseits der Wälder, auf freiem Feld, hatte das Jagdwild die nötigen Baumaterialien zu liefern. Solche Unterkünfte unterschieden sich erheblich von den Zelten und Windschirmen, unter denen man im Sommer hauste, denn sie mußten geräumig genug sein, um eine Familie oder gar die ganze Horde zu beherbergen, sollten energiesparend konstruiert werden können und durften Stürmen nur wenig Angriffsfläche bieten. Der Bau derartiger Behausungen verlangte nicht allein ein Höchstmaß an Planung, sondern auch die Kooperation der gesamten Lokalgruppe.

Vonnöten waren daher funktionierende soziale Institutionen. Den ganzen Winter über hockten die Menschen auf engstem Raum zusammen, unfähig, Streitigkeiten und Konflikten dadurch aus dem Weg zu gehen, daß man einfach fortzog, wie es unter moderaten Klimabedingungen geschehen konnte. Wer sich in Steppe und Tundra durchschlagen mußte, hatte zu kooperieren, vorsichtig zu sein und weitblickende Führer anzuerkennen, erfahrene Jäger vielleicht oder religiöse Funktionäre, die Mißhelligkeiten entgegentraten, die Traditionen bewahrten und immer aufs neue das Band zwischen dem Menschen und seinen Mitgeschöpfen rituell bestärkten. Die Sorge um Obdach und Nahrung erforderte kollektive Überlebensstrategien. So galt es, Hinterhalte zu legen, wenn die Herden im Frühling und Herbst wanderten. Nach erfolgreicher Jagd mußte zusammengearbeitet werden, um die Beute auszuweiden, um Vorratsgruben im Permafrostboden auszuheben und das Fleisch darin aufzuschichten. An einigen Fundorten sind die Vorratsgruben ungleich verteilt. Daraus folgt u. U., daß sich einige Haushalte einen größeren Anteil am Überschuß sicherten als andere – Hinweis auf eine ansatzweise gesellschaftliche Stratifizierung.

Betrachten wir nun den archäologischen Befund, der die komplexe Anpassung des *Homo sapiens sapiens* an die östliche Ebene widerspiegelt.

Die Ankunft des modernen Menschen

Mit Ankunft des Jetztmenschen vollzog sich auch auf der mittelrussischen Ebene der Wandel von mittelpaläolithischen zu oberpaläolithischen Kulturtraditionen. Gemäß der Stratigrafie von Molodova V können wir diesen Übergang zwischen 38000 und 36000 Jahren vor heute ansetzen. Hiermit übereinstimmend besuchten jungpaläolithische Jäger die Station Kostenki XVII am oberen Don vor 36500 Jahren. Anderswo in der Gegend reicht die Einwanderung des *Homo sapiens sapiens* möglicherweise sogar 40000 Jahre zurück.

Die an Dnestr und Don geborgenen Artefakte der unteren Straten sind im Aussehen recht uneinheitlich und umfassen sowohl beidflächig beschlagene Geräte des Moustérien als auch gelegentlich Klingen, Stichel und retuschierte Sprengstücke. Ähnlich wie im Westen könnten Neandertaler zunächst mit der neuen Technologie experimentiert haben. Vielleicht mischten sie sich gar mit den Neuankömmlingen.

Zwischen 36000 und 32000 Jahren vor der Gegenwart schafften es die Jungpaläolithiker, wie wir Funden aus der Kostenki-Borševo-Region entnehmen, sich endgültig auf der Ebene festzusetzen. In den folgenden Jahrtausenden verdichtete sich die Bevölkerung. Auffällig ist, daß Werkzeuge, die am Don zutage kamen, von solchen, die man am Dnestr barg, abweichen. Olga Soffer, sie gehört zu den wenigen westlichen Fachleuten, die Fundstätten in der Sowjetunion aus eigener Anschauung kennen, glaubt daher an eine Kolonisierung aus verschiedenen Herkunftsgebieten.

Wie in Westeuropa bleiben die frühen Siedlungshorizonte vage. Die Inbesitznahme der neuen Jagdgründe beschränkte sich auch keineswegs auf den Süden der Ebene. Bis hinauf ins Pečora-Becken am 65. Breitengrad reichen die Spuren menschlicher Anwesenheit aus der Zeit vor 25000 Jahren. Mit Ausdehnung der skandinavischen Gletscher wichen die Ansiedlungen allerdings wieder zurück.

Bestattungen vermitteln interessante Einblicke in das Leben der Steppenjäger. Drei früh-jungpaläolithische Grablegungen kennt man aus der Umgebung von Kostenki, das berühmteste Begräbnis ist uns jedoch von Sungir, nordöstlich Moskaus, überliefert. Hier entdeckten Archäologen zwei Gräber in Abfallschichten. Eines enthielt die sterblichen Überreste zweier Kinder, die Kopf an Kopf ruhten. Über Wasserdampf geradegebogene Speere aus Mammutstoßzahn lagen an ihrer Seite, daneben Steinwerkzeuge, Elfenbeinstäbe, Schaftglätter (Lochstäbe) aus Geweih und die Darstellung eines Pferdes auf einem Elfenbeinspan. Beide Skelette und das eines Mannes nahebei waren von abertausend Perlen aus Schneckengehäusen bedeckt. Aus ihrer Anordnung konnte man auf die Kleidung schließen, die die Toten einst trugen. Sie bestand aus einer vorne geschlossenen Jacke und langen Hosen, an die man vielleicht Mokkasins nähte, wie es spätere sibirische Völker taten. Die Funde aus Sungir beweisen, daß *Homo sapiens sapiens* gelernt hatt, sich schon zu Beginn seines Vorstoßes auf die Ebene gegen die beißende Kälte entsprechend zu wappnen.

Olga Soffer meint, es habe hinsichtlich ihres Jagdverhaltens beträchtliche Unterschiede zwischen mittel- und oberpaläolithischen Gruppen gegeben. Während die Altmenschen opportunistisch jede Nahrungsquelle nutzten, die ihnen zugänglich war, gingen die Steppenjäger späterer Zeit weitaus systematischer vor. Dort, wo saisonale Schwankungen das Nahrungsangebot bestimmten, konzentrierten sie sich auf zwei oder drei wichtige Arten, planten ihr Vorhaben gewissenhaft und lagerten Überschüsse für Notzeiten ein. Wo hingegen größere Vielfalt angetroffen wurde, verhielten sich die Jäger nicht so wählerisch, betrieben allerdings auch dann Vorratshaltung. Da Werkgestein von weither an den Fundorten auftaucht, vertritt Frau Soffer die These, die Menschen hätten ausgedehnte Territorien besessen und im jahreszeitlichen Rhythmus Wanderungen unternommen. Dabei seien sie mit Nachbarn, die über den gewünschten Rohstoff verfügten oder damit handelten, in Berührung gekommen.

Mammutjäger

Laut Olga Soffer gab es zwei längere Perioden spät-oberpaläolithischer Besiedlung im Westen der Sowjetunion: zwischen 26 000 und 20 000 Jahren vor unserer Zeit und, nach einer Unterbrechung auf dem Höhepunkt der Vereisung, von 18 000 bis 12 000 vor heute. Nur eine Handvoll Fundplätze ist aus der früheren Phase bekannt, doch häufen sich die archäologischen Dokumente aus dem zweiten Abschnitt. Während beider Perioden stellte der Mensch den gleichen Herdentieren nach und organisierte die Beschaffung seiner Nahrung nach dem selben Muster. Allerdings verstärkte sich der Jagddruck kontinuierlich, weil, wie Olga Soffer überzeugend darlegt, zunehmend Streßfaktoren in Zusammenhang mit den konstanten Klimaumschwüngen ab 18 000 vor der Gegenwart wirksam wurden. Unter solchen Bedingungen konnte von kalkulierter Subsistenzplanung keine Rede mehr sein, denn das Wild änderte seine Gewohnheiten. Mammut und Wisent, um zwei Beispiele herauszugreifen, reagierten auf wärmere Witterung mit Verlegung ihrer Wanderrouten. Die Antwort auf solche Unwägbarkeiten bestand in Siedlungskonzentrationen entlang der Flüsse. Den nun linear ausgerichteten Dörfern, denn um diese handelte es sich, wie wir noch sehen, tatsächlich, entging so keine Abweichung im Zugverhalten der Herden. Andererseits nahm der Konkurrenzdruck zwischen einzelnen Lokalgruppen zu, da die wirtschaftliche Kapazität, gemessen an der ökologischen Tragfähigkeit, begrenzt war. So führte die Interaktion ökologischer, ökonomischer und demografischer Faktoren zu substantiellen Umbauten des menschlichen Sozialgefüges.

Frau Soffer unterscheidet mehrjährig bewohnte Dörfer mit Vorratsgruben von temporären Unterkünften. Letztere waren wohl Jagd- und Sommerlager oder Werkstätten zur Anfertigung von Gebrauchsgegenständen aus Stein. Mammutknochenbehausungen sind typisch für die Dauersiedlungen. Radiokohlenstoffdatierungen aus Mežirič am Dnepr, der bekanntesten Mammuthaus-Fundstätte, überspannen einen Zeitraum zwischen 18 000 und 14 000 Jahren vor heute. Als Sockel der Gebäude-Innenwände dienten in Mežirič bogen- oder kreisförmig verlegte Mammutschädel. Nach außen und oben hin schlossen sich Röhrenknochen, Unterkiefer und Stoßzähne an, teilweise in erstaunlichen architektonisch-anatomischen Dessins. So setzte sich der nach Südwesten weisende Wandsektor eines Hauses aus Unterkiefern zusammen, die man nach Art eines Fischgrätmusters anordnete; und in einer anderen Wand flankierten je zwei Schulterblätter sowie ein Beckenknochen spiegelbildlich einen in der Mitte plazierten Schädel. Die kuppelförmigen Behausungen wiesen einen Durchmesser von 4–7 m auf und umschlossen eine Bodenfläche von 8–24 m²; Moossoden oder Felle bildeten wahrscheinlich die Abdeckung. Maximal 21 Tonnen Mammutknochen, zum Teil aus Aufsammlungen natürlich verendeter Tiere, wurden in einzelne Bauwerke integriert, lediglich eine Tonne pro Unterkunft dagegen in Siedlungen der näheren Umgebung, etwa in Mezin an der oberen Desna. Architektonische Raffinesse, Materialvolumen und hoher Arbeitsaufwand – schätzungsweise 15 Personen benötigten zwischen 10 und 16 Tage, um die ausgeklügelten Konstruktionen zu errichten – lassen vermuten, daß Mežirič etwas Außergewöhnliches darstellte. Vielleicht ist dieses große Basislager zeremonieller Knotenpunkt einer Teilregion gewesen, und einige der Gebäude dienten sakralen Zwecken. Oder es residierte hier ein besonders wohlhabender und angesehener Klan, der Führungsansprüche geltend machte. Unterstrichen wird dies

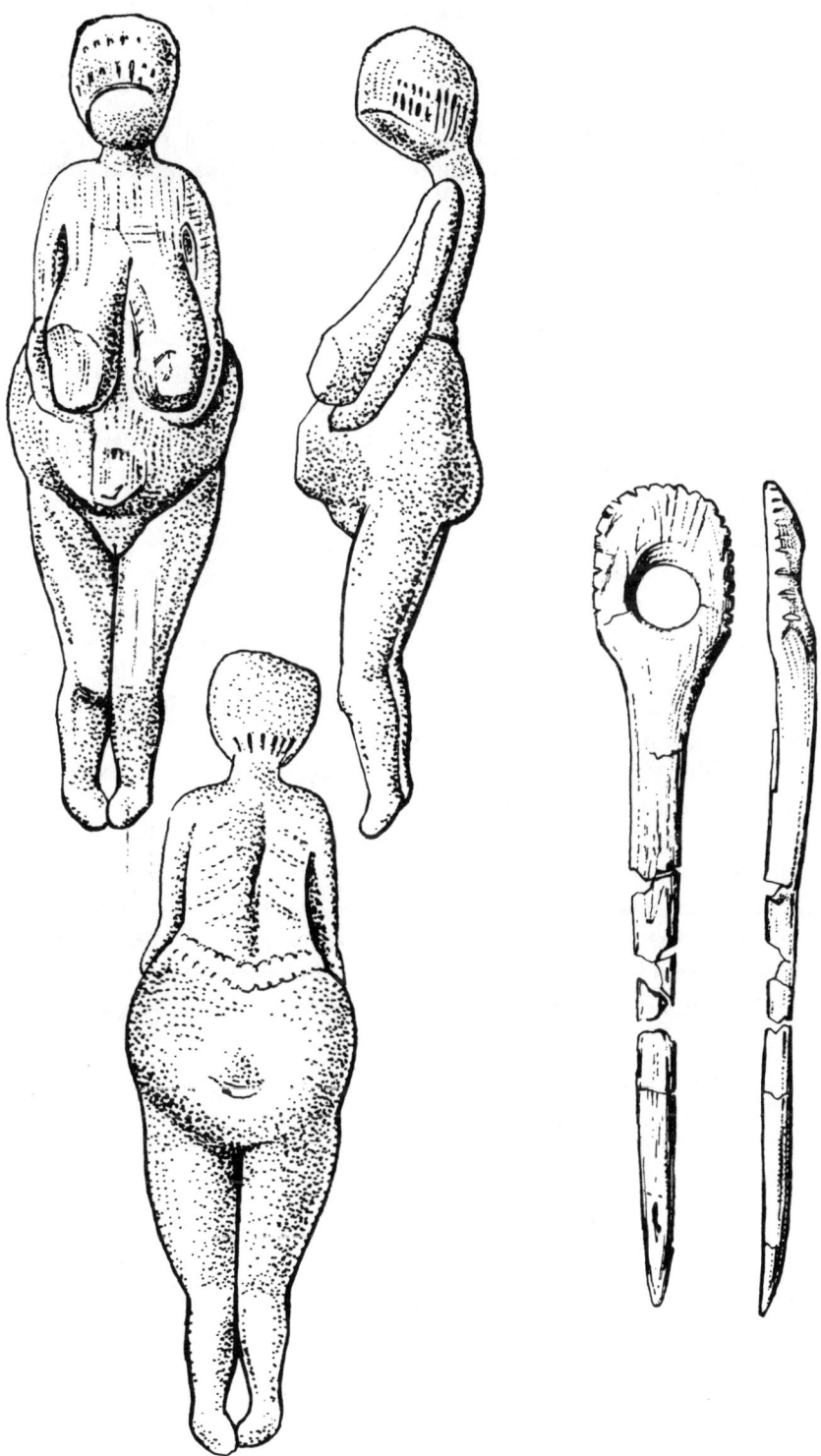

Kunst der Mammutjäger: Elfenbeinfigurinen und Lochstab (oder Fibel) aus Kostenki.

unter anderem durch reichhaltige Schmuckfunde und eine Vielzahl Kunstobjekte, möglichen Indikatoren für Status-Unterschiede und kultische Präsenz, sowie durch erhebliche Mengen Fernhandelsgüter in Gestalt von Bernstein oder Schwarzmeerschnecken.

Anzeichen interner sozialer Strukturierungen gibt es auch anderswo. In Kostenki z. B. grub N. D. Praslov von der Akademie der Wissenschaften in Leningrad jüngst mehrere 23 000 Jahre alte Mammutknochenbehausungen aus, die mittels niedriger Wälle voneinander getrennt waren. Beachtung fanden hier zwei Moschusochsenschädel, angeblich Firstaufsätze, die Praslov für Klan-Embleme, also ihre mythische Abkunft illustrierende „Wappen" einer Verwandtschaftsgruppe, hält. Vier Bestattungen konnten in diesem Grabungsabschnitt Kostenkis aufgedeckt werden, daneben Frauendarstellungen aus Stein und Elfenbein, Halsketten aus Fuchszähnen sowie vier feine Elfenbein-Stirnbänder. Das Camp fiel vor 20 000 Jahren wüst, eventuell im Zuge sich verschlechternder Klimaverhältnisse, die die Bewohner zwangen, nach Süden auszuweichen.

Wenig wissen wir über den Verlauf jahreszeitlicher Wanderungen, doch ist davon auszugehen, daß Sommerlager existierten, vielleicht Gemeinschaftszelte aus Mammuthaut. Nach sorgfältiger Prüfung aller Hinterlassenschaften kam Olga Soffer zu dem Schluß, ein Wintercamp müsse mindestens sechs Monate lang bewohnt gewesen sein, dagegen habe man sich in den Jagdlagern höchstens einundeinhalb Monate aufgehalten. Das entspricht in etwa dem Rhythmus, der noch heute für gewisse Volksgruppen im Bereich der Beringstraße gilt. Auch diese Völker leben in separaten Kalt- und Warmwettersiedlungen, selbst wenn die Stützpunkte nicht weit voneinander entfernt liegen. Die Jäger der mittelrussischen Ebene dürften 30–60 Personen starke Verbände gebildet haben. Zwei oder drei Familien teilten ein Mammutknochenhaus. Den Winter über stand es im Zentrum gemeinschaftlicher Aktivitäten, abgerechnet die Tage, wenn Leute die schützende Behausung verließen, um Schlingen für Hasen oder Schneehühner zu legen. Sobald sich die warme Jahreszeit ankündigte, suchten die Kernfamilien ihre nahen Sommerunterkünfte auf. Kleine Trupps streiften dann umher, kundschafteten die Züge des Wildes aus, sammelten Beeren oder begaben sich zu Steinbrüchen und ambulanten Werkstätten.

Trotz ihrer verhältnismäßig beschränkten Mobilität besaßen die Steppenjäger Fernhandelsgüter. Bergkristalle kamen aus dem Süden nach Mežirič, über eine Strecke von 100–150 km. Andernorts wurde Feuerstein von 60 km entfernten Aufschlüssen herangeschafft. Zu Perlen verarbeiteter Bernstein, den man wahrscheinlich auch seiner „magischen" (elektrischen) Eigenschaften wegen schätzte, stammt aus Lagerstätten nahe Kiew. Hier vermutet die Forschung den Anfang einer Handelskette, denn die Fundhäufigkeit geht mit zunehmender Distanz immer mehr zurück, als ob das wertvolle Gut solange von Gemeinschaft zu Gemeinschaft weitergegeben worden sei, bis sich der Handelsvorrat zuguterletzt erschöpfte.

Fossile Meeresschnecken aus dem Dnepr-Delta und von den Ufern des Asowschen Meeres gelangten tief ins Landesinnere, nördlich bis Timonovka an der Desna, weiter als 650 km vom Ursprungsgebiet entfernt. Hier im Norden treten solche Schmuckschnecken viel zahlreicher im Fundinventar auf als im Süden. Frau Soffer glaubt daher, daß man nur im Binnenland über die nötigen Kenntnisse der Verarbeitung verfügte.

Gewöhnlich umfaßten Fernhandelswaren keine Gegenstände des alltäglichen Bedarfs, sondern es waren Luxusgüter, die Einblicke in den Abschnitt unserer Sozialgeschichte erlauben, der durch die einsetzende Aufspaltung menschlicher Gruppierungen in Segmente von ungleichem Status gekennzeichnet ist. Vielleicht transportierte der Fernhandel aber auch immaterielle Werte, beförderte etwa den Ideenaustausch, diente der Verbreitung bestimmter Glaubenssätze oder stillte den Hunger nach Informationen über ferne Landstriche.

14. Die Bewohner Nordostasiens

Es ist anzunehmen, daß einzelne Verbände des *Homo sapiens sapiens* zwischen 35 000 und 30 000 Jahren vor der Gegenwart im Gefolge wandernder Herden in Nordostasien auftauchten. Doch woher kamen sie – aus Westrußland oder von Süden, aus China? Wenn wir die Erstbesiedlung dieser Wildnis am Rand der Ökumene rekonstruieren wollen, ist es nötig, die archäologische Uhr zurückzustellen. Unsere Spurensicherung muß wieder beim Frühmenschen ansetzen, der vor über 200 000 Jahren Ost- und Südostasien bewohnte und, wie wir in Kapitel 9 hörten, nordwärts bis ins kühl-gemäßigte China vordrang. In welcher Beziehung stand *Homo erectus* zu unserer Art? War er die Stammform des *Homo sapiens sapiens* oder wurde er auch in Ostasien von moderneren Formen verdrängt?

Der Fossilbefund

Homo erectus lebte sehr lange in China, von ca. 700 000 bis annähernd 200 000 Jahren vor heute. Wie in den Kapiteln 9 und 10 vorgetragen, glauben einige Physische Anthropologen, darunter nicht wenige chinesische Gelehrte, daß sich anatomisch moderne Vertreter des *Homo sapiens* in regionaler Evolution aus frühmenschlichen Wurzeln entwickelten. Sie stützen ihre Argumente hauptsächlich auf die Zhoukoudian-Fossilien und ihnen zeitlich nachgeordnete, zum archaischen *Homo sapiens* gestellte Funde aus Dali, Maba, Dingcun und Xujiayao. Wu Xinzhi vom Institut für Wirbeltierpaläontologie und Paläoanthropologie der Academia Sinica glaubt fest an die Kandelaber-Hypothese. „Mit dem chinesischen *Homo erectus*", so behauptet er, „liegt uns ein Typus vor, der bereits eindeutige mongolide Merkmale zeigt." Wu verweist auf das flache Gesicht und die Schädelmorphologie im Bereich von Jochbein und Oberkiefer. Und er macht auf die schaufelförmigen Schneidezähne des Frühmenschen aufmerksam, ein Zug, der uns noch beschäftigen wird, wenn wir den Ursprung der Indianer erörtern.

So schlüssig solche Überlegungen auf den ersten Blick erscheinen, die Fossilbelege, die zu ihrer Untermauerung herangezogen werden, sind eher mager. Anatomen zögern daher, aus Merkmalen, deren Übereinstimmung zufällig sein könnte, evolutive Kontinuität abzuleiten. Einig ist man sich nur in der Beobachtung, daß die Hirnkapazität stetig zunahm. Wacklige Datierung und bruchstückhafte Überlieferung verbieten eine abschließende Beurteilung. In Kapitel 10 schlug ich eine Alternative zur Regionalevolution vor, die von der Verdrängung einheimischer Frühmenschen durch eingewanderte Altmenschen ausgeht.

Auch die weitere Entwicklung steht zur Disposition. Wie in Südostasien fehlt es in China, den angeblich 67000 Jahre alten Schädel von Liujiang ausgenommen, an frühen Zeugnissen der Anwesenheit anatomisch moderner Menschen. Wenn wir unserer Annahme treu bleiben, *Homo sapiens sapiens* sei zuerst in Afrika in Erscheinung getreten und habe sich darauf über die ganze Erde verbreitet, ist davon auszugehen, daß er, ursprünglich Bewohner tropischer und subtropischer Breiten, zunächst Südchina in Besitz nahm – Liujiang unterstreicht das – und erst später, nach einer Akklimatisierungsphase, im Norden auftauchte. Tatsächlich stammt der nächstfolgende Nachweis, es handelt sich um die Knochenfragmente von Salawasu in der Inneren Mongolei, aus der Zeit um 35000 Jahren vor der Gegenwart.

Das Mikroklingen-Phänomen

Der Huang He, Chinas zweitlängster Strom, durchmißt auf dem Plateau der Inneren Mongolei eine trockene Graslandschaft – die Ordos-Steppe. Sie war einst Heimat versprengter Wildbeutergruppen, darunter jene Gemeinschaft, die in Salawasu lagerte. Diese „Ordos-Menschen" jagten unter anderem Kamele, Wildschafe, Wildesel, Saigas und Strauße mit dem Speer und der Bola, einer Wurfwaffe aus Steinkugeln, die an langen Lederriemen hängen. Mittelpaläolithische Levallois- und „Scheibenkern"-Techniken verbanden sich in ihrer Hand mit der Fertigung kleinformatiger, von einem prismatischen Kern abgeschlagener Klingen. Auch weiter im Osten, in Nordchina, stieß man auf ähnliche Assemblagen. Sie datieren aus dem Zeitraum zwischen 36000 und 25000 Jahren vor heute. Typisch ist die auffällige Diminution der Gerätschaften – von Messern über Projektilspitzen bis hin zu Schabern.

Der chinesische Archäologe Zhen Chun sieht darin Anzeichen einer „Mikroklingen"-Industrie, die sich mit dem *Homo sapiens sapiens* über weite Teile Asiens verbreitete. Sukzessive eroberte sie von China aus Korea, Japan, Sibirien und – wie vermutet wird – auch den Nordwesten Nordamerikas.

Mikrolithen sind von anderen Steinwerkzeugen deutlich verschiedene Artefakte, die nacheiszeitlich noch in vielen Kulturen angetroffen wurden, in China und Indien sogar lange davor gebräuchlich waren. Die Herstellung solcher Kleinklingen erforderte Fingerspitzengefühl und einiges Geschick. Von keilförmigen, konischen oder zylindrischen Kernen, abhängig von der Beschaffenheit des Gesteins respektive der angewandten Schlagtechnik, gewann man die Sprenglinge. Dank ihrer geringen Größe ließen sich Mikrolithen bequem in knöcherne oder hölzerne Heftungen einfügen; dergestalt fungierten sie als Widerhaken an Projektilen, als Pfeilspitzen, Messerchen oder Kratzer.

Ebenso wie die Kulturtraditionen West- und Mitteleuropas oder der Ukraine hatten die Mikroklingen-Kulturen eigenes Gepräge entwickelt. Dort, wo es die Umwelt gestattete, siedelten ihre Träger entlang der Wanderrouten des Großwildes bzw. an Flüssen und Seen, die im jahreszeitlichen Wechsel reichlich Nahrung, einschließlich Fische und Wassergeflügel, lieferten. In Trockenlandschaften wie der Wüste Gobi war die Bevölkerung mobiler und vertraute auf die Effizienz ihrer Steingeräte. Ultraleicht und im Handumdrehen gefertigt eigneten sie sich zur Armierung von Speeren und, gegen Ende der Eiszeit, von Pfeilen mit scharfen, todbringenden Spitzen, denen selbst flüchtendes Wild in offenem Gelände selten entrann. Diese Ausrüstung bewährte sich nicht allein im gemäßigten oder ariden Milieu, sondern bestand auch in der rauhen Einöde des periglazialen Nordens. Mikroklingen-Technologie ist *das* materielle Novum, das zweifelsfrei dem Jetztmenschen in Nordasien zugeschrieben werden kann. Und der damit verbundene Werkzeugbesitz gehörte wahrscheinlich zu den Kulturgütern, die *Homo sapiens sapiens* auf seinem Weg nach Amerika (vgl. Kapitel 15) begleiteten.

Japan

Mikroklingen sind keine Erfindung, die auf das asiatische Festland beschränkt ist, sie finden sich auch in Japan, das allerdings seinen Inselcharakter noch nicht sehr lange hat. Während glazialer Maxima, zuletzt vor etwa 20 000 Jahren, war der Archipel ein Fortsatz Ostasiens. Das Japanische Meer bildete eine gewaltige Bucht, die sich lediglich über eine Engstelle im Norden dem Pazifik öffnete. Wann nun gelang es Menschen, hier Fuß zu fassen?

Der Zeitpunkt der Erstbesiedlung war lange strittig. *Homo erectus,* so hieß es, könnte in Japan gejagt haben, doch überzeugten die Steinwerk-

In Nordchina übliches Verfahren zur Herstellung von Mikroklingen.

zeuge, die er angeblich hinterließ, nur wenige Wissenschaftler. Um 50000 Jahre alte Artefakte, im wesentlichen Chopper und krude Abschläge, sowie Siedlungsspuren im Bereich von 40000 Jahren, die man in Höhlen sicherte, belegen aber die Anwesenheit des archaischen *Homo sapiens*. Einfache Abschlagsgeräte fanden örtlich noch vor 20000 Jahren Verwendung.

Wie in Ozeanien muß mit der Möglichkeit früher Seefahrt gerechnet werden. Vor 30000 Jahren lag der Meeresspiegel hoch genug, um den Archipel vom Festland abzuschneiden. Zur selben Zeit verbreiteten sich neue Kulturgüter auf den Inseln: Klingen und an den Rändern zugeschliffene Werkzeuge. Wahrscheinlich gelangten sie übers Meer hierher. Ein menschliches Skelett aus der Yamashita-Höhle auf der Ryukyu-Insel Okinawa datiert 32000 Jahre zurück. Da Okinawa damals nur auf dem Seeweg zu erreichen war, ist der Fund eindrucksvoller Beweis mariner Entdeckungsfahrten, die zeitgleich mit der Kolonisierung der Solomonen (vgl. Kapitel 10) stattfanden. Wie in der westlichen Südsee dürften dabei auch Handelsaktivitäten von Bedeutung gewesen sein. So bezogen vor 21000 Jahren Jäger auf der japanischen Hauptinsel Honshu Obsidian von Kozushima, das 50 km vor der Küste liegt. Den Fossilien aus Okinawa (Yamashita und Minatogawa) nach zu urteilen, waren die ersten Seeleute gemäßigter Gewässer anatomisch modern, sie zeigen allerdings auch archäomorphe Merkmale, was auf Mischung mit Altmenschen hindeutet. Ihr Äußeres entsprach wohl dem rezenter Ainu, Japans Urbevölkerung.

Die Klingentechnologie setzte sich anfangs auf dem Archipel nur zögernd durch, und auch die Siedlungsdichte blieb zunächst gering. Erst nach 20000 Jahren vor der Gegegenwart vermehrten sich die Kolonisten zusehens, mutmaßlich in Zusammenhang mit Verbesserungen im Werkzeuginventar. Die Geräte wurden vielfältiger, nahmen standardisierte Form an, und ihre Größe verringerte sich, vergleichbar Vorgängen auf dem Festland. In der verbleibenden Spanne bis zum Ende der Eiszeit dominierten schließlich Mikroklingen.

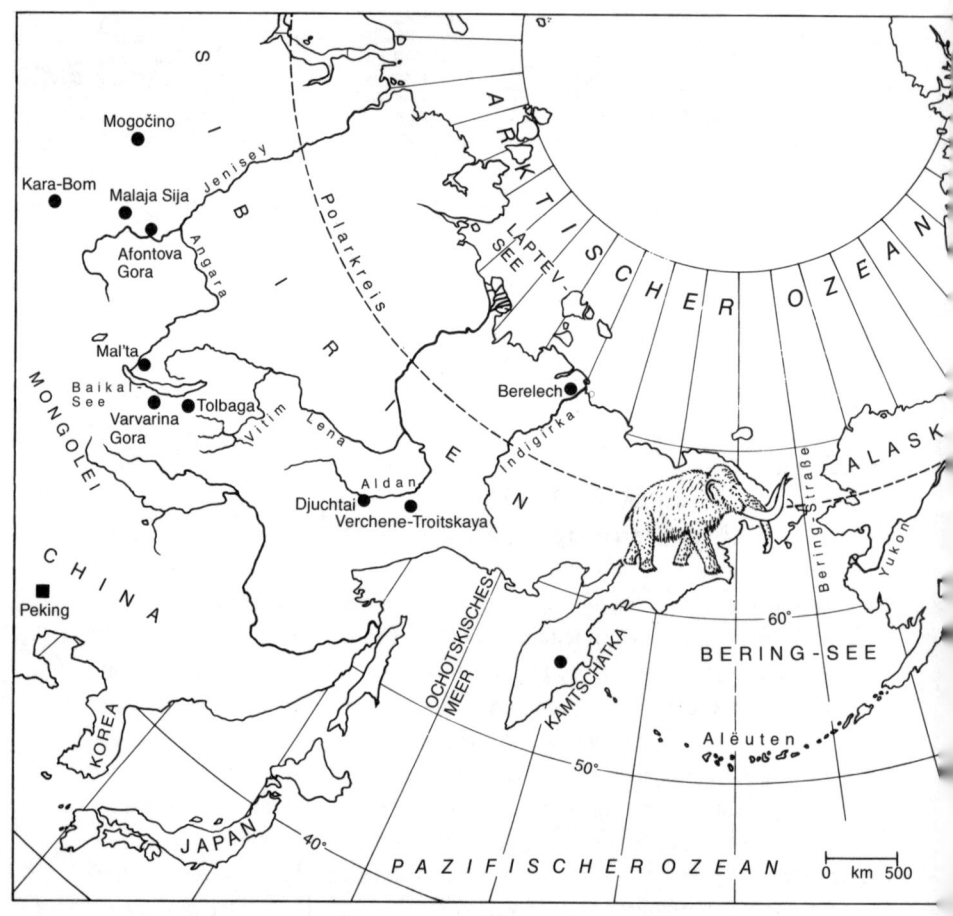

Bedeutende archäologische Fundstätten in Nordostasien.

Zentralasien und Südsibirien

Nicht nur in China, auch in Japan ist also der Trend zu kleinformatigen Werkzeugen und Mikroklingen nachweisbar. Wie steht es aber mit Sibirien? Wann besiedelten menschliche Pioniere diesen entlegenen Teil der Erde? Weisen der materielle Besitz und andere Faktoren auf chinesische Ursprünge oder auf eine Immigration aus Mittelasien hin?

Wir hörten, daß vor rund 35 000 Jahren Großwildjäger mit moderner Physis die ungeheuren Weiten der paläarktischen Steppen-Tundra bevölkerten und staunten über ihren kulturellen Nachlaß in den freigeleg-

Die Bewohner Nordostasiens

ten Dörfern der Ukraine. Ähnliche Gruppen streiften wohl auch jenseits des Ural umher, doch wir wissen wenig über ihre genaue Verbreitung, denn Westsibirien ist archäologisch unerforscht.

Festeren Boden betreten wir erst wieder in Mittelasien. Neandertaler drangen bis ins Altai-Gebirge vor, aber die Kolonisierung der Region zwischen dem oberen Jenisej und dem Baikalsee gelang erst jungpaläolithischen Völkern. Sowjetische Archäologen entdeckten hier kürzlich die Station Malaja Sija am Weißen Ijus. Die 34500–33000 Jahre alte Stätte liegt in den Bergen oberhalb des Flusses inmitten einer hügeligen Steppenlandschaft. Ihre früheren Bewohner machten Jagd auf Mammuts, Wildpferde, Rentiere, Wisente und allerlei anderes Getier, so wie ihre Zeitgenossen auf der mittelrussischen Ebene. Große und mittelgroße Klingen, Kleinkerne und Geröllschaber, in Sibirien *skreblos* genannt, gehörten zu ihrer Ausrüstung. Außerdem fertigten sie Knochengeräte, gestalteten Miniaturskulpturen, Basreliefs und Tiergravuren – Kunstwerke, die mindestens so alt wie ihre europäischen Gegenstücke sind.

Ähnliche Artefakte fanden sich in Varvarina Gora und Tolbaga östlich des Baikalsees. Das Alter dieser Stätten wird mit 34900 Jahren angegeben. Südlich von Malaja Sija, im Altai, liegt Kara Bom. Auch hier zeigten sich Übereinstimmungen mit Werkzeugen vom Weißen Ijus. Die Siedlungsschicht von Kara Bom, zwischen 40000 und 30000 Jahre zurückdatierend, enthielt neben Levalloiskernen auch solche, die sich zur Klingenherstellung eigneten, ferner Waffenspitzen und *skreblos*.

Malaja Sija und verwandte Fundplätze der selben Epoche sind durch entwickelte Klingentechnologie ausgewiesen, doch bestanden auch äl-

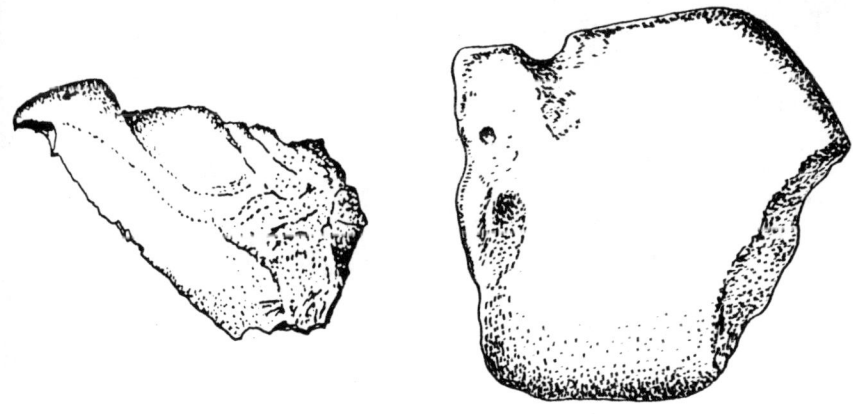

Geiergravierung und Mammutfigürchen aus Malaja Sija.

tere Techniken der Steinbearbeitung fort. Kleingeräte fehlen ebenso wie die Tendenz zu funktionaler Variation.

Vor 25 000 Jahren entfalteten sich in Westsibirien neue Kulturtraditionen: Mal'ta und Afontova Gora/Ošurkovo. Der Mal'ta-Komplex umfaßt eine Reihe Freilandstationen westlich des Baikalsees, viele davon in windgeschützten Lagen. Mal'ta selbst, eine Siedlung mit halb eingegrabenen Behausungen, deckt mehr als 600 m² und wurde über einen längeren Zeitraum periodisch bewohnt. Möglicherweise handelte es sich um ein Winterlager. Die Unterkünfte bestanden aus Tierknochen und besaßen eine Stützkonstruktion aus ineinander verschränkten Rengeweihen, über die man wohl Felle warf und mit Moos abdichtete. Mammut, Fellnashorn, Rentier und Niederwild bildeten die Jagdbeute. Berühmt ist Mal'ta wegen seiner Elfenbeinschnitzereien, neben Säugetier- und Vogelfigürchen auch Anhänger in Frauengestalt. Grabungen in den letzten Jahren haben das Bild einer Gesellschaft abgerundet, die in mancherlei Hinsicht den ukrainischen Großwildjägern glich. Doch sieht Vitalij Laričev, der Malaja Sija freilegte, die Wurzeln der Mal'ta-Tradition im frühen Oberpaläolithikum der zirkumbaikalischen Region. Erst zwischen 18 000 und 12 000 Jahren erreichte sie ihren höchsten Entwicklungsstand.

Von der Afontova Gora/Ošurkovo-Tradition dachte man früher, sie sei auf das Einzugsgebiet des Jenisej beschränkt. Nun zeichnet sich ab,

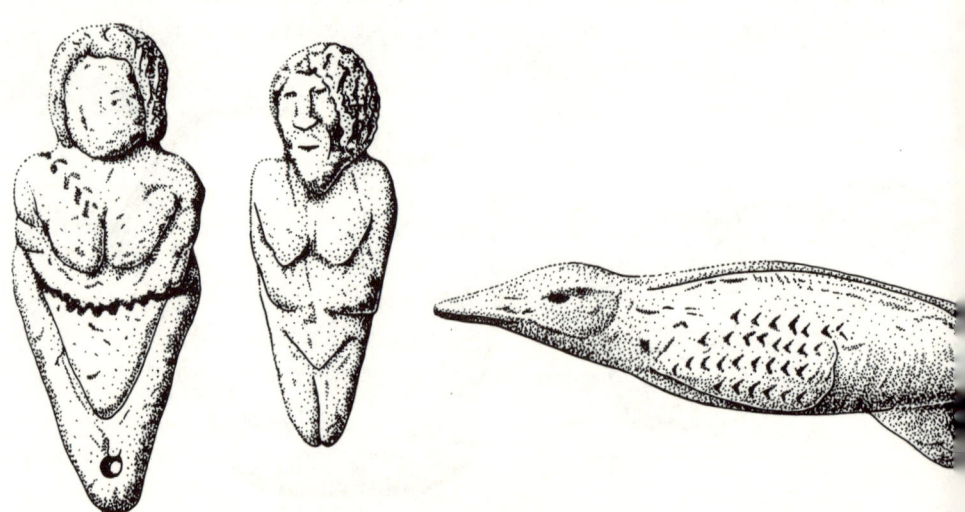

Elfenbeinschnitzereien aus Mal'ta: Frauendarstellungen und Seetaucher.

daß sie über weite Teile Nordasiens verbreitet war, vielleicht vom Altai-Gebirge bis zum Amur. Afontova Gora am Jenisej und Mogočino am Ob, die ältesten Fundplätze, datieren 21 000–20 000 Jahre zurück. Es wurden Geröllgeräte hergestellt, aber auch Klingen, Skreblo-Schaber und – lokal – Mikroklingen. Vor allem am oberen Jenisej erreichte die Mikrolithenproduktion einen beachtlichen Standard.

Zwischen den Kulturkomplexen von Mal'ta und Afontova Gora besteht eine Reihe allgemeiner Übereinstimmungen, die örtliche Unterschiede im Artefaktspektrum überblenden. Der sowjetische Archäologe Juri Močanov meint daher, daß sie eine ausgedehnte jungpaläolithische Tradition darstellen, die die Anpassung des *Homo sapiens sapiens* an geografische und ökologische Gegebenheiten Innerasiens und Südsibiriens widerspiegelt. Östlich der Lena grenzt sie an einen anderen Komplex, den von Djuchtai.

Lange glaubten westliche Gelehrte, alle Großwildjägerkulturen nördlich des Baikalsees verdankten ihre Existenz dem Zustrom von Menschen aus West-Eurasien. Vornehmlich in Russisch abgefaßt, gelangten vom reichen archäologischen Material der Region gewonnene Ergebnisse kaum zur Kenntnis europäischer und amerikanischer Wissenschaftler. Dies hat sich nun geändert und zu einer Neubewertung der Verhältnisse geführt. Malaja Sija und andere Entdeckungen brachten Licht in den Ursprung späterer Traditionen. Wie überall in Asien entwickelten sich jungpaläolithische Kulturen zwischen 40 000 und 30 000 Jahren vor heute. Ihr lokales Gepräge verbietet die Herleitung aus westlichen Wurzeln. Offen bleibt vorläufig, ob diese Kulturen ihre Entstehung der Überlagerung bodenständiger Altmenschen durch *Homo sapiens sapiens* verdankten. So wäre zu prüfen, ob eine dem Châtelperronien vergleichbare Übergangsphase nachweisbar ist. Der archaische *Homo sapiens* hätte dann mit den neuen Technologien experimentiert, ehe er von der eingewanderten moderneren Bevölkerung assimiliert wurde.

Djuchtai und die Besiedlung Nordostasiens

Auf die ältesten Spuren menschlicher Anwesenheit in Ostsibirien stieß man am mittleren Aldan, einem Zufluß der Lena. Hier liegt die Djuchtai-Höhle, in der Juri Močanov 1967 eine Grabung durchführte. Neben Mammut- und Moschusochsenknochen fand sein Team beidflächig beschlagene Speerspitzen, Stichel, Klingen und anderes oberpaläolithisches

Gerät, aber auch große Chopper. Die Stratigrafie Djuchtais zeigte beträchtliche Verwerfungen, hervorgerufen durch den steten Wechsel von Frieren und Tauen, so daß Močanov die Siedlungsdauer nur vage mit 14000–12000 Jahren vor der Gegenwart angeben konnte.

Auffällig war die Diskrepanz zwischen Afontova Gora mit seinen Grobsteinwerkzeugen und den schönen, bifaziell retuschierten Spitzen Djuchtais. Bald entdeckte Močanov weitere Stätten des Djuchtai-Typs an den Ufern des Aldan, dieses Mal Freilandstationen, deren Alter, wie es hieß, 35000 Jahre betrug. Mit den Neufunden wurde das Bild einer weitverbreiteten Kulturgruppe schärfer, deren kennzeichnende Elemente – Mikroklingen, keilförmige Kerne und beidflächig bearbeitete Abschläge – auch in anderen Teilen Nordostasiens, jenseits der Beringstraße in Alaska sowie weiter südlich bis British Columbia auftauchten.

Nach Abschluß der Grabungen Močanovs mehrten sich jedoch Stimmen, die seine Chronologie in Zweifel zogen. Seine Radiokohlenstoffdaten stammten aus Flußablagerungen, deren kultigener Inhalt – Tierknochen und Werkzeuge – bedingt durch jahrtausendelange Frost- und Tau-Perioden erhebliche Störungen aufwies. Die Proben selbst gehen auf Beifunde zurück, Holzteile, die sich unter Permafrostbedingungen besonders gut erhielten, wahrscheinlich aber älteren Horizonten angehörten und resedimentiert wurden.

Die älteste bekannte, sicher datierte Djuchtai-Station ist Verchene-Troitskaja am Aldan, der man 18000 Jahre zubilligt. Viele amerikanische Wissenschaftler glauben, daß hier tatsächlich eine der frühesten Manifestationen des Djuchtai-Komplexes vorliegt, wesentlich jünger als das Postulat Močanovs. Um 14000 waren Mikroklingen und Keilkerne in Nordostasien kulturelles Allgemeingut. Berelech, an der Mündung der Indigirka in den Arktischen Ozean gelegen, gilt als nördlichster Vorposten der Djuchtai-Tradition. In seiner Nähe befindet sich ein berühmter „Mammut-Friedhof" – ein Knochenbett, das seine Entstehung angeschwemmten Leichenteilen ertrunkener eiszeitlicher Elefanten verdankt. Mikroklingen sowie kleine Knochen- und Elfenbeinwerkzeuge wurden aus Berelechs Siedlungsschicht geborgen.

Der materielle Besitz der Menschen von Djuchtai schlägt eine Brücke zu den chinesischen Kleingerätekulturen. Mikroklingenindustrien haben dort längere Tradition als im Norden, und es gibt Grund zu der Annahme, daß sie sich von China aus nach Sibirien ausbreiteten. Da Djuchtai auch als Ausgangspunkt der Besiedlung Amerikas in Frage kommt, gewinnt diese Verbindung noch an Bedeutung.

Sinodonte und Sundadonte

Wir wissen heute genug über die jungpaläolithischen Kulturen Inner- und Nordasiens, um behaupten zu können, daß hier für die Menschheitsgeschichte relevante Entwicklungen stattfanden, die denen des Westens ebenbürtig sind. Gegenstandslos wurden Szenarien, die Mammutjäger aus der Ukraine nach Osten, in vorher unbewohntes Gebiet, einsickern sahen. Vielmehr verdichtet sich der Eindruck eines verwirrenden Puzzles, das im Zuge der Einwanderung anatomisch moderner Menschen ab 35 000 Jahren vor unserer Zeit durch Überlagerung und Verdrängung alteingesessener Populationen entstand.

Aus kulturhistorischer Sicht stellt sich dieser Prozeß zunächst als Fortschreibung ortsüblicher Subsistenzpraktiken und handwerklicher Verfahren dar. Ohne Zweifel gelang es aber erst dem Jetztmenschen, ins Herz Sibiriens und an den äußersten nordöstlichen Rand der Alten Welt vorzustoßen. Wie auch im Westen Eurasiens dürften seine überlegenen intellektuellen Fähigkeiten *Homo sapiens sapiens* in die Lage versetzt haben, via technologische Verbesserungen Klimaextreme und die Anforderungen des Lebensraumes zu meistern. Komplizierter wird es, wenn wir die Verhältnisse aus dem Blickwinkel der Physischen Anthropologie betrachten. Allerdings ergaben sich aus zahnmorphologischen Untersuchungen jüngst Anhaltspunkte, die für Beziehungen zwischen Nordostasien und Gebieten weiter im Süden sprechen.

Christy Turner von der Arizona State University ist anerkannter Experte für entwicklungsgeschichtliche Veränderungen im Zahnbau von Hominiden. Er konnte aufzeigen, daß die Morphologie von Kronen und Zahnwurzeln Aussagen über den Verwandtschaftsgrad prähistorischer Populationen erlaubt. Diese Merkmale bleiben, verglichen mit anderen der Evolution unterworfenen Komponenten menschlicher Physiognomie, relativ stabil, d. h. der Wert ihrer genetischen Information wird von Sekundärfaktoren – Umweltanpassung, Geschlechtszugehörigkeit, Alter – kaum entstellt. Vor allem richtete Turner sein Augenmerk auf ein Zahnmuster, das er „sinodont" nennt. Typisch dafür sind oben gegenständig doppelschaufelige (konkave) innere Schneidezähne, einwurzelige erste Vorbackenzähne des Obergebisses und dreiwurzelige erste Molaren des Untergebisses. Dieses Muster weisen bereits die Zähne 18 300 Jahre alter Schädel aus der Oberen Höhle von Zhoukoudian bei Peking auf. Die Schädel gehören zu einer robusten Form des *Homo sapiens sapiens*, einem altertümlichen Bevölkerungstyp, der wohl den japanischen Ainu ähnelte. Turner glaubt, daß Sinodontie noch früher, viel-

OBERGEBISS

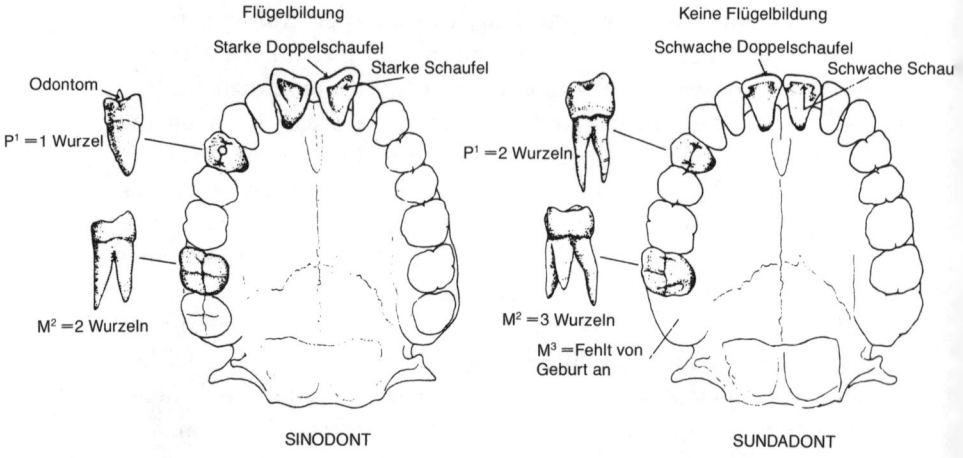

UNTERGEBISS

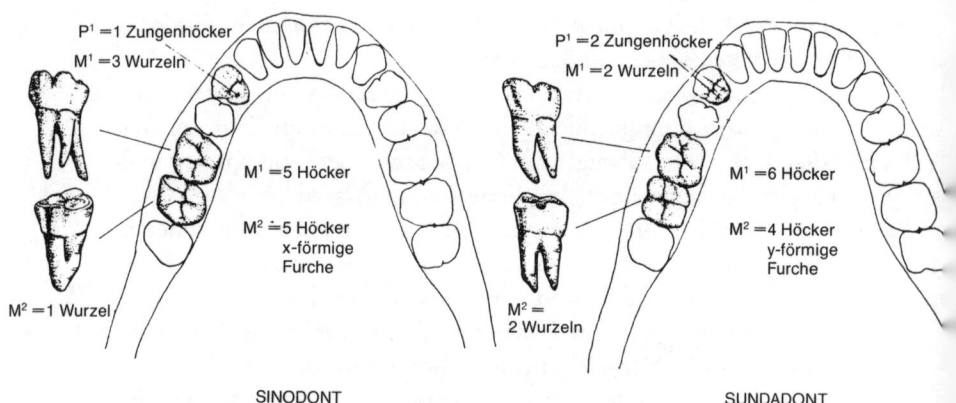

Einige der Überlegungen Christy Turners zur Besiedelung Amerikas beruhen auf Unterschieden im Zahnbau zwischen Sinodonten (Nordostasiaten und Indianer) und Sundadonten (Mongolide). Zu den Merkmalen, die Sinodontie ausmachen, zählen u. a. starke Schaufelbildung (Dentalgrübchen) der inneren Schneidezähne, Einwurzeligkeit des ersten Vorbackenzahns im Obergebiß sowie Dreiwurzeligkeit des ersten Backenzahns im Untergebiß.

Die Bewohner Nordostasiens

leicht schon vor 40 000 Jahren, während der Nordausbreitung des Jetztmenschen in Ostasien, auftrat.

Die Annahme eines gemeinsamen Ursprungs unserer Art vorausgesetzt, dürfte der spezialisiertere Zahnbau der „Sinodonten" von einer weniger ausgeprägten Grundstruktur abgeleitet sein. Zahnfunde aus dem Oberpaläolithikum des Baikalseegebietes oder der Ukraine zeigen keine Sinodontie. Die Divergenzen sind derart gravierend, daß weder Europide noch Mongolide (die „Sundadonten" Turners) an der Erstbesiedlung Nordostasiens und, darauf folgend, Amerikas beteiligt gewesen sein können. Der sinodonte Zahnbau konserviert also offenbar das Erbe einer prä-mongoliden, archäomorphen Bevölkerung, ungeachtet späterer somatischer Entwicklungstrends und rassischer Erscheinungsformen.

Christy Turners Forschungen geben Auskunft über evolutive Verzweigungen. Mittels statistischer Berechnungen zur Kenngröße zahnmorphologischer Veränderungen gelang ihm die zeitliche Einordnung der Abspaltung sinodonter Populationen von der jeweiligen Ursprungsgruppe. Im ersten Stadium, so Turner, erfolgte die Trennung jener Bevölkerungsteile, die über das Stromgebiet der Lena nach Nordostasien gelangten, die damals landfeste Beringstraße überquerten und schließlich Alaska betraten. Hiermit hatte *Homo sapiens sapiens* zum ersten Mal die Grenze der Alten Welt überschritten.

15. Die Besiedlung Amerikas

Nördlich und östlich des Baikalsees erstreckten sich schier unendlich eiszeitliche Steppen und Tundren bis zum Arktischen Ozean und nach Alaska. Ein wie heute die Erdfesten trennendes Gewässer gab es nicht; Land verband die Alte mit der Neuen Welt. Hätte sich vor Ort ein Zeitreisender aufgehalten, wäre ihm auf den ersten Blick vielleicht nichts Außergewöhnliches aufgefallen – nur monotone Einöde. Doch bei näherem Hinsehen mußte ihn der zerklüftete Landschaftsaspekt in seinen Bann schlagen: wilde Ebenen, sanft geschwungene Hügel, schroffe Berge und tief eingeschnittene Fjorde. Hier, an der Nahtstelle zweier Kontinente, befand sich das Sprungbrett zur Kolonisierung Amerikas. Was wissen wir über diesen geheimnisvollen amerasischen Isthmus, und wann überwanden ihn die ersten Siedler?

Die Bering-Landbrücke

Ein tiefgelegener, windumtoster Schelfabsatz, nichts weiter war die Bering-Landbrücke – das Kernstück eines interkontinentalen „Flansch", der Sibirien an die eisfreien Teile Alaskas schweißte. Die sibirische Seite des Isthmus fiel steil zur Sohle hin ab, jenseits des Übergangs aber dehnten sich flache Küstenebenen. Unbeschadet solcher topografischen Unterschiede bildeten beide Hälften „Beringias" ein System trockener, periglazialer Erhebungen und Senken.

Die Beringstraße trennte beide Kontinentalmassen bis zum Anbruch der letzten Eiszeit. Allerdings bestanden auch schon viel früher, als noch keine Menschen die Erde bevölkerten, landfeste Verbindungen. Wie im Falle Sahuls (s. Kapitel 10) war die größte Landausdehnung nur während glazialer Maxima gegeben, also vor etwa 50 000 Jahren, dann wieder zwischen 20 000 und 18 000 Jahren. Aber selbst in Interstadialen lag der Meeresspiegel meist 40 m unter dem gegenwärtigen Niveau, genug, um einem eisfreien Landrücken Raum zu schaffen. Strömungsrinnen durchschnitten diesen Korridor und nordwärts gefächerte Flußdelten, doch stellten sie wohl kaum ein ernstzunehmendes Hindernis für Mensch und Tier dar. Erst als die sich langsam erwärmende Erde ihre Eispanzer

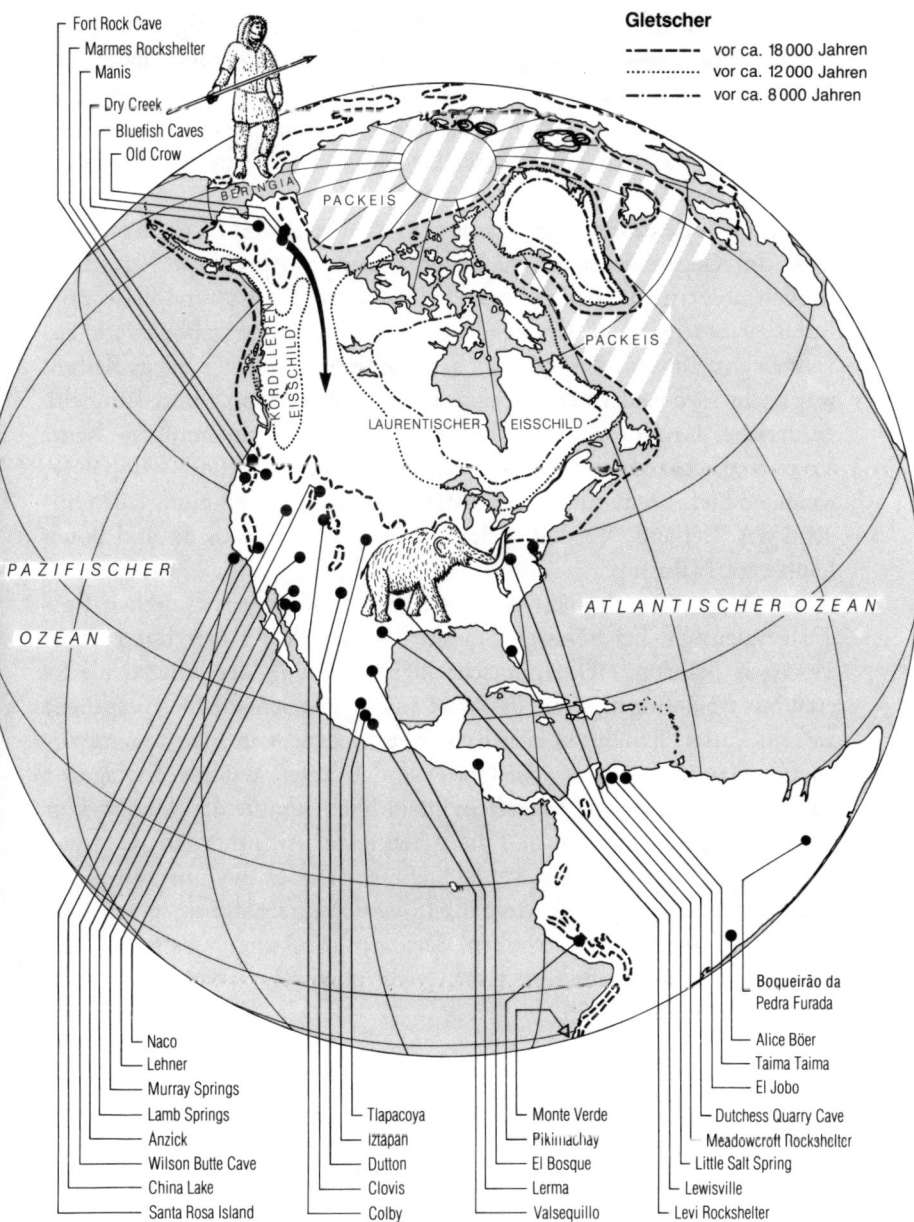

Amerika während der letzten Phase der Wisconsin-Eiszeit. Über die Routen der Erstsiedler nach Süden wird noch debattiert.

abstreifte, tauchte auch die Bering-Landbrücke endgültig unter. Das geschah vor etwa 12000 Jahren. Theoretisch zumindest hatte der Mensch seit Beginn der Wisconsin-Eiszeit vor 100000 Jahren die Möglichkeit, „trockenen Fußes" in die Neue Welt zu gelangen. Wann dieser Schritt aber wirklich erfolgte, ist Gegenstand hitziger, oft polemisch geführter Debatten.

Nicht daß Zentralberingia ein besonders einladender Flecken gewesen wäre. Im Gegenteil, selbst zu Zeiten wärmerer Abschnitte herrschten ähnlich abweisende Bedingungen wie wir sie für das endpleistozäne Eurasien beschrieben. Trockene Steppen-Tundra, jenes Flickwerk aus Süßgräsern, Binsen, Beerensträuchern, Kräutern und vor allem Beifuß, war flächendeckend vertreten, unterbrochen von Mooren und Tümpeln. Zahlreiche Großtiere, unter anderen Kältesteppenmammuts, Rene, Yaks, Saiga-Antilopen, Steppenwisente, Schneeschafe und Wildpferde, weideten hier. Breite Flüsse durchströmten Überschwemmungsauen bildend das Tiefland. Weiden, Erlen und Pappeln grünten da und boten Laubäsern Nahrung.

Die Steppen-Tundra läßt sich kaum mit der heutigen arktischen Tundra vergleichen. Ihr höherer Grasanteil und viele Kräuter boten mehr Tierarten Nahrung. Die buntscheckige Mischung der Pflanzendecke erlaubte Weidefolgen, denn das Wild stellte unterschiedliche Ansprüche an sein Futter. Ernährten sich Rene überwiegend von Flechten, bevorzugten Mammuts Gräser, Riedgräser und Kräuter, Wildpferde dagegen Süßgräser. Solange das Ökosystem intakt blieb, konnte der Weidezyklus aufrecht erhalten werden, und die Arten kamen sich nicht ins Gehege.

Völlig gegensätzliche Umweltbedingungen fanden die Einwanderer an den Küsten und vorgelagerten Inseln vor. Wahrscheinlich lebten dort Unmengen Seevögel, Pelzrobben, Seelöwen, Seehunde, Walrosse, Riesenseekühe und Seeotter, aber man weiß noch sehr wenig über dieses paläoökologische Gefüge.

Wann kam der Mensch nach Amerika?

In der Archäologie Amerikas hat nichts so kontroverse Auseinandersetzungen hervorgerufen wie die Frage nach der Erstbesiedlung. Zwar stimmen die Wissenschaftler überein, daß Beringia die Einfallspforte bildete, doch wann und wie die Einwanderung vonstatten ging, wird leidenschaftlich diskutiert. Breiter Konsens besteht hinsichtlich des anthropologischen Status der Immigranten. Es war *Homo sapiens sapiens*, der den amerasischen Isthmus als erster überschritt, nicht der Frühmensch und auch nicht der Altmensch. Eine Landnahme vor 40 000 Jahren ist definitiv ausgeschlossen, weil weder aus Alaska noch aus Nordostsibirien entsprechende archäologische Dokumente vorliegen.

Zwei chronologische Szenarien stehen zur Disposition, jedes mit engagierten Verfechtern. Ausgehend von einer Handvoll Fundstätten, überwiegend in Mittel- und Südamerika, glaubt die eine Partei, der Jetztmensch habe den Doppelkontinent vor ca. 30 000 Jahren betreten, während die andere, größere Fraktion für eine Einwanderung zwischen 18 000 und 15 000 Jahren vor heute plädiert.

Obwohl seit über einem Jahrhundert fieberhaft nach archäologischen Belegen für die Anwesenheit von Menschen in der Zeit *vor* 15 000 Jahren gesucht wird, blieben gerade 18 Fundorte übrig, die als mögliche Anwärter in Frage kommen, aber auch sie sind heftig umstritten.

Die Stätte mit der angeblich größten Zeittiefe ist Toca do Boqueirão da Pedra Furada, ein Abri im nordostbrasilianischen Bundesstaat Piauí, berühmt wegen seiner prähistorischen Felsbilder. Hier entdeckte Niède Guidon vom Centre National de Recherche Scientifique in Paris Schichten, die, wie sie meint, älter als 10 000 Jahre sind. In den Schotter- und Sandprofilen der untersten Straten will Frau Guidon mindestens 32 000jährige „Feuerstellen" lokalisiert haben, ferner Artefakte und „Fragmente von Piktografien", die von den Abriwänden abblätterten. Nun handelt es sich bei den fraglichen Schichten aber mit hoher Wahrscheinlichkeit um eingeschwemmtes Material, und die Asche- und Holzkohlelinsen der „foyers" könnten ebensogut auf natürlich entstandene Brände zurückgehen. Selbst die vermeintlichen Artefakte überzeugten Kenner paläolithischer Steingeräteherstellung nicht. Auch wenn die archäologische Jury noch kein abschließendes Urteil fällte, so spricht der Anschein doch gegen Pedra Furada.

Richard McNeish von der Foundation for American Archaeology, ein Veteran der Bodenforschung, setzte im peruanischen Pikimachay, Departamento Ayacucho, den Spaten an. Seine Mannschaft stieß in der „Flohhöhle", so die Übersetzung von Pikimachay, auf den Kot und die Gerippe ausgestorbener Riesenfaultiere, die zwischen 20 000 und 14 000 Jahren vor der Gegenwart ihr Leben ließen; daneben lagen krude Steinwerkzeuge. Die Stratigrafie Pikimachays ist jedoch stark gestört, und die ursprüngliche Assoziation von Geräten und Knochen keineswegs gesichert. Außerdem wird diskutiert, ob es sich bei den sogenannten Artefakten überhaupt um menschliche Erzeugnisse handelt. Einige Experten halten sie nämlich für abgebröckelte Deckentrümmer.

Weiter im Süden, in Mittelchile, legte Tom Dillehay von der Universität Kentucky ein bemerkenswertes altindianisches Lager frei. Die Rede ist von der Station Monte Verde am Chinchihuapi-Bach. Dillehay zufolge sind zwei Siedlungshorizonte nachweisbar. Die jüngere Schicht datiert zwischen 11 500 und 13 000 vor unserer Zeit, die andere soll über 33 000 Jahre alt sein. Das Grabungsteam ging sehr gewissenhaft zu Werke, und die jüngere Fundschicht erfreut sich in Fachkreisen zunehmender Akzeptanz. Monte Verdes Bewohner lebten in rechtwinkligen, wohl fellverkleideten Behausungen, deren Pfostenlöcher über die Art der Konstruktion Auskunft geben. Lehmverstrichene Kochstellen kamen zutage und eine wie das Brustbein eines Vogels gestaltete Struktur, die eine isoliert stehende, vielleicht zeremoniellen Zwecken dienende Rundhütte umschloß. Ferner wurden Knochen von Leierzahnelefanten sowie die Überreste zahlreicher wildwachsender Nutzpflanzen geborgen. Lediglich einfaches Gerät aus Holz und Stein, darunter primitive Chopper, half bei der Nahrungszubereitung und handwerklichen Tätigkeiten. Gerade erst „angekratzt" hat man die unterste Fundschicht. Soweit erkennbar, liefert sie keine überzeugenden Beweise, die das ihr zugeschriebene hohe Alter stützten.

Auch in Nordamerika hat die Wissenschaft intensiv nach Anzeichen menschlicher Präsenz geforscht, die älter als 15 000 Jahre sind. Regelmäßig werden neue Namen ins Spiel gebracht, meist aber schnell wieder verworfen. Unter all diesen Stätten gilt der Meadowcroft-Abri, 48 km südwestlich von Pittsburgh gelegen, als aussichtsreichster Kandidat, denn er wurde am gründlichsten untersucht. James Adovasio von der Universität Pittsburgh dokumentierte dort eine lückenlose Ansiedlung, die von 1250 nach Christi Geburt bis 12 000 Jahre vor heute – eventuell sogar darüber hinaus – reicht. Die untersten Straten enthielten kleine Abschläge und Klingen, darunter ein Typ, den Adovasio „Mungai-Messer" taufte, und ein paar beidseitig beschlagene Werkzeuge, denen man ein mittleres Alter um 14 000 Jahre (17 000–11 000 Jahre) zubilligt. Ein Korbfragment, angeblich 19 000 ± 2400 Jahre alt, fand sich zusammen mit Werkschutt in noch tieferen Schichten. Hier scheiden sich die Geister. Da die untersten Lagen außerhalb der Trauflinie des heutigen Abri liegen, waren sie unter Umständen bestimmten Verunreinigungen ausgesetzt, die die Radiokohlenstoffdatierung verfälscht haben könnten. Ferner bleibt ungeklärt, wieso im Fundgut Überreste von Pflanzen- und Tierarten gemäßigter Habitate auftreten, obwohl sich in nur 83 km Entfernung der Rand eines riesigen Gletscherschildes befand. Auch hinter Meadowcroft stehen also noch dicke Fragezeichen!

Die Besiedlung Amerikas 215

Grundsätzlich ist gegen die Möglichkeit der Einwanderung zu einem Zeitpunkt *vor* 15 000 Jahren nichts einzuwenden, aber es fehlt an unumstößlichen Beweisen. Ob dies damit zusammenhängt, daß Amerika vorher menschenleer war, oder die Bevölkerung keine Spuren hinterließ, weil gering an Zahl und sehr mobil, beschäftigt die akademischen Zirkel. In der Öffentlichkeit hat sich, nicht zuletzt dank entsprechender Medienkampagnen der Befürworter die publicityträchtigere Version einer zeitlich weit zurückreichenden Erstbesiedlung verbreitet. Wägt man jedoch die Fakten ab, muß eher jenen Wissenschaftlern beigepflichtet werden, die davon ausgehen, daß die Neue Welt nicht vor 18 000 Jahren, vielleicht sogar noch später, in den Gesichtskreis des *Homo sapiens sapiens* rückte. Diese Auffassung deckt sich mit den Erkenntnissen von Genetikern, Zahnkundlern, Linguisten und mit der Archäologie Beringias.

Die ersten Amerikaner

Zweifellos liegt die Urheimat der ersten Amerikaner in Asien. Vor 35 000 Jahren durchstreiften, wenn die sowjetische Forschung recht hat, Menschen mit jungpaläolithischen Kulturen das Steppenland an den Oberläufen von Jenisej, Angara und Lena. 10 000 Jahre später verbreitete sich eine auf Jagd und Sammelwirtschaft gegründete Tradition, akzentuiert durch Mal'ta und Afontova Gora, über das Baikalseegebiet zum Altai-Gebirge und zum Amur. In Ostasien entwickelte Mikroklingen gelangten nun in den Norden. Gemeinschaften, die solche Werkzeuge fertigten, paßten sich terrestrischen und litoralen Lebensräumen an. Zu dieser Kulturfamilie gehörten auch jene Menschen, die Beringia, das Land zwischen der Lena und den Binnengletschern Alaskas, bevölkerten.

Viele Wissenschaftler machen es sich zu einfach, wenn sie meinen, nur die Großwildjagd, allenfalls ergänzt durch das Sammeln von Beeren und anderer Pflanzenteile, habe damals eine Rolle gespielt. Der vielfältige materielle Kulturbesitz deutet eher auf kräftige regionale Unterschiede und ökonomische Spezialisierungen hin. Im Postglazial bildeten Fischfang und Seesäugerjagd bedeutende Wirtschaftszweige beiderseits der Beringstraße, und es könnte sein, daß von marinen Ressourcen abhängige Subsistenzsicherung im Endpleistozän einen noch höheren Stellenwert besaß. Alaska und der gesamte nordwestamerikanische Küstenstreifen bis hinunter zu den Queen Charlotte-Inseln wurden vielleicht zuerst von Robbenjägern, die über hautbespannte Boote verfügten, besiedelt. Als Startbasis käme auch hier nur Asien in Betracht. Eventuell orientierten sich Menschen aus bereits im Kargin-Interstadial (43 000–32 000 Jahre vor der Gegenwart) besetzten Stationen am Amur – Filimoški und Kumara – seewärts und drangen dann langsam entlang der vom warmen Japanstrom begünstigten Pazifikküste nach Norden vor. Diesbezüglich sind freilich nur Spekulationen möglich, denn alle Gebiete, in denen unter Umständen Seejäger gelebt haben könnten, eroberte das Meer zurück. Ihr Nachweis ist daher so gut wie ausgeschlossen.

Wenn schon der archäologische Befund Beringias Einwohner, die ersten Amerikaner, an nordasiatische Traditionen – namentlich die Djuchtai-Kultur als letztes Glied einer langen Entwicklungskette – bindet, überrascht es nicht, daß auch die Physische Anthropologie ins gleiche Horn stößt. Ihren Erkenntnissen wollen wir uns nun zuwenden.

Die Abstammung der Indianer und Eskimos

Schon im 19. Jahrhundert waren Forschungsreisende von der Ähnlichkeit zwischen altsibirischen Völkern – zum Beispiel Giljaken, Korjaken, Jukagiren, Tschuktschen – und Indianern beeindruckt. Tatsächlich stimmen alle Familienstammbäume der Genetiker darin überein, daß sich die Ureinwohner Amerikas von Nordostsibiriern herleiten, auch wenn der Zeitpunkt des Splits, abhängig von gesteigerten Raten mutativer Veränderung in winzigen, isolierten Volksgruppen, schwer zu ermitteln ist. Um mehr Licht in die Ursprungsgeschichte der Indianer und Eskimos zu bringen, fand sich in den letzten paar Jahren eine Arbeitsgruppe aus Genetikern und Physischen Anthropologen zusammen. Ihre Forschung konzentrierte sich auf bestimmte Abweichungen in der Struktur von Gammaglobulinen, jener von Plasmazellen synthetisierten Eiweiße, die im Blutserum Antikörperfunktion erfüllen. Alle Proteine „driften", d. h. sie produzieren laufend Varianten (Allotypen). Vermischen sich menschliche Populationen, bringen sie ihre jeweiligen Allotypen-Sets in den „Pool" ein. Wenn man nun die IgG (Immunglobulin Gamma)-Allotypen zweier Bevölkerungsgruppen vergleicht, läßt sich ihr genetischer Abstand, also der Zeitpunkt, an dem zuletzt Hybridisierungen erfolgten, messen. Das Laborteam entnahm bei Zigtausenden Indianern in Nord-, Mittel- und Südamerika Blutproben und untersuchte die allotypischen Veränderungen ihres IgG-Gehalts. Dabei kam heraus, daß sich in Amerika drei Ursprungspopulationen gemischt haben müssen. Eine dieser Gruppen wird mit den sogenannten Paläo-Indianern in Verbindung gebracht, die als erste eingewandert sein sollen. Ihre Nachkommen leben heute überall auf dem Doppelkontinent. Etwas später, so die Vermutung der Wissenschaftler, breitete sich entlang des Pazifik eine zweite Gemeinschaft aus, von der die Athapasken in Südalaska, Westkanada und im Südwesten der USA sowie einige Nordwestküstenindianer abstammen. Es folgten die Vorfahren der Eskimos und Aleuten.

Auch die Zahnmorphologie bestätigt diese These. Wie in Kapitel 14 beschrieben, fand Christy Turner Anhaltspunkte für die Ableitung der ersten Amerikaner von Nordostasiaten im gemeinsamen „sinodonten" Zahnbau. Den Massenzuwachs der Kronen, typisch für Sinodontie, erklärt Turner als Anpassung an die harten periglazialen, auch die Zähne beanspruchenden Bedingungen des Milieus. Ausgehend von einer im Weltmaßstab gleich verlaufenden Rate dentaler Evolution, sieht der Morphologe den Zeitpunkt der Erstbesiedlung Amerikas bei 14000 Jahren vor der Gegenwart. Unter den Nachkommen der Siedler fielen Turner Unregelmäßigkeiten im sinodonten Muster auf, die er systematisch ordnete. Wieder waren drei Gruppen das Ergebnis: Eskimos-Aleuten, Nordwestküstenindianer und die restliche eingeborene Bevölkerung.

Sinodontie ist ein abgeleitetes, also auf evolutivem Weg erworbenes Kennzeichen, das Nordostasiaten, Eskimos und Indianer von den Mongoliden, mit denen die Ureinwohner Amerikas traditionell zusammengebracht werden, trennt. Überhaupt fällt der geringe, wenn auch deutlich erkennbare Prozentsatz mongolider Merkmale bei den indianiden Rassen auf. So erscheint die Nasenlidfalte (Mongolenfalte) nur sporadisch, und auch die in weiten Teilen Asiens dominante Blutgruppe B findet sich in nennenswertem Umfang nur bei den Eskimos. Auffällig dagegen wirken die für Mongoliden untypische vorgeschobene Nase, das nur mäßig flache Gesicht und die regional üppige Körperbehaarung. Dies erlaubt nur einen Schluß: Die Erstbesiedlung Amerikas wurde von einer prä-mongoliden Bevölkerungsschicht getragen, der später mongolide und mongoloide Einwanderer folgten. Im Verlauf der Kolonisierung verwischten sich die Unterschiede durch Hybridisierung, und das geschilderte Merkmalsmosaik entstand.

Wesentliche Einsichten in die Problematik vermittelte die Sprachforschung. Der Linguist Joseph Greenberg von der Universität Stanford legte 1987 ein Modell vor, das die altamerikanischen Sprachen in drei weitgespannte Familien, sogenannte Phylen, einteilt. Auch wenn seine

Klassifikation bezüglich Methodik und Detailergebnissen ins Zwielicht geriet, scheint sie sich aber wenigstens grob zu bestätigen. Neben den Sprachen der Eskimos und Aleuten umfaßt das Schema die Na-Dene-Gruppe (Mundarten der Athapasken, Tlingit und Haida) sowie ein „indianisches" Phylum, dem der Autor alle übrigen Sprachformen des Doppelkontinentes zuwies. Greenbergs eskimo-aleutischer Zweig findet kaum Widerspruch, doch wird verschiedentlich gefordert, man müsse auch die im nordöstlich-zentralen Nordamerika beheimateten Algonkin-Völker und die Salish-Sprecher der Nordwestküste anschließen. Außerdem zeichnet sich ab, daß viele der überwiegend im westlichen Nord- und Südamerika verbreiteten Mundarten des großen „indianischen" Phylums, die Wakash-, Penuti/Maya-, Aruak/Tucano- und Südandensprachen, eher dem Na-Dene-Block anzugliedern sind. Schon früh im 20. Jahrhundert vermutete Edward Sapir, der Mentor der amerikanischen Linguistik, Beziehungen zwischen den athapaskischen Sprachen und dem Chinesischen beziehungsweise den tibeto-birmanischen Idiomen. Eine Bestätigung dieser Annahme kündigt sich an. Eskimos und Aleuten können enge Verwandtschaft mit den nordostsibirischen Völkern reklamieren, wahrscheinlich auch mit den Sprechern finnisch-ugrischer Mundarten.

Wie haben wir den vorliegenden Befund zu interpretieren? Es könnte sein, daß die Vorfahren der Finno-Ugrier, Altsibirier, Eskimos und Indianer noch in Asien eine Einheit bildeten, die von nordwärts vorrückenden Mongoliden gesprengt wurde. Jene Gruppe, die Greenberg als „indianische" bezeichnet, wanderte nach Zentral-Beringia aus, gefolgt von den Proto-Algonkin. Beide Verbände stehen wohl für die noch näher zu beschreibenden paläo-indianischen Kulturtraditionen (Clovis/Folsom und Plano). Im Bogen um den Nordpazifik verbreitete sich wahrscheinlich gleichzeitig oder etwas später ein Strom mongolider Menschen, die ziemlich rasch bis Südamerika vordrangen. Hierfür spricht die Verteilung der dem Na-Dene vermutlich verwandten Idiome im Westen, also der dem Pazifik zugewandten Seite des Doppelkontinentes. Schließlich trennten sich die Vorfahren der Eskimos von den Altsibiriern und betraten die Neue Welt als Letzte.

Die Einwanderung

Niemand zweifelt daran, daß die ersten Amerikaner in kleinen Verbänden, zusammengesetzt aus nur wenigen Familien, einwanderten. Die späteiszeitliche Bevölkerung Nordostasiens war, so das plausibelste Modell, weit über ihr Siedlungsgebiet verstreut und hochmobil. Wenn man das Fehlen topografischer Barrieren, die Existenz einer Landverbindung und das gleichförmige Klima Beringias berücksichtigt, ist von einer relativ raschen Kolonisierung der Region (einschließlich Alaskas) auszugehen. In der Neuen Welt angelangt, sahen sich die Imigranten mit einem unerwarteten Hindernis konfrontiert: dem gewaltigen transkontinentalen Gletschergürtel, der Nordamerika östlich und südlich der eisfreien Teile Alaskas bedeckte.

Die ältesten bekannten Einwohner des asiatischen Nordostzipfels sind die Träger der Djuchtai-Tradition gewesen. Wie in Kapitel 14 begründet, datiert dieser Komplex lediglich 18 000–12 000 Jahre zurück. Vorstellbar ist daher, daß Menschen des Djuchtai-Kulturtyps irgendwann nach 18 000 in Alaska auftauchten. Leider wissen wir nicht, ob auch Seejäger bereits so früh die Küsten des Nordpazifik bevölkerten, denn mögliche Fundplätze hat das im Postglazial gestiegene Meer verschlungen.

Substantielle archäologische Hinweise auf den Zeitpunkt der Kolonisierung Ost-Beringias sind bislang Mangelware. Eine Ausnahme bildet der Fundkomplex Bluefish Caves am Yukon, der wahrscheinlich zwischen 15 000 und 12 000 Jahren vor der Gegenwart besiedelt war.

Während der Kaltzeiten panzerten Gletscher weite Bereiche Nordamerikas mit Eis. Ihr Rand verlief auf dem Höhepunkt des Wisconsin-Glazials (dem in Mitteleuropa die Weichsel/Würm-Phase entspricht) quer durch den ganzen Kontinent. Die Geologen unterscheiden jedoch zwei glaziale Epizentren: die laurentische Eismasse im zentralen und östlichen Kanada sowie den Kordilleren-Eisschild im gebirgigen Westen. Zwischen 41 000 und 33 000 Jahren vor unserer Zeit wichen die Gletscher zurück und es entstand eine eisfreie Passage. Hätten damals bereits Menschen in Beringia gelebt, wären sie auf diesem Weg bequem nach Süden gelangt. Doch mit zunehmender Kälte verriegelte die Eisbarrikade den Zugang erneut und blieb 18 000 Jahre lang geschlossen. Einzig in den äußersten Westen, wo der heute überflutete Kontinentalsockel zutage trat, stießen die Gletscher nicht vor. Allenfalls Seejäger mit Booten vermochten sich dort zu halten, vorausgesetzt, sie waren schon so weit vorgedrungen. Erst ab 15 000 vor der Gegenwart öffnete sich wieder ein Korridor im Eis und erlaubte den Durchzug.

Die Paläo-Indianer

Lediglich eine Handvoll archäologischer Stätten Amerikas bezeugt die Anwesenheit des Menschen in dem Abschnitt zwischen 14000 und 12000 Jahren vor heute. Dazu gehören Meadowcroft in Pennsylvania, Wilson Butte Cave in Idaho, Fort Rock Cave in Oregon, Tequixquiac in Mexiko, Guitarrero in Peru und Monte Verde in Chile. Alle lieferten sie eher bescheidene Werkzeugensembles – magere, aber unbezweifelbare Beweisstücke menschlichen Wirkens. Daß nur so wenige Fundorte bekannt sind, überrascht, und ihre unsichere Datierung soll nicht verschwiegen werden, aber wahrscheinlich bildeten sie den Bodensatz, aus dem spätere altindianische Traditionen hervorgingen. Einige „fundamentalistische" Wissenschaftler meinen, erst die Clovis-Kultur, die sich vor 11 500 Jahren auszubreiten begann, illustriere die Ankunft der ersten Amerikaner in Gebieten südlich Alaskas. Da es sich bei Clovis aber offenkundig um eine autochthon entstandene Erscheinung handelt, die gewiß nicht vom Himmel fiel, brauchte es Zeit zu ihrer Reife. Nach diesem kulturellen Vorlauf explodierte die Entwicklung jedoch regelrecht. Allenthalben können die Archäologen jetzt der Clovis-Kultur oder ihren Ablegern zugeschriebene Komplexe nachweisen.

La Cueva de Fell im äußersten Süden Patagoniens wurde mit Sicherheit um 8700 vor Christi Geburt begangen. Wenn wir einen ersten Vorstoß zu Lande in die eisfreien Zonen Nordamerikas zwischen 15 000 und 14 000 Jahren vor unserer Zeit annehmen, müssen die Kolonisten in nur knapp 4000 Jahren über beinahe jeden Winkel der Neuen Welt ausgeschwärmt sein und sich einer Fülle gegensätzlicher Lebensräume angepaßt haben.

Wie andernorts auch liegen archäologische Dokumente aus paläoindianischer Zeit überwiegend in Form von Steingeräten vor. Zumeist handelt es sich um undatierte Abschläge, Kerne und Klingen, unter die sich gelegentlich ein Projektilkopf mischt. Von den Bewaffnungen späterer indianischer Kulturen unterscheiden sich die ältesten Spitzentypen erheblich. So ist die Clovis-Waffenspitze ziemlich groß und lanzettlich; an den Flächen besitzt sie Auskehlungen, die man für Schäftungsrinnen hält. Abgewandelt gelangte die Clovis-Spitze bis nach Südamerika. Über die Jahrhunderte verfeinerte sich die Retuschierung, und schon die Spitzen des Plano-Komplexes, die ab 9000 vor Christi Geburt und somit noch zeitgleich mit dem Clovis-Ableger Folsom die amerikanischen Plains eroberten, weisen keine Kannelure mehr auf.

Die Menschen, die solche Waffen führten, trafen südlich des Eisran-

Die Besiedlung Amerikas 221

des auf eine Vielzahl großer, heute ausgestorbener Säugetiere. In Nordamerika stellten sie insbesondere dem Amerikanischen Mammut nach, jagten aber auch Wollmastodon, Panzertier, Amerikanisches Wildpferd, Großkamel und die rindergroßen Bodenfaultiere sowie – vor allem nach 10000 Jahren vor der Gegenwart – Weithorn- und Altbisons. Daneben sind Knochen kleinerer Arten, namentlich Nabelschweine, Tapire, Hirsche und Gabelböcke, im Fundgut nachgewiesen. Clovis-Jäger und ihre Nachfolger auf den Ebenen waren stets auf Wanderschaft, lagerten oft in der Nähe von Wasserläufen oder Lagunen. Sie töteten das Wild, wann immer sich eine Chance bot und weideten die Tiere noch am Ort aus. Einige Gruppen überwinterten augenscheinlich unter Abris und in Höhlen am Fuß der Rocky Mountains.

Nirgends gab es Bevölkerungskonzentrationen oder dorfähnliche Anlagen. Wie es sich für Leute schickt, die ständig unterwegs sind, verfügten die Clovis-Menschen über ein leichtgewichtiges Geräteset. Ihre kannelierten Geschoßspitzen montierten sie auf Holzschäfte. Mit Hilfe einer Hebelschleuder (Atlatl) katapultierten sie die Sperre fort, geradeso, wie es auch die Jäger des Magdalénien im fernen Europa taten. Beidseitig retuschierte Schlachtmesser fertigte man aus feinkörnigem Fibrolith (Faserkiesel) oder Chalzedon, Gesteinen, die oft aus gehöriger Entfernung beschafft werden mußten. Die gleichen „Bifazies" dienten nicht selten als Kerne, von denen Werkzeugmacher Abschläge für die Herstellung von Waffenspitzen gewannen – ein äußerst ökonomisches Verfahren.

Das Bild, das wir uns vom altindianischen Leben machen, wird wesentlich von den Fundorten bestimmt. Da es sich in der Regel um Schlachtplätze handelt, entsteht der wahrscheinlich zu korrigierende Eindruck, die Megafauna hätte die Hauptrolle bei der Nahrungsbeschaffung gespielt. Doch waren die Ressourcen weitaus vielfältiger als im hohen Norden, von wo die Vorfahren der Paläo-Indianer stammten und wo die Hochwildjagd sicher an vorderster Stelle rangierte. Fraglos gab es Spezialisierungen. Die Menschen der Plano-Kulturen z. B. trieben Bisons in vorbereitete Fanggatter oder jagten sie über steile Klippen in den Tod. In Neu-Schottland konzentrierte man sich auf Karibus. Weiter im Süden, in Mittel- und Südamerika, lagerten paläo-indianische Verbände an Orten, wo kaum Großwild vorkam. Sammelwirtschaft deckte dort wohl den Subsistenzbedarf, vielleicht ergänzt durch Fischfang und Muschelernte. Monte Verde in Mittelchile belegt die Waldadaption einiger Gemeinschaften und warnt uns vor Verallgemeinerungen. Tatsächlich dürften die ökologisch-ökonomischen Einnischungen der ersten Ameri-

Paläo-Indianer nach einer erfolgreichen Rentierjagd.

kaner so komplex und vielgestaltig wie auch in der Alten Welt gewesen sein.

Vor 11000 Jahren siedelten Menschen in jedem Lebensraum des Doppelkontinentes, vermutlich mit Ausnahme der großen tropischen Wälder. Doch zählte die Bevölkerung höchstens einige zehntausend Personen. Als die Nordgletscher zurückwichen und sich die Erde allmählich erwärmte, änderten sich die Umweltbedingungen drastisch. Viele Großwildarten starben aus. Die Nachkommen der ersten Amerikaner waren gezwungen, sich dem Wechsel entsprechend neu einzurichten. Als die Europäer Ende des 15. nachchristlichen Jahrhunderts in der Neuen Welt landeten, trafen sie dort auf ein faszinierend buntes Kulturmosaik – das Ergebnis langen, auf Anpassung gegründeten Wandels.

41 *Die Entdecker.* Eine historische Zusammenkunft 1931 in Peking: Henri Breuil *(rechts)*, französischer Höhlenkunstexperte, trifft die Entdecker des *Homo erectus pekinensis* von Zhoukoudian Bei und Wong.

42–44 *Die ersten Amerikaner.* Auch wenn mitunter behauptet wird, Amerika sei vor mindestens 30 000 Jahren besiedelt worden, fand die Einwanderung wohl nicht vor 18 000 Jahren v. h. statt. Die älteste sicher datierte Kulturtradition, der Clovis-Komplex mit seinen charakteristischen Projektilspitzen *(oben)*, blühte vor etwa 11 500–11 000 Jahren v. h. Nach dem Aussterben vieler Großtiere Ende der Eiszeit garantierte das Überleben der Bisons den Fortbestand der Steppen-Großwildjagd bis in historische Zeit (der 10 000 Jahre alte Bison-Schlachtplatz von Casper in Wyoming, *oben, links;* Assiniboin verfolgen Bisons auf Schneeschuhen, 1833, *links*).

45 *Nach der Eiszeit.* **Als sich die Erde im Postglazial erwärmte und die Weltmeere anschwollen, wandte sich der Mensch verstärkt Ressourcen aus Ozeanen und Binnengewässern zu. Die Fischer und Jäger der Siedlung Lepenski Vir im heutigen**

Jugoslawien errichteten ihre trapezförmigen Hütten am Donau-Ufer unweit des Eisernen Tores.

46–48 *Der Pazifik wird bezwungen.* Die Besiedlung der Inselketten Melanesiens und Polynesiens beschließt die Kolonisierung unseres Planeten durch *Homo sapiens sapiens*.
Am Kuk-Sumpf in Neuguinea halfen Papuas *(linke Seite)* bei Ausgrabungen, die ergaben, daß hier vor über 6000 Jahren Feldbau betrieben wurde. Östlich Neuguineas kolonisierten austronesische Siedler in ihren Auslegerbooten *(links* eine kleine moderne Ausgabe*)* Insel um Insel. Gegen 500 n. Christi Geburt erreichten Polynesier die entlegene Osterinsel, berühmt wegen ihrer Kolossalstatuen *(oben)*.

49 *Das Ende der Reise.* Die Inbesitznahme Neuseelands im 9. nachchristlichen Jh. durch Vorfahren der heutigen Maori setzte den Schlußpunkt unter die frühe Besiedlungsgeschichte der Menschheit.

Fünfter Teil

Das Vermächtnis

Die Birne lächelte nachsichtig.

„Geistreich", sagte sie... „Wirklich geistreich. Aber ein bißchen an den Haaren herbeigezogen. Nein, ich denke, daß die Sache etwas mit der Vierten Dimension zu tun hat. Das muß die Lösung sein, aber es ist schwer zu begreifen."

„Ganz recht", pflichtete die Bohne bei.

P. G. Wodehouse, Young Men in Spats

16. Vom Eise befreit…

Bemerkenswerterweise vollzog sich das größte Siedlungsprojekt der Menschheitsgeschichte, die umfassende Kolonisierung unseres Planeten, in der letzten Eiszeit, obwohl die Wintertemperaturen in einigen Regionen heutige Werte um ein Vielfaches übertrafen. Vor 12000 Jahren hatte *Homo sapiens sapiens* die lebensfeindliche Steppen-Tundra Alaskas und Sibiriens mit neunmonatiger Winterkälte bezwungen, trotzte dem Frost in Tasmaniens subantarktischer Landschaft und jagte auf den windgepeitschten Ebenen Eurasiens und Nordamerikas Großwild. Doch dann schmolzen die Gletscher, und eine in Jahrtausenden bewährte Daseinsform war dem Untergang geweiht. Wie gelang es unseren Vorfahren, sich auf die neuen Verhältnisse einzustellen? Und warum dauerte es so lange, bis der Mensch auch den letzten noch unbewohnten Flecken auf der Landkarte – die pazifische Inselwelt – in Besitz nahm?

Die Erde erwärmt sich

Nach wissenschaftlicher Konvention leben wir in der Erdgegenwart, dem Holozän. Hierbei handelt es sich um einen Arbeitsbegriff, der lediglich die Spanne seit dem Rückzug der Gletscher vor etwa 12000 Jahren umschreibt. Tatsächlich sind die Eismassen aber nicht für ewig gebannt. Wir erfreuen uns momentan nur der Vorzüge eines Interglazials, einer wärmeren Zwischeneiszeit, auf die ein weiterer Gletschervorstoß folgen wird. Da die Klimatologen mit einem Kalt-Warm-Zyklus von ca. 100000 Jahren rechnen, wovon jeweils rund 80000 kalt- und etwa 20000 Jahre warmzeitlich sind, dürften in vielleicht 8000 bis 10000 Jahren wieder Rentiere vor unserer Haustür weiden, vorausgesetzt, der Treibhauseffekt, den wir verschulden, kehrt die Entwicklung nicht um.

Die weltweite Erwärmung der Erdoberfläche setzte vor rund 15000 Jahren ein. Nachdem es ungefähr 20000 Jahre gedauert hatte, bis der glaziale Gipfel erreicht war, ging das Abschmelzen der Eismassen rascher – binnen 5000 bis 7000 Jahren – vonstatten. In dieser vergleichsweise kurzen Periode wichen die nördlichen Gletscherschilde dramatisch zurück, und die Weltmeere stiegen auf ihren derzeitigen Stand.

Amerika, Japan und die indonesischen Inseln wurden so vom asiatischen Festland, mit dem sie zuvor verbunden waren, abgekoppelt. Fast überall auf der Welt änderten sich Verteilung und Häufigkeit der Niederschläge sowie, davon abhängig, das Vegetationsbild. Während Teile Afrikas austrockneten, breitete sich im Amazonasbecken tropischer Regenwald aus. Das Gesicht des Globus trug neue Schminke auf, und *Homo sapiens sapiens* mußte sich mit den Gegebenheiten abfinden. Fest steht, daß nie, solange Menschen die Erde bevölkerten, eine Erwärmung dieser Größenordnung eingetreten war.

Die Herausforderung des Holozän

Zu Beginn des Holozän bewies *Homo sapiens sapiens* einmal mehr seine unglaublichen Fähigkeiten bei der Bewältigung außergewöhnlicher Herausforderungen. Unter allen Änderungen, die das katastrophale „Warm-up" mit sich brachte, verdient das Aussterben zahlreicher Großtiere hervorgehoben zu werden. Allein in Nordamerika verschwanden 32 Gattungen von der Bildfläche, darunter Mammuts, Mastodonten, Kamele, Pferde, Säbelzahnkatzen, Kurzschnauzenbären, Tapire, Riesenfaultiere, Aaswölfe, Riesenpanzertiere und der furchteinflößende Amerikanische Löwe. Ähnliches gilt auch für Eurasien. Die meisten Spezies lieferten dem Menschen über Jahrzehntausende Nahrung, Kleidung und Rohstoffe für die Werkzeugherstellung. Lediglich in Afrika blieb der pleistozäne Artenreichtum bis heute erhalten, wenn auch geschmälert durch das Erlöschen der absonderlichen Elchgiraffen, Dinotherien oder Hufkrallentiere. Zuerst traf es die größeren, ökologisch hochspezialisierten Vertreter, sicher, weil sich ihre Lebensbedingungen gewandelt hatten, unter Umständen aber auch durch Überjagung der kleiner werdenden Bestände. Viel ist über die Beteiligung des Menschen an dem weltweiten, verheerenden Artensterben spekuliert worden, eine abschließende Klärung hingegen steht noch aus. In der Formulierung ihres stärksten Verfechters, Paul Martin von der University of Arizona, besagt die Overkill-Hypothese, daß menschliche Jagdscharen eine Art „Blitzkrieg" gegen das Großwild entfesselten, es lokal vernichteten und auf der Suche nach noch reicherer Beute immer weiter wanderten. Die rasche Besiedlung Amerikas (vgl. Kapitel 15) fände durch dieses Modell eine einleuchtende Erklärung, und auch für Australien hat man ein solches Szenar in Betracht gezogen. Doch letztlich trug wohl beides – Jagd und Klimakatastrophe – zur Krise der Großsäugetiere bei.

Postglaziale Seeufersiedlung in Großbritannien. Wie fast überall auf der Erde erschloß sich der Mensch auch hier zusätzliche Nahrungsquellen, darunter Fische.

Wie reagierte der Mensch auf das Verschwinden seines bevorzugten Jagdwildes? Vordringlichstes Zeil war, die Ernährung auf eine breitere Grundlage zu stellen. Niederwild wurde stärker bejagt und Pflanzenkost in größerem Umfang berücksichtigt. Auch Seesäuger, Fische, Tange, Stachelhäuter und Weichtiere standen, wo vorhanden, auf dem Speiseplan. Bereits gegen Ende der Eiszeit kündigte sich dieser Trend an. In Südafrika zum Beispiel konnte Richard Klein von der Universität Chicago Veränderungen der Ernährungsgewohnheiten nachweisen. Ab 15000 vor der Gegenwart verlängerten die Bewohner der Höhlen am Klasies River und von Nelson's Bay Cave ihren Speisezettel. Neben Großtieren wie Elenantilope und Weißschwanzgnu fingen sie Fische, Pelzrobben, Pinguine und Kormorane. Als um 9000 vor heute auch hier der Bestand des Großwildes zurückging, wandten sich Jäger, die in Nelson's Bay Cave verkehrten, Kleintieren zu und brachten mehr pflanzliche Kost ein.

Ganz ähnlich verhielten sich die Nachfolger der Paläo-Indianer in Nordamerika. Niederwild, sogar Hasen und Kaninchen, wurde zu einer Hauptnahrungsquelle; auch Vögel und Fische gewannen an Bedeutung, vor allem aber intensivierte man das Sammeln wildwachsender Pflanzen. Die in den Wäldern östlich des Mississippi umherziehenden Kleingruppen jagten Truthühner und Weißwedelhirsche, füllten ihre Sammelkörbe mit Nüssen, Beeren, Pilzen und Wildgrassamen. Nur auf den Great Plains, dem Steppengürtel zwischen der kanadischen Taiga und dem Golf von Mexiko, pflegte man die Großwildjagd bis in historische Zeit, weil dort Bisons in gewaltigen Herden überlebt hatten.

In den mitteleuropäischen Wäldern blieb die Jagd auf Rothirsch, Reh, Wildschwein, Elch, Auerochs und Wisent bis zur Ausbreitung neolithischer Bauernkulturen (La Hoguette, Bandkeramiker) im sechsten vorchristlichen Jahrtausend bestimmend. Aber die Waldbewohner brachten auch Haselnüsse, Bucheckern und Beeren mit nach Hause. Ziehende Lachse waren sicher eine willkommene Beute. Küsten und Flußdelten bildeten angesichts riesiger Seevogelschwärme und Robbenkolonien, die über Nahrungsketten vom Planktonaufkommen in den wärmeren Ozeanen profitierten, ideale menschliche Lebensräume.

Gewinn und Verlust halten sich die Waage, wenn man Gletscherrückzug und „Warm-up" gegeneinander aufrechnet. Zwar versanken die Schelfgebiete der Kontinente im Wasser und Tierarten starben aus, in den Weltmeeren jedoch wimmelte es jetzt vor Leben, und Pflanzen eroberten neue Habitate. Nachdem es dem Menschen gelungen war, sich an die veränderte Umwelt anzupassen, stieg die Bevölkerungszahl. Gleichzeitig nahm die Komplexität gesellschaftlicher Strukturen im Beziehungsnetz von wirtschaftlicher Neuorientierung, technologischer Adaption, Arbeitsorganisation und Produktverteilung zu. Beide Komponenten – Bevölkerungswachstum und höhere soziale Verzweigung – führten zu der wohl wichtigsten und folgenreichsten Kulturentwicklung während des Holozäns: dem Feldbau.

Die Entstehung multiplexer Gesellschaften

Mit dem Beiwort „multiplex" versieht man in der Anthropologie jene in und von der Natur lebenden Gesellschaften, die ein reichhaltiges soziopolitisches Instrumentarium, das sich institutionell zu verfestigen beginnt, auszeichnet. Gewöhnlich wird dieses Stadium mit dem Beginn der Bodenbearbeitung oder gar Ansätzen zu hochkultureller Entfaltung verknüpft. Doch reichen die Wurzeln sicher weiter zurück. Ausgehend von sozialen Ungleichheiten wie Alter, Geschlecht und Persönlichkeit bildeten sich wohl schon früh multiplexe Strukturen. Seßhaftigkeit und dorfähnliche Ansiedlungen sind die Voraussetzung. Ein solcher Fall war etwa in Mežirič (vgl. Kapitel 13) gegeben. Hier wurde Organisation erfordernde Vorratshaltung betrieben; ferner glaubt man Hinweise auf individuelle Rangunterschiede sowie Gegensätze zwischen Arm und Reich zu erkennen. Auch in den jungpaläolithischen Kulturen Südwestfrankreichs scheinen soziale Differenzierungen das Zusammenleben strukturiert zu haben.

Im Holozän entstanden multiplexe Gesellschaftssysteme unter anderen bei den Jäger- und Sammler-Gruppen der amerikanischen Nordwestküste, Kaliforniens und um die Bucht von Guayaquil in Ecuador. Selbst in Südostaustralien mag es, begünstigt vom reichen Angebot an Fischen, Robben und Pinguinen, die ein Leben im Überfluß gestatteten, zu ähnlichen Entwicklungen gekommen sein. Nicht nur dort drückte sich gewachsene gesellschaftliche Komplexität in individueller Führerschaft, Territorialverteidigung, Rangstreben und gelenkter Distribution (Güterverteilung) aus. Mit dem Übergang zu Formen agrarischer Nutzung gewannen solche Regelmechanismen noch an Bedeutung.

Allerorten unternahm die Menschheit seit dem frühen Holozän Anstrengungen, vorher brach liegende Nahrungsquellen auszuschöpfen, galt es doch, immer mehr Personen zu versorgen. Am Turkana-See in Ostafrika begünstigten höhere Niederschläge vor 10 000–9000 Jahren die Ansiedlung seßhafter Fischer und Krokodiljäger. In der Uferrandsiedlung Lowasera stießen Archäologen auf Keramikscherben, die zu den ältesten Funden dieser Art auf der Welt gehören! Bevölkerungszuwachs und Seßhaftigkeit erforderten flankierende Maßnahmen, insbesondere die Steigerung des Arbeitsaufwands bei der Nahrungsmittelproduktion. So entwickelten kalifornische Indianer ein Verfahren, um Eicheln durch Entziehen von Bitterstoffen genießbar zu machen, und an den nordamerikanischen Großen Seen gewann man Sirup aus Zuckerahornen. Im Nahen Osten spezialisierten sich einige Gruppen auf die Ernte primitiver Spelzweizensorten und Wildroggen. Bald lernten sie, wie man Getreide künstlich vermehren konnte. Tiere, die der Mensch jahrtausendelang gejagt hatte, wurden gezähmt und für die Zucht genutzt.

Vor etwa 11 000 Jahren lauerten die Einwohner von Tell Abu Hureya in Syrien alljährlich aus dem Süden zum oberen Euphrat wandernden Wüsten-Kropfgazellen auf. In den lichten Eichenwäldern und Flußdickkichten stellten sie Wildschweinen und Damhirschen nach. Sie sammelten mehrere Hülsenfrucht-Arten, Nüßchen der Terpentinpistazie, Früchte von Zürgelbaum und Kapernstrauch sowie Samen von Einkorn,

Wildroggen und Wildgerste. Während der späten Mittelsteinzeit lebten diese Menschen in Grubenhäusern mit pfostengestützten Schilfdächern. Rasch wuchs die Bevölkerung des Dorfes auf ca. 300 Personen an. Dann, vor rund 10000 Jahren, zwangen sie Dürre und Entwaldung, vielleicht hervorgerufen durch den steigenden Feuerholzbedarf, zur Aufgabe ihrer Siedlung. Nur ein paar Jahrhunderte später stand ein kleines Bauerndorf aus rechteckigen Lehmziegelhäusern an der selben Stelle. Der Übergang zum Getreideanbau hatte sich schnell vollzogen, doch behielt man alte Jäger- und Sammlertraditionen bis zur Erschöpfung der Gazellenpopulation vor 8500 Jahren bei. Damals tauchten in Abu Hureya die ersten Haustiere, Schafe und Ziegen, auf.

Auch an Nil, Indus und Huang He stellte der Mensch in etwa zur gleichen Zeit seine Wirtschaft um. Nach Mitteleuropa kam der Feldbau im sechsten Jahrtausend vor Christus. Die Mittelamerikaner dagegen domestizierten bereits vor 9000 Jahren Bohnen, Gartenkürbisse und Roten Pfeffer; Mais, die wichtigste Kulturpflanze der Neuen Welt, folgte 2000 Jahre später. Erst mit der Einwanderung kuschitischer Völker vor 4000 Jahren aus Äthiopien, erreichte der Getreideanbau die wildreichen Savannen Ostafrikas. In das trockene, isolierte Australien gelangte Landwirtschaft nie. Systematische Pflanzenvermehrung ist gewiß keine revolutionäre Erfindung, denn selbst in den einfachsten Wildbeuterkulturen ist bekannt, daß Samen keimen, wenn man sie in die Erde legt. Um den Boden bestellen zu können, mußte freilich die Mobilität aufgegeben werden, oder man kehrte in bestimmten Abständen zum Jäten und Ernten zur Pflanzung zurück. Intermittierender Pflanzbau, wie er noch heute, gestützt auf Knollengewächse (z. B. Yams, Süßkartoffel, Maniok), gelegentlich vorkommt, dürfte in feuchttropischen Gebieten – zumindest Südamerikas – lange vor Ausbreitung der Getreide betrieben worden sein. Eine früher geäußerte Vermutung allerdings, der Mensch habe Wildtiere, etwa Rentiere, domestiziert, indem er – noch Jäger – ihren Wanderzügen folgte und allmählich lernte, einzelne Herden zu hüten, gilt inzwischen als widerlegt. Immer geht Feldbau der Viehzucht voraus. Die Domestikation des Rens in der zweiten Hälfte des letzten vorchristlichen Jahrtausends erfolgte unter dem Eindruck der Pferdezucht, die, von ukrainischen Bauern vor 5000 Jahren eingeleitet, in weiten Gebieten Innerasiens rasch Nachahmer fand. In gewisser Hinsicht bildete planvolles Vermehren von Nahrungsmitteln die einzig logische Antwort auf die Herausforderungen des Holozän, namentlich die Aufgabe, immer mehr Menschen satt zu machen. Und wieder lieferte *Homo sapiens sapiens* einen Beweis seiner

Flexibilität und Anpassungsgabe, Fähigkeiten, die ihn seit Urzeiten auszeichnen.

Die Langzeitfolgen von Landwirtschaft und Viehhaltung sind gewiß bedeutsamer als ihre anfängliche Entwicklung, zogen sie doch explosives Bevölkerungswachstum, den zielgerichteten – mitunter katastrophalen – Umbau der Natur sowie die Entstehung von Städten und Staaten nach sich. Das ungemein verschärfte Tempo kultureller Evolution ab 10 000 Jahren vor heute kann direkt auf die neuen ökonomischen Möglichkeiten zurückgeführt werden. Auch für die Besiedlung der Südsee, der letzten Etappe von *Homo sapiens sapiens* auf seinem Siegeszug um die Welt, schufen sie die Voraussetzungen.

Die Besiedlung der pazifischen Inseln

Der offene Pazifik, eine unabsehbare Wassermasse mit zahllosen tropischen Eilanden ist ein Lebensraum, der seinesgleichen auf der Erde sucht. Als ob er seinen friedvollen Namen Lügen strafen wolle, kann der „Stille Ozean" ein stürmischer und unerbittlicher Gegner sein. Wie kam der Mensch mit diesen Tücken zurecht? Selbst auf kurzen Törns von Insel zu Insel bestand die Gefahr, in haushohen Brechern, die Taifune aufrührten, zu kentern, oder an einem der vielen Korallenriffe zu havarieren. Die Besiedlung des tropischen Pazifik war daher eine mindestens so große Herausforderung wie die Kolonisierung der periglazialen Steppen-Tundren Eurasiens und Nordamerikas. Erst 4000 Jahre sind vergangen, seit *Homo sapiens sapiens* sich anschickte, die Hochsee über Hunderte von Kilometern ohne Landsicht zu befahren.

Kleinere Strecken legten unsere Vorfahren in zerbrechlichen Wasserfahrzeugen schon früher zurück. Wie in Kapitel 10 ausgeführt, waren wenigstens 80 km offenes Gewässer zu überwinden, um von der Wallacea aus nach Sahul zu kommen. Wir wissen auch, daß bereits vor 28 000 Jahren Menschen auf den Salomonen lebten. Die See zwischen Sundaland und Sahul mit ihren dicht gedrängten Inselstützpunkten und ihrer berechenbaren Witterung bildete ein ideales Experimentierfeld, in dem *Homo sapiens sapiens* seine nautischen Fähigkeiten erproben konnte. Hinter den Salomonen allerdings wurden die Entfernungen größer – etwa 300 km trennen San Cristóbal, die südlichste Insel dieser Formation, vom nächstgelegenen Archipel, der Santa Cruz-Gruppe –, die anzusteuernden Ziele aber kleiner. Noch wichtiger dürfte die Tatsache gewesen sein, daß der Mensch, hatte er die Salomonen achtern zurückgelassen, eine biogeografische Grenze überschritt. Die Eilande im Süden und Osten liegen in einer Region, in der außer Flughunden und Kleinfledermäusen keine Landsäugetiere vorkommen. Generell nimmt, je weiter man der aufgehenden Sonne zustrebt, der Artenreichtum, selbst an Pflanzen, ab. Angenommen, die frühen Siedler verfügten über die nötigen navigatorischen Erfahrungen und geeignete Wasserfahrzeuge, so bot diesen Wildbeutern die ostpazifische Inselwelt doch keinerlei Anreize zum Bleiben. Erst Kulturpflanzen – etwa Bananen, Taro und Yams – als Bordverpflegung und Grundstock einer Neuansiedlung sind der Schlüssel für längere Seereisen gewesen. So dauerte es bis ca. 2000 Jahre vor Christi Geburt, ehe jene Grenze überwunden wurde, die den ersten Seefahrern der Geschichte einst Halt gebot.

Im Kuk-Sumpf am Mt. Hagen im zentralen Hochland Neuguineas betrieben Papuas bereits vor 6000 Jahren Bewässerungsfeldbau und züchteten Schweine. Die Borstentiere sind auf Neuguinea nicht heimisch, sie müssen also eingeführt worden sein. Das bringt uns zu der Frage, woher die Vorfahren der Ozeanier ursprünglich stammten. Zu den Papuas jedenfalls gehören sie nicht. Polynesier und Mikronesier ähneln in ihrem äußeren Erscheinungsbild südmongoliden Völkern, und sie sprechen „austronesische" Mundarten. Dies deutet auf ihre Herkunft aus Südostasien hin. Und in der Tat findet man die urtümlichsten austronesischen Sprachen im Norden Taiwans und in Südchina. Von dort aus, so das Szenar der Linguisten, verbreiteten sich die Proto-Ozeanier vor 8000 Jahren über die asiatische Inselwelt. Eine Welle erreichte über Hinterindien Java, Süd-Borneo und (später) das ferne Madagaskar, eine andere über die Philippinen Nord-Borneo, Sulawesi und Belau (Palau). Zu den Errungenschaften der Einwanderer gehörten Feldbau und Kleintierhaltung (Schweine, Hühner). In Ost-Indonesien und Neuguinea trafen sie auf die „melaneside" Urbevölkerung, deren Vorfahren 33 000 Jahre früher Nord-Sahul entdeckt hatten. Die Neuankömmlinge vermittelten den Alteingesessenen ihre Kenntnisse und ließen sich unter ihnen nieder. Aus der Vermischung beider Gruppen gingen die dunkelhäutigen Melanesier hervor. Andere Austronesier aber trieb es weiter, hinaus aufs offene Meer.

Jahrelang zerbrachen sich Gelehrte den Kopf, was die urgeschichtlichen Seefahrer bewogen haben könnte, jenseits des Horizontes nach neuen Inseln zu suchen. Eine der Ursachen ist vielleicht in den formalisierten Handelsbeziehungen der Melanesier, die sich regional bis auf den heutigen Tag erhielten, zu sehen. Auf gemeinschaftlich unternommenen Fahrten holen die Teilnehmer eines solchen „Kula-Ringes" Waren von

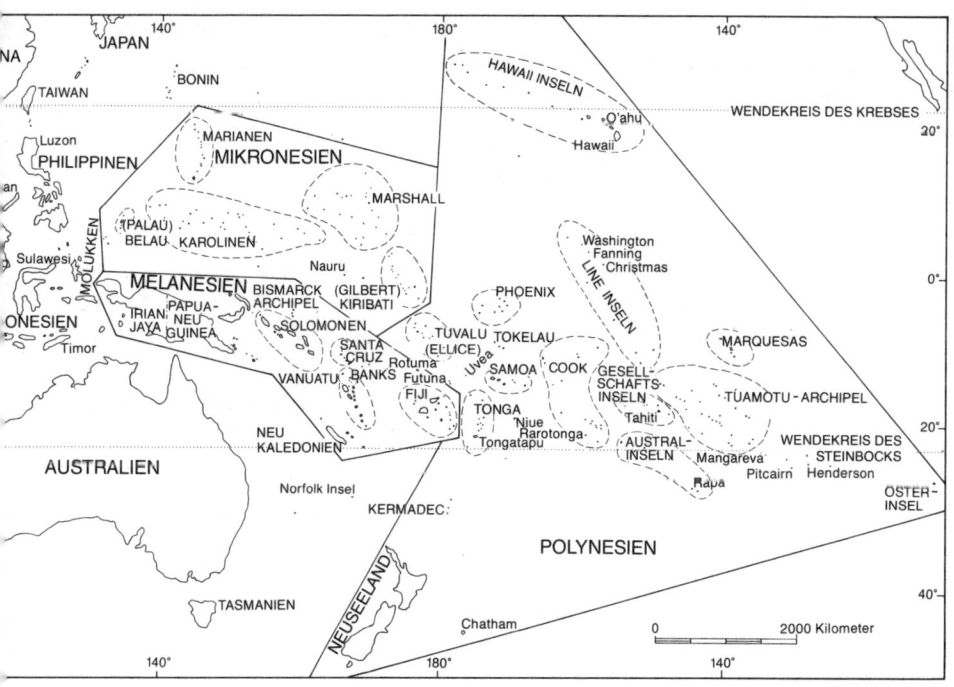

Das Inselgeflecht Ozeanien mit Mikronesien, Melanesien und Polynesien.

oft weit entfernt lebenden Partnern ab und kompensieren sie bei deren Gegenbesuchen. Anzahl der Handelspartner eines Mannes sowie Wert und Menge der getauschten Gegenstände erhöhen sein Sozialprestige. Um derartige Handelsnetze auszubauen, aber auch, um sich Zugang zu exotischen Gütern und Rohstoffen zu verschaffen, wagten sich Bootsbesatzungen möglicherweise bereits vor 5000 Jahren immer weiter hinaus. Im Zuge solcher Unternehmungen verbesserten sie die Leistungsfähigkeit ihrer Gefährte. So entstanden u. U. hochseetüchtige Doppelrumpfboote, die größere Handelsexpeditionen, schließlich auch gezielte Ansiedlungen erlaubten.

Von den wenigen überlebenden Meisternavigatoren der Südsee weiß man, daß sich ihre Vorfahren an den Gestirnen, insbesondere an Sternen orientierten, die jede Nacht am selben Punkt des Firmaments aufgehen. Tagsüber navigierten die Ozeanier nach der Sonne, dem Wind, der Dünung und Vögeln, soweit sie bestimmte Zugrouten einhalten. Um bei trotzdem manchmal auftretenden Kursabweichungen das angesteuerte Ziel nicht zu verfehlen, segelten die Polynesier früher mit mehreren

Booten in Dwarslinie, also quer ab in gleichen Abständen. Stationäre Landwolken verrieten noch unsichtbare Inseln, ebenso die Rauchfahnen und der nächtliche Feuerschein aktiver Vulkane, von denen es im Bereich der Hawaii- und Tonga-Archipele einige gibt.

Viele der Reisen waren von nur kurzer Dauer, denn in der Regel liegen die Inselgruppen oder einzelne Atolle des Zentralpazifik kaum mehr als 480 km voneinander entfernt. Das „Inselspringen" währte Jahrtausende, unternommen nicht allein aus praktischen Erwägungen – der Rohstoffbeschaffung für den Tauschhandel etwa oder um intratribalen Spannungen und Überbevölkerung zu entfliehen –, sondern wohl auch aus reiner Neugier und Tatendrang. Noch heute kommt es vor, daß ein Polynesier seinen Ausleger eine Woche lang gegen den Passat segelt, um auf einer Nachbarinsel eine Schachtel Zigaretten zu kaufen. Es ist das Erlebnis, das zählt, nicht so sehr der Zweck der Reise.

Archäologische Stätten selbst auf den entlegensten Eilanden sind ein aufregendes Logbuch früher Entdeckungsfahrten. Anhand der kennzeichnenden, „zahnstich-verzierten" Lapita-Keramik, benannt nach einem Fundort auf Neukaledonien, lassen sich die ersten Migrationsschübe nachzeichnen. Vermutlich entstand der Lapita-Komplex vor 4000 Jahren im Bismarck-Archipel nordöstlich von Neuguinea. Von dort aus erreichten Boote, die Kulturpflanzen und Haustiere an Bord hatten, über die Neuen Hebriden zwischen 1500 und 1100 vor Christi Geburt Fiji, Tonga und Samoa, ein Dreieck, das nach vorherrschender Meinung als Ursprungsgebiet der Polynesier gilt. Um 500 vor Christus dürften Tahiti und die übrigen Gesellschaftsinseln kolonisiert worden sein, um 300 vor Christus der Marquesas-Archipel. Dann stellte sich *Homo sapiens sapiens* der letzten Herausforderung – Fernreisen auf der Suche nach Land jenseits der bekannten polynesischen Welt. Solche Expeditionen müssen von unerschütterlichem Vertrauen in die eigenen Fähigkeiten getragen worden sein. Man wußte, daß man jederzeit den Weg nach Hause zurückfinden würde, weil man sein Metier beherrschte. Um 400 nach Christus landeten die ersten Doppelrumpfboote vor der Küste Hawaiis. Von den Marquesas kommend gelangte im 5. nachchristlichen Jahrhundert eine große Flotte zur Osterinsel, eine zweite Siedlergruppe, die wahrscheinlich von den Austral-Inseln (Rurutu, Ra'ivavae) stammte, folgte ihr um 1350. Die künstlerischen Ausdrucksformen der Osterinsulaner, namentlich ihre berühmten Kolossalstatuen – den Ahnen gesetzte Denkmale –, bildeten den Höhepunkt polynesischer Kulturentfaltung. Noch aber fehlt ein Mosaiksteinchen. Erst zwischen 800 und 1000 nach Christi Geburt segelten polynesische

Pioniere südwärts in gemäßigte Gewässer und kolonisierten Neuseeland. Ein langsamer, bisweilen an die Grenze menschlicher Belastbarkeit reichender Vorstoß ins Unbekannte, die vor 100 000 Jahren begonnene Besiedlung unseres Planeten, ging damit zu Ende.

17. „Jenseits von Eden"

Lebten unsere Vorfahren wirklich in Afrika? Sind wir die Frucht einer schwarzen Eva – Kinder der Savanne, die, stets auf der Suche nach Neuland, über den ganzen Erdkreis ausschwärmten? Schenkt man den Ergebnissen der Humangenetik Glauben, dann können wir unseren Stammbaum, nicht nur dessen Wurzeln, sondern auch seine Äste und den Zeitpunkt ihrer Verzweigung rekonstruieren. Der Evolutionsbiologe Stephen Jay Gould nennt diese in Umrissen erkennbare Genealogie einen „Markstein der Geschichte".

Immer wieder begegneten uns auf den Seiten dieses Buches unterschiedliche Ansichten über den Ursprung unserer Art, einig nur in dem Punkt, daß die ältesten bekannten werkzeugherstellenden Hominiden im Schwarzen Kontinent umherzogen. Wo aber stand die Wiege des *Homo sapiens sapiens*? Betrat er die Weltbühne relativ spät und räumlich eingrenzbar – wieder in Afrika – oder entwickelte er sich davor in multiregionaler Evolution aus verschiedenen frühmenschlichen Populationen? Der Streit kann nicht auf Grundlage des Fossilmaterials allein entschieden werden, auch nicht ausschließlich anhand genetischer Fakten. Die Hilfe vieler weiterer wissenschaftlicher Disziplinen ist nötig, um unseren Ahnen auf die Spur zu kommen.

Die ersten werkzeugbesitzenden Hominiden erschienen vor 2,5 Mio. Jahren in Ostafrika. Unklarheit besteht darüber, ob einige von ihnen nach Asien auswanderten, oder ob dies erst dem Frühmenschen gelang, der vor 1,6 Mio. Jahren den *Homo habilis* ablöste. Frühmenschen waren morphologisch moderner als ihre Vorgänger. Sie zähmten das Feuer, jagten und betrieben Sammelwirtschaft. Ansätze zu artikulierter Rede sind wahrscheinlich. Vermutlich gab es zwei frühmenschliche Formenkreise: den in Ost- und Südostasien lebenden *Homo erectus* sensu stricto, der vielleicht von dem unscharf konturierten *Homo (habilis) modjokertensis* abstammt, und seinen westlichen Verwandten, der Afrika, Europa und Vorderindien bewohnte. Nur wenige zehntausend Individuen verloren sich damals in der Welt. Ganze Erdteile – Amerika und Australien – waren menschenleer. Auch die Nordhälfte Eurasiens blieb vorläufig verwaist, denn es fehlte am technologischen „Knowhow", kalte Klimazonen zu kolonisieren.

Aus der westlichen Linie des frühmenschlichen Spektrums gingen die asiatischen, europäischen und afrikanischen Altmenschen hervor. Besonders die afrikanischen Vertreter zeigen große morphologische Varianz. Vor 150000 Jahren, so der Befund der DNS-Forschung, entwickelt sich aus ihnen *Homo sapiens sapiens*, der anatomisch moderne Mensch. Das Baumdiagramm von Luigi Cavalli-Sforza unterstreicht dies. Die afrikanische Bevölkerung nimmt darin eine Sonderstellung ein, denn sie schlug früher als andere Populationen eigene Wege ein. Eindrucksvoller Beleg sind jene archäologischen Dokumente, etwa die Fossilien vom Klasies River Mouth, die bezeugen, daß der Jetztmensch schon vor 100000 Jahren im südlichen Afrika existierte.

Wie gelangten unsere Vorfahren in andere Kontinente? Sahara und Niltal dürften hierbei, wie schon bei der Ausbreitung des Frühmenschen und gegebenenfalls des *Homo habilis* zuvor, wesentliche Rollen gespielt haben. So wirkte die Wüste vermutlich wie eine gewaltige Pumpe, die in bestimmten klimatischen Situationen Bevölkerungsgruppen ansog und sie unter geänderten Bedingungen wieder ausspie. In trockenen Abschnitten der Erdgeschichte bildete die Sahara ein unüberwindliches Hindernis, war es aber feuchter, öffnete sich ein Durchzugskorridor zum Nil und in den Mittelmeerraum.

Sollte sich das vorläufig noch vereinzelte Thermolumineszenz-Datum aus Qafzeh bestätigen, bedeutet dies, daß *Homo sapiens sapiens* vor 90000 Jahren die Levante erreichte. Hier stieß er wohl auf eine Neandertaler Vorbevölkerung, deren Technologie er übernahm. Unter dem Einfluß des Jetztmenschen begann sich jedoch, wie Arthur Jelinek, Anthony Marks und andere herausfanden, die materielle Kultur der Region allmählich zu wandeln, und es kündigte sich die Entwicklung elaborierter, auf die Verwendung von Klingen gestützter Werkzeugensembles an.

Die Blaupause der Genetiker verzeichnet eine weitere wesentliche Gabelung unseres Stammbaums – die Trennung der europoiden Rassen (einschließlich der späteren Nordasiaten und Indianer) von den Ahnen der Mongoliden, ein Vorgang, der angeblich vor über 40000 Jahren stattfand. Zwei Fragen sind mit diesem Problem verzahnt: Warum dauerte es fast 50000 Jahre, bis *Homo sapiens sapiens* in kälteren Gefilden Einzug hielt, und wie spielte sich die Besiedlung Südostasiens ab?

In diesem Buch haben wir die These vertreten, daß die rauhen Klimaverhältnisse im Norden den Jetztmenschen abschreckten, frühzeitig nach Europa vorzudringen. Womöglich versetzte ihn erst die im Jungpaläolithikum abgeschlossene Ausbildung einer Vollsprache, einhergehend mit der Fähigkeit zu kognitivem Verhalten und stringenter Konzeptualisierung, in die Lage, sich das technologische und gesellschaftliche Rüstzeug anzueignen, das den Anforderungen kalter Habitate genügte. Tatsächlich scheint sein überlegenes sprachliches Potential *Homo sapiens sapiens* den entscheidenden Vorteil gegenüber altmenschlichen Konkurrenten verschafft zu haben. Ohne ausgefeilte verbale Kommunikation wäre es nie zu solch grandiosen Kulturleistungen wie Seefahrt und künstlerischem Selbstausdruck gekommen.

Die Ausbreitung ins südliche und südöstliche Asien erforderte keine Sonderanpassungen an kaltes Klima. Folgt man der Arche-Noah-Hypothese, kam *Homo sapiens sapiens* in Vorderasien und Indien mit archaischen Vertretern unserer Art in Berührung. Läßt sich, falls das zutrifft, in Südasien die gleiche Entwicklung wie im Nahen Osten nachweisen? Leider fehlen Fossilien, um einen entsprechenden Übergang zu dokumentieren, aber vereinzelte archäologische Funde lassen einen schrittweisen, lange vor 50 000 Jahren einsetzenden technologischen Wandel erahnen. Man darf hoffen, daß eines Tages auch in Indien Stätten entdeckt werden, deren Stratigrafie und Begleitfossilien die Sukzession von archaisch zu modern und von Grobkern- zu Klingenindustrien belegen.

Von Nordindien zum Golf von Bengalen verläuft die sogenannte Movius-Linie. Sie trennt die westlichen Trockengebiete und Savannen von den tropischen Waldländern Südostasiens. Bambus ersetzte dort die anderswo üblichen Gesteine bei der Werkzeugherstellung. *Homo erectus* lebte in diesen Wäldern, von äußeren Einflüssen abgeschirmt, länger als seine Vettern im Westen. Wann setzte der Jetztmensch seinen Fuß in diese Region? Klaffende Lücken im Fossilrepertoire geben zu einer der größten Kontroversen in der Geschichte der Paläoanthropologie Anlaß. Entwickelte sich *Homo sapiens sapiens* in Südostasien aus archaischen Wurzeln, wie Milford Wolpoff und andere auf Grundlage des Schädelvergleichs australischer Ureinwohner und javanischer Frühmenschen annehmen, oder sind die erkannten Ähnlichkeiten zufälliger Natur? Beruhen sie vielleicht nur auf Plesiomorphien (Primitivmerkmalen) mit geringer Aussagekraft? Trifft diese Vermutung zu, wanderte der Jetztmensch dann von außerhalb in Südostasien ein? Das müßte vor 70 000–60 000 Jahren geschehen sein, wenn man sich an dem Zeitplan, den die Arche-Noah-Theorie vorgibt, orientiert. Fraglos sprechen manche Anzeichen für anatomische Kontinuität in Südostasien, die meisten Fachleute favorisieren aber die Einwanderungsthese, auch wenn Fossilbelege derzeit nicht zur Verfügung stehen.

Weitgehend besteht Einvernehmen, daß morphologisch moderne Menschen sich als erste aufs offene Meer hinaus wagten. Sie überwanden

„Jenseits von Eden"

die Gewässer der Wallacea und ließen sich vor 40 000 Jahren in Sahul nieder, jener alten Landmasse, die einst Australien und Neuguinea vereinte. 12 000 Jahre später befuhren ihre Nachkommen bereits die See zwischen Neuguinea und den Salomonen. Weiter draußen, in den Weiten des Pazifik, schob der abnehmende Artenreichtum an Tieren und Pflanzen der Ausbreitung von Wildbeutern einen Riegel vor. Noch fehlte es an Kulturpflanzen und Haustieren, die Bootsmannschaften auf See und bei Neuansiedlungen hätten ernähren können.

Noch vor 50 000 Jahren bewohnte die Jetztmenschheit ausschließlich warme und gemäßigte Breiten. Nördlich davon erstreckten sich vom Atlantik bis über den Ural hinaus hügelige Ebenen und Mittelgebirge. Gletscher schnürten diesen Lebensraum ein, und es herrschte große Kälte. Kurz vor 40 000 Jahren scheint *Homo sapiens sapiens* hierher gefunden zu haben, während einer etwas milderen Phase der Weichsel/Würm-Eiszeit. Die Verbreitung jungpaläolithischer Kultur und ihrer Träger, der Cro-Magnon-Menschen, läßt sich ausgehend von Südosteuropa entlang der Donau nach Westen gut verfolgen. Um 30 000 vor der Gegenwart war die Landnahme zu Lasten der eingeborenen Neandertaler abgeschlossen. Die Altmenschen wurden verdrängt oder von den Neuankömmlingen assimiliert. Schon vor 35 000 Jahren hatten sich anatomisch moderne Menschen in der Ukraine, an den Flußtälern von Dnepr und Don niedergelassen, noch ehe die Vereisung zwischen 20 000 und 18 000 Jahren ihrem Höhepunkt zustrebte. Danach setzte die Blüte jungpaläolithischer Jägerkulturen in Europa ein. Mit Recht rühmt man ihre großartigen künstlerischen Leistungen, aber auch ihr Vermögen, sich auf die arktischen Verhältnisse ringsum optimal einzustellen. Der Mensch erweiterte seinen geistigen Horizont und entwickelte neues Gerät. Die Erfindung der Nähnadel beispielsweise ermöglichte die Anfertigung geschneiderter Kleidung, ein nicht zu unterschätzender Vorteil in klirrender Kälte. Mythos und Kunst verschmolzen zu einem reichen Kanon religiöser Symbolik, die sich den Gläubigen in geheimnisvollen Zeremonien offenbarte.

Die unwirtliche Heimat der späteiszeitlichen Jäger ernährte nur wenige Menschen. Bevölkerungsverdichtungen gab es lediglich in geschützten Lagen, dort, wo man mit Sicherheit Wild antraf. Nordspanien, Südwestfrankreich, die Schwäbische Alb sowie die Flußauen in Tschechoslowakei und Ukraine waren solche begünstigten Landstriche. Doch erlaubten seine fortgeschrittenen geistigen und handwerklichen Fähigkeiten dem *Homo sapiens sapiens* auch die Kolonisierung der offenen Flächen, die sich östlich anschlossen.

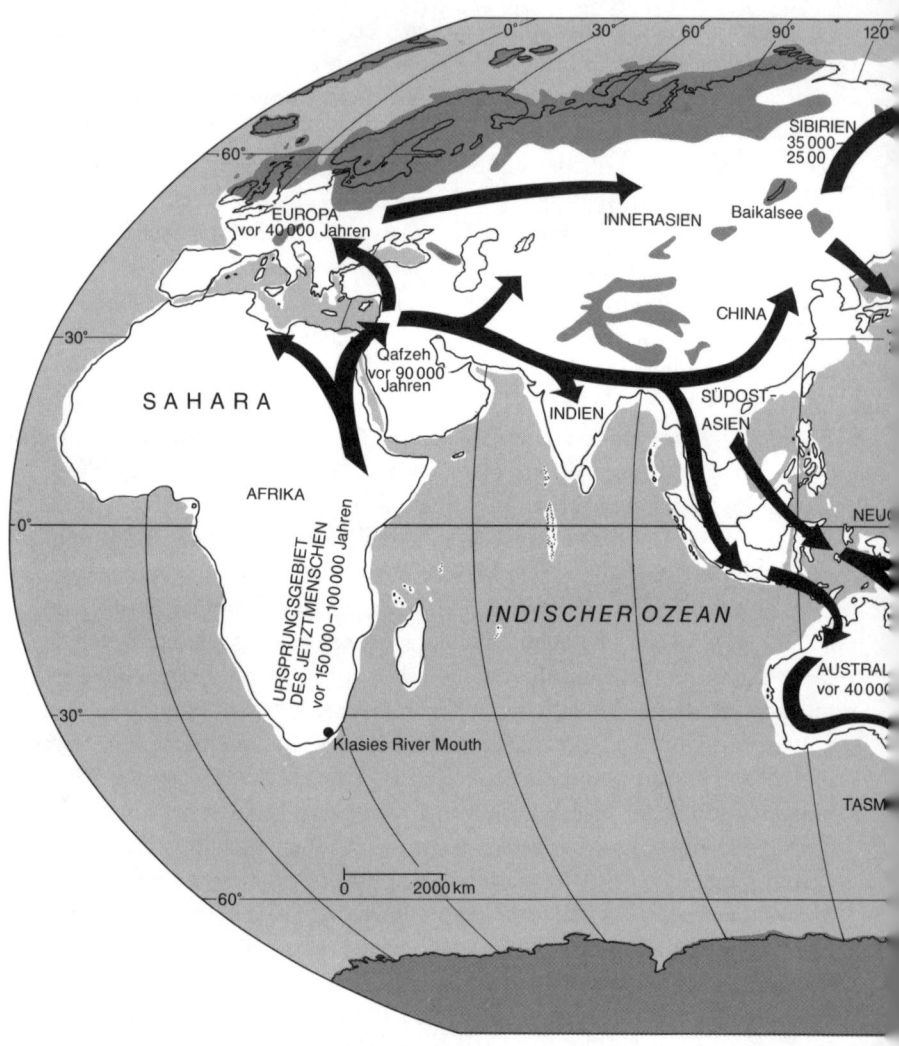

Die Ausbreitung des *Homo sapiens sapiens* über die Erde. Nur ausreichend gesicherte Datierungen wurden berücksichtigt.

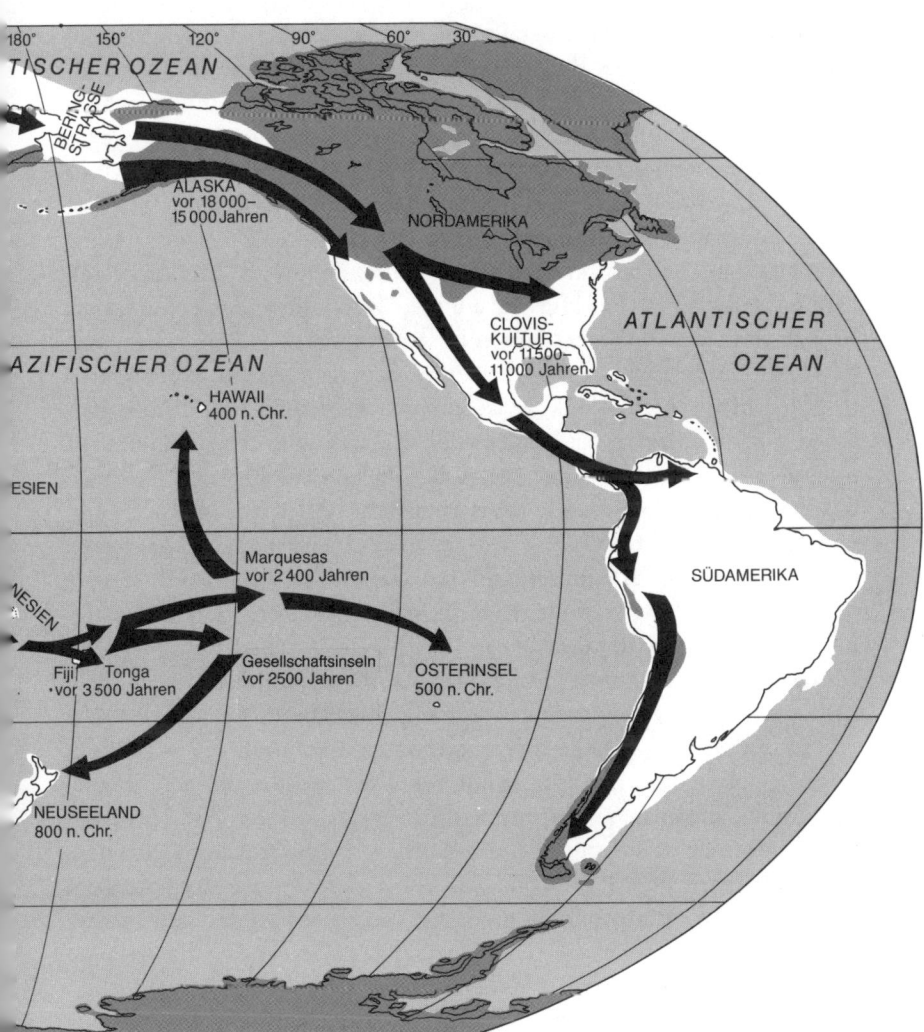

Wir wissen nicht, wann der Jetztmensch in den Steppen Kasachstans und im Altai-Gebirge Fuß faßte, geschweige, was mit den dort ursprünglich ansässigen Neandertalern geschah, aber die ihm zugeschriebenen jungpaläolithischen Klingenkulturen verbreiteten sich gegen 35 000 vor heute nördlich und westlich des Baikalsees in Innerasien. Wie der Zahnmorphologe Christy Turner herausfand, weisen die Gebisse hier geborgener menschlicher Fossilien „sundadonte" Züge auf, im Gegensatz zu solchen aus Nordostsibirien, die „sinodonte" Merkmale zeigen. Laut Turner ist dies Hinweis auf die Abstammung der altsibirischen Völker (und der Indianer) von robusten Vertretern unserer Art, vergleichbar den heutigen japanischen Ainu, wie sie noch vor 18 000 Jahren in Nordchina lebten. Denkbar ist, daß die kulturelle Scheidelinie zwischen Großwildjägern osteuropäischer Prägung und denen Innerasiens irgendwo westlich des Baikalsees verlief. In den Steppen und Gebirgen um den See lag wahrscheinlich das Ursprungsgebiet von Menschen mit mongolidem Habitus, noch weiter im Osten, jenseits der Lena, lebten die Vorfahren der Altsibirier und Indianer. Aber weitere Grabungen und die Auswertung von noch mehr Fossilien sind nötig, um diesbezüglich Klarheit zu schaffen.

Gestützt auf die menschlichen Überreste von Zhoukoudian, Dali, Maba und Xujiayao wurde die Ansicht verfochten, der ostasiatische *Homo sapiens sapiens* habe sich in getrennter Evolution von westlichen Formen entwickelt. Das Calvarium von Dali und die übrigen Schädel aus China, die man einem archaischen Typus unserer Art zuordnet, reichen aber nicht aus, um diese Hypothese zu untermauern. Mit dem ca. 35 000 Jahre alten Fund von Salawusu in der Inneren Mongolei liegt der Forschung ein anatomisch moderner Vertreter vor, der erste sichere Nachweis des Jetztmenschen in Nordchina. Die offenen Steppen im Fundgebiet zwangen ihre Bewohner zu ausgedehnten Streifzügen. Isolation, wie in den Wäldern Südostasiens, war somit ausgeschlossen. Ethnische Kontakte und Genfluß dagegen müssen mit hoher Wahrscheinlichkeit angenommen werden, und man kann wohl davon ausgehen, daß es dort zur Verdrängung altmenschlicher Populationen durch einsickernde Pioniertrupps des *Homo sapiens sapiens* kam. Christy Turners zahnmorphologische Untersuchungen entwerfen das Bild sich mischender Bevölkerungsgruppen. Archaische Elemente, die noch heute nachweisbar sind, unterstreichen das. Ohne weitere Fossilien und archäologische Stätten ist aber auch hier wieder kein definitives Urteil zu fällen.

Vor 25 000 Jahren hatte sich der Jetztmensch über fast ganz Nordasien verbreitet. Er besiedelte einen periglazialen Gürtel, der vom Baikalsee

„Jenseits von Eden"

bis zur Mündung des Amur ins Ochotskische Meer reichte. Wenige tausend Jahre später gingen viele Bewohner der Region zur Fertigung von Mikroklingen über, die sich vortrefflich zur Armierung von Jagdwaffen eigneten. Mutmaßlich entstand diese Tradition in Nordchina, fand aber auch in Japan, auf den mongolischen Steppen und in Nordostasien rasch Nachahmer.

Unklarheit herrscht darüber, wann der Mensch Nordostasien, das Land an der Schwelle Amerikas, betrat. Einige sowjetische Archäologen sind überzeugt, daß *Homo sapiens sapiens* die Flußtäler und Küsten am äußersten Zipfel Asiens bereits vor 35 000 Jahren kolonisierte, doch erst mit der Djuchtai-Kultur, die vor 18 000 Jahren aufzublühen begann, befinden wir uns wieder auf festem chronologischen Boden. Irgendwo hier, in dieser archäologischen Grauzone, liegt der Ausgangspunkt der Besiedlung Amerikas.

Unisono verkünden Genetiker und Zahnmorphologen, daß die ersten Amerikaner aus Nordostasien stammen, mit Wurzeln, die vielleicht zu den archaischen Bewohnern Nordchinas zurückreichen. Die Paläo-Indianer waren Großwildjäger, so wie die meisten ihrer Zeitgenossen im Norden der Alten Welt. Einige aber fingen auch Fische und jagten an den Küsten des heute versunkenen Kontinentalschelfs Seesäuger. Theoretisch bestand die Möglichkeit der Immigration nach Amerika – über die Bering-Landbrücke – bereits vor 30 000 Jahren, genetisches Datenmaterial und der archäologische Befund lassen jedoch eher auf eine Erstansiedlung um 15 000 vor unserer Zeit schließen. Entgegen anderslautenden Beteuerungen datieren die ältesten untrüglichen Hinweise auf die Anwesenheit von Menschen in dem Raum zwischen Alaska und Feuerland lediglich 14 000–12 000 Jahre zurück.

Mit Inbesitznahme der westlichen Hemisphäre war die Ausbreitung von *Homo sapiens sapiens* über den Globus fast abgeschlossen. Nach der frühmenschlichen Diaspora vor vielleicht 900 000 Jahren gelang der Menschheit zum zweiten Mal die Anpassung an unterschiedliche Lebensräume, nun jedoch weltumspannend. Der neuerliche Vorstoß ins Unbekannte befruchtete unsere kulturelle Entfaltung und legte den Grundstein zu rassischer Vielfalt auf Erden. Pflanzenanbau, Viehzucht, Dorfleben und das Entstehen urbaner Zivilisation stehen am Ende eines langen Weges, der in der afrikanischen Savanne seinen Anfang nahm – mit Ausblick auf das bunte und komplexe Panorama der Gegenwart. Es überrascht, wie wenig Zeit verstrichen ist, seit unsere Vorfahren ihre ersten Schritte wagten. Angesichts dieser Tatsache und im Bewußtsein, daß wir alle der selben Wurzel entstammen, vom gleichen biologischen und kulturellen Vermächtnis zehren, sind wir zu Nachdenklichkeit und Bescheidenheit im Umgang mit unseren Mitmenschen aufgerufen. Dies tut not in einer Welt, die der Rassismus zeichnet, und wo es an Nächstenliebe zu mangeln scheint.

Ein Wort des Dankes

Die Schritte bis zur Fertigstellung dieses Buches sind voller Erinnerungen, und ich fand es äußerst anregend, im Austausch mit vielen Fachleuten gestanden zu haben. Doch auch der Pfad, dem ich zurück in die Vergangenheit folgte, hielt stets Überraschungen in Gestalt von Spuren, die unsere Vorfahren hinterließen, bereit. Wer könnte den Augenblick vergessen, als er zum ersten Mal den Originalschädel eines Neandertalers in Händen wog, die Momente, da flackerndes Licht Tiergravuren auf Höhlenwänden Leben einzuhauchen schien, oder das Erlebnis einer arktischen Landschaft, in der unsere Ahnen einst jagten? Daher gilt mein besonderer Dank jenen Freunden und Kollegen überall auf der Welt, die mir erlaubten, mich an den Stätten ihres Wirkens umzusehen, die mir Ausgrabungen zeigten oder sich erboten, wissenschaftliche Details mit mir zu besprechen – bei Tag und Nacht, am Polarkreis, in einem Jet hoch über dem Afrikanischen Graben oder in einem französischen Bistro. Ich hoffe, daß die vorliegende Synthese ihrer aller Arbeit ein akzeptables Gesamtbild abgibt. Die Geduld, die sie meinen aufdringlichen Fragen entgegenbrachten, weiß ich zu schätzen.

Großen Dank schulde ich Professor Richard Scott von der University of Alaska in Fairbanks, der das Manuskript gewissenhaft prüfte, und mich auf manche Unstimmigkeiten, insbesondere im Bereich der Physischen Anthropologie aufmerksam machte. Seine kritischen Anmerkungen wurden bei Durchsicht des Werkes für mich zu einem intellektuellen Abenteuer. Vergessen will ich nicht all jene, die sich bereitfanden, in der dreijährigen „Geburtsphase" Teile der Arbeit zu begutachten. Es sind zu viele, um sie hier namentlich zu würdigen.

Victoria Pryor regte das Entstehen des Buchs an, und sie richtete mich auf, wenn der Weg, den ich einschlug, in einem Dornengestrüpp endete, was bisweilen geschah. Ihr Beistand und ihre Freundschaft verdienen es, hervorgehoben zu werden. An letzter und doch herausragender Stelle erwähne ich Shelly Lowenkopf, dessen Erfahrung als Autor mir oft zugute kam. Immer hatte er ein aufmunterndes Wort parat oder einen guten Rat, wenn die Feder des Verfassers stockte. Das geringste, was ich tun kann, ist, ihm „Aufbruch aus dem Paradies" zu widmen, als Erinnerung an die ungezählten Tassen Kaffee, die wir gemeinsam im Xanadu Coffee Shop in Santa Barbara leerten.

Finanzielle Unterstützung erfuhr das Projekt vom Academic Senate Research Fund, von der University of California in Santa Barabara sowie von den Catticus und Lindbriar Corporations.

Abbildungsnachweis

Textabbildungen
Die Zahlen beziehen sich auf die Seiten im Text.

22 Anatomie des Jetztmenschen, verglichen mit der von Homo erectus. Von Giovanni Caselli.
26 Entwicklung des Homo sapiens sapiens gemäß Kandelaber- und Arche-Noah-Theorie. Von Simon S. S. Driver nach Lewin, Human Evolution (1989).
35 DNS-Stammbaum der Menschheit nach Cann. Nach Lewin, Human Evolution (1989).
39 Baumdiagramm Cavalli-Sforzas. Von Simon S. S. Driver.
49 Faustkeil-Typus. Von Giovanni Caselli; Levallois- bzw. Scheibenkern-Technik sowie Klingentechnik. Von Simon S. S. Driver.
54 Der 1921 in Broken Hill geborgene Schädel eines archaischen Homo sapiens. Nach Our Fossil Relatives, hg. British Museum (Natural History), 1983.
60 Steinwerkzeuge des Howieson's Poort-Typs. Aus: J. D. Clark, Prehistory of Africa, Abb. 50.
64 Lage einiger der im Text beschriebenen Fossilfunde. Im Kasten die chronologische Abfolge dieser Funde nach Günter Bräuer. Von Simon S. S. Driver.
77 Gestielte Projektilspitzen des Atérien.
79 Die Sahara und mögliche Wanderrouten nach Norden. Von Simon S. S. Driver nach J. D. Clark.
84 Lage der Kleinen Feldhofer Grotte im Neandertal nach einem Profilschnitt des 19. Jahrhunderts.
85 Ansichten des 1908 entdeckten Neandertaler-Schädels aus La Chapelle-aux-Saints. Nach Boule.
90 Der gedrungene Körperbau eines Neandertalers im anatomischen Vergleich mit Homo sapiens sapiens. Von Giovanni Caselli.
92 Hypothetische Rekonstruktion einer neandertalischen Winterunterkunft. Von Giovanni Caselli.
95 Angebliche Lage des Neandertaler-Schädels aus der Guattari Höhle. Von A. C. Blanc in: Hundert Jahre Neanderthaler. Köln: Böhlau Verlag 1958.
98 Karte der in den Kapiteln 7 und 8 erwähnten Fundorte. Von Simon S. S. Driver.
104 Emireh-Spitzen aus Mugharet el-Wad. Nach Garrod.
105 Einer der morphologisch modernen Schädel aus Qafzeh. Nach E. Delson / I. Tattershall / Van Couvering (Hg.): Encyclopaedia of Human Evolution and Prehistory.

107	Aufsicht und Seitenansicht eines rekonstruierten Pyramidenkerns. Reproduktion mit freundlicher Genehmigung von Anthony Marks.
119	Der „Peking-Mensch". Nach Weidenreich. Lebensbild rekonstruiert von Giovanni Caselli.
123	Karte des südostasiatischen Verbreitungsgebietes von Bambus und Hacksteingeräten. Von Simon S. S. Driver nach Geoffrey Pope.
130	Schädel aus Sangiran und aus dem Kow-Sumpf. Von Simon S. S. Driver.
137	Mögliche Wanderrouten von Sundaland nach Sahul. Von Simon S. S. Driver.
167	Rentierjägerlager des Jungpaläolithikums in Pincevent, aus der Sicht eines Künstlers. Von Simon S. S. Driver.
171	Der Taschenmesser-Effekt: Die Klingenkerntechnik als Grundlage eines Mehrzweck-Werkzeugsystems. Von Simon S. S. Driver.
173	Jungpaläolithisches Exemplar eines Speeres aus Le Mas d'Azil nach Breuil sowie Schwarzaustralier mit Speer.
177	Perlenherstellung aus einem Elfenbeinstift. Von Simon S. S. Driver nach Marcel Otte.
180	Schamanen oder maskierte Tänzer. Höhlenbilder aus Gabillou und Les Trois Frères in Frankreich.
181	Felsbildkunst der Buschleute im südlichen Afrika. Von J. D. Lewis-Williams.
182	Bemalte Kiesel aus der Höhle Le Mas d'Azil in Frankreich.
185	Übersichtskarte der in den Kapiteln 12 und 13 erwähnten Fundorte. Von Simon S. S. Driver.
189	Tierdarstellungen der jungpaläolithischen Höhlenkunst.
195	Kunst der Mammutjäger. Aus: Piggott, The Dawn of Civilization, S. 38.
201	In Nordchina übliches Verfahren zur Herstellung von Mikroklingen. Nach Tang Chung / Gai Pei in: Journal of World Prehistory (1986), Abb. 7.12.
202	Karte bedeutender archäologischer Fundstätten in Nordostasien. Von Simon S. S. Driver.
203	Geiergravierung und Mammutfigürchen aus Malaja Sija.
204	Elfenbeinschnitzereien aus Mal'ta. Von Simon S. S. Driver nach Abramova.
208	Unterschiede im Zahnbau zwischen Sinodonten und Sundadonten. Zeichnungen von Julie Longhill.
211	Amerika während der letzten Phase der Wisconsin-Eiszeit. Von Simon S. S. Driver.
222–223	Paläo-Indianer nach einer erfolgreichen Rentierjagd aus der Sicht eines Künstlers. Von Ivan Kocsis. Reproduktion mit freundlicher Genehmigung des Museum of Indian Archaeology in London.
229	Postglaziale Seeufersiedlung in Großbritannien. Von Giovanni Caselli. Reproduktion mit freundlicher Genehmigung des Vale and Downland Museum Centre, Wantage.
235	Karte des Inselgeflechts Ozeanien mit Mikronesien, Melanesien und Poly-

Abbildungsnachweis 251

nesien. Aus: Peter Bellwood, The Polynesians. Überarbeitete Ausgabe 1987, Illustration 1.

242–243 Kartendarstellung der Ausbreitung des Homo sapiens sapiens über die Erde. Von Simon S. S. Driver.

Tafelabbildungen

1   Erastus F. Salisbury: Das Paradies (ca. 1865). Shelburne Museum Inc. Shelburne, Vermont.
2, 3   Werkzeuge verändern die Welt. Bild 2: Quelle: Library of Congress; Bild 3: Foto: Jeff Flenniken.
4   Die Geburt der Sprache. Foto: John Moss.
5, 6   Schöpferisches Gestalten. Bild 5: Quelle: Bibliothèque Nationale, Paris, Ms. fr. 21420 f. 101v.; Bild 6: Foto: Fox Photos.
7, 8   Unsere Ahnenreihe. Bild 7: Quelle: Wanderausstellung des Commonwealth Institute, gefördert von IBM; Bild 8: Von Giovanni Caselli.
9–11   Heimat Savanne. Bilder 9 und 10: Fotos: Marshall Bushman Expeditions; Bild 11: Foto: M. Shostak / Anthro Photo.
12   Blick aus der Vergangenheit. Foto: John Wymer.
13   Jenseitsglaube? Von Zdenek Burian. Reproduktion mit freundlicher Genehmigung von Artia, Prag.
14, 15   Die rauhe Welt der europäischen Neandertaler. Bild 14: Von Zdenek Burian. Reproduktion mit freundlicher Genehmigung von Artia, Prag; Bild 15: Von Giovanni Caselli.
16–19   Ausgrabungen im Nahen Osten. Bild 16: Aus: Garrod / Bate: The Stone Age of Mount Carmel. 1937, Bildplatte II; Bild 17: Von Giovanni Caselli; Bilder 18 und 19: Fotos: Bernard Vandermeersch.
20–24   Eine Welt aus Bambus. Bild 20: Quelle: Hong-Kong Tourist Association; Bild 21: Aus: J. G. D. Clark: The Stone Age Hunters, Abb. 8; Bild 22: Foto: Geoffrey Roberts; Bild 23: Foto: Garuda Indonesia; Bild 24: Foto: Geoffrey Pope.
25   Die ersten Australier. Foto: Axel Poignant Archive.
26   Sakralkunst. Foto: J. Vertut.
27–31   Das Geheimnis der Höhlenkunst. Bild 27: Foto: Dr. J. Gaussett; Bild 28: Foto: Laborie; Bilder 29 und 30: Fotos: Archives Photographiques; Bild 31: Foto: B. Pell.
32–35   Des Menschen neue Kleider. Bild 32: Quelle: Musée des Antiquités Nationales. Foto: Archives Photographiques; Bild 33: Quelle: Public Archives Canada, PA 129872. Foto: Richard Harrington; Bild 34: Foto: Dr. J. Gausset; Bild 35: Quelle: Trustees of the British Museum.
36–39   Mammutjäger. Bild 36: Foto: Werner Forman; Bild 37: Foto: Novosti; Bilder 38 und 39: Fotos: O. Soffer.

40 Von Giovanni Caselli.
41 Die Entdecker. Quelle: Musée de l'Homme, Paris.
42–44 Die ersten Amerikaner. Bild 42: Foto: George Frison; Bild 43: Peter Rindisbacher: Assiniboin verfolgen Bisons auf Schneeschuhen. (1833, Ausschnitt). Quelle: Amon Carter Museum, Fort Worth, Texas; Bild 44: Quelle: Arizona State Museum, University of Arizona. Foto: E. B. Sayles.
45 Nach der Eiszeit. Von Giovanni Caselli.
46–48 Der Pazifik wird bezwungen. Bild 46: Foto: P. J. Hughes. Reproduktion mit freundlicher Genehmigung von Professor Jack Golson; Bild 47: Foto: P. Bellwood; Bild 48: Foto: Garuda Indonesia.
49 Das Ende der Reise. Quelle: New Zealand Tourist and Publicity Office.

Weiterführende Literatur

Für die deutsche Ausgabe von „Aufbruch aus dem Paradies" wurde die Auswahlbibliografie auf neuere Arbeiten, insbesondere Aufsatzsammlungen, Regionalmonografien, Handbücher und nur wenige relevante Einzeldarstellungen begrenzt. Dafür sind eine Anzahl in Deutsch erschienener Bücher und Artikel zum Thema oder zu darunter gefaßten Aspekten aufgenommen worden.

Allen, J. et al. (Hg.): Sunda and Sahul. London, 1977
Andrews, P. / Franzen, J. L. (Hg.): The Early Evolution of Man. Courier Forschungsinstitut Senckenberg, 69 (1984)
Bahn, P. / Vertut, J.: Images of the Ice Age. London, 1988
Bar-Yosef, O.: The Prehistory of the Levant. – Annual Review of Anthropology, 9 (1980), 101–133
Bellwood, P.: The Prehistory of the Indo-Malaysian Archipelago. Sydney, 1985
Bosinski, G.: Der Neandertaler und seine Zeit. Köln/Bonn, 1985
Bryan, A. L. (Hg.): Early Man in America from a Circum-Pacific Perspective. Archaeological Researches International 1978
Carlisle, R. (Hg.): Americans before Columbus: Ice Age Origins. University of Pittsburgh Ethnology Monographs, 12 (1988)
Cauvin, J. / Sanlaville, P. (Hg.): Préhistoire du Levant. Paris, 1981
Chard, Ch. S.: Northeast Asia in Prehistory. Madison, 1978
Clark, J. D.: The Prehistory of Africa. London, 1970
Cleland, C. B. (Hg.): Cultural Change and Continuity. New York, 1976
Delson, E. (Hg.): Ancestors: The Hard Evidence. New York, 1985
Fagan, B. M.: Die ersten Indianer. München, 1990
Ders.: Ancient North America. London / New York, 1991
Feil, D. K.: The Evolution of Highland Papua New Guinea Societies. Cambridge, 1987
Fiedel, S. J.: Prehistory of the Americas. Cambridge, 1987
Foley, R. (Hg.): Human Evolution and Community Ecology. London, 1984
Franzen, J. L.: Die Entstehung des Menschen: I. Die ersten Menschen. – Natur und Museum, 116 (1986), 197–214
Gamble, C.: The Palaeolithic Settlement of Europe. Cambridge / New York, 1986
Gordon, B. C.: Of Men and Reindeer Herds in French Magdalenian Prehistory. – British Archaeological Reports, International Series, 390 (1988)
Greenberg, J. H.: Language in the Americas. Stanford, 1986
Hopkins, D. et al. (Hg.): The Palaeoecology of Beringia. New York, 1982
Howard, A. / Borofsky, R. (Hg.): Developments in Polynesian Ethnology. Honolulu, 1989

Howells, W. W. / Trinkaus, E.: The Neanderthals. – Scientific American, 241 (1979), 118–133
Jennings, J. D.: Prehistory of North America. Palo Alto, 1987 (Neuaufl.)
Johanson, D. / Shreeve, J.: Lucy's Kind. Auf der Suche nach den ersten Menschen. München, 1990
Kirk, R. L. / Thorne, A. G. (Hg.): Origin of the Australians. Canberra, 1976
Koenigswald, W. / Hahn, J.: Jagdtiere und Jäger der Eiszeit. Stuttgart, 1981
Kuckenberg, M.: Die Entstehung von Sprache und Schrift. Ein kulturgeschichtlicher Überblick. Köln, 1989
Kwang-chih Chang: The Archaeology of Ancient China. New Haven, 1986[4]
Laville, H.: Rock Shelters of the Périgord. New York, 1980
Leakey, R. / Lewin, R.: Die Menschen vom See. Frankfurt a. M., 1982
Dies.: Wie der Mensch zum Menschen wurde. München, 1985
Leroi-Gourhan, A.: Hand und Wort. Die Evolution von Technik, Sprache und Kunst. Frankfurt a. M., 1980
Lewin, R.: Bones of Contention. New York, 1987
Lieberman, Ph.: The Biology and Evolution of Language. Cambridge, 1984
Lubin, V. P. / Praslov, N. D.: Le Paléolithique en URSS. Leningrad, 1987
Lynch, Th. F.: Glacial-Age Man in South America? A Critical Review. – American Antiquity, 55 (1990), 12–36
Mania, D.: Auf den Spuren des Urmenschen. Berlin, 1990
Martin, P. S. / Kline, R. G. (Hg.): Quaternary Extinctions: A Prehistoric Revolution. Tucson, 1984
Mellars, P. / Stringer, Ch. (Hg.): The Human Revolution, 2 Bde. Edinburgh, 1989/90
Müller, H. E.: Evolution, Kognition und Sprache. Die Evolution des Menschen und die biologischen Grundlagen der Sprachfähigkeit. Berlin, 1987
Müller-Karpe, H.: Handbuch der Vorgeschichte. Bd. 1 ff., München, 1966 ff.
Oliver, D. L.: Oceania: The Native Cultures of Australia and the Pacific Islands. Honolulu, 1989
Pearson, R. J. (Hg.): Windows on the Japanese Past: Studies in Archaeology and Prehistory. Ann Arbor, 1986
Prideaux, T.: Der Cro-Magnon-Mensch. Reinbek b. Hamburg, 1977
Probst, E.: Deutschland in der Urzeit. München, 1986
Renfrew, C. (Hg.): The Explanation of Culture Change. London, 1973
Smith, F. H. / Spencer, F. (Hg.): The Origins of Modern Humans. New York, 1984
Soffer, O.: The Upper Palaeolithic of the Central Russian Plains. New York, 1985
Dies. (Hg.): The Pleistocene Old World. New York, 1987
Spektrum der Wissenschaft: Siedlungen der Steinzeit: Haus, Festung und Kult. Heidelberg, 1989
Thorne, A. G. / Wolpoff, M.: Regional Continuity in Pleistocene hominid evolution. – American Journal of Physical Anthropology, 55 (1982), 337–350

Turner, Ch.: The Native Americans: The Dental Evidence. – National Geographic Research, 2 (1986), 37–46
West, F. H.: The Archaeology of Beringia. New York, 1981
White, P. J. / O'Connell, J.: A Prehistory of Australia, New Guinea, and Sahul. Sydney, 1982
Wolpoff, M.: Palaeonanthropology. New York, 1980
Wright, R. V. S. (Hg.): Stone Tools as Cultural Markers. Canberra, 1977
Wu Rukang / Olson, J. W. (Hg.): Palaeoanthropology and Palaeolithic Archaeology in the People's Republic of China. Orlando, 1985

Register

1. Personenregister

Adovasio, James 214
Ahlquist, Jon 32
Allen, Jim 143
Amundsen, Roald 174
Andel, Tjerd van 82
Andrews, Peter 27, 46, 110, 116, 120, 131

Bar-Yosef, Ofer 106, 110, 155
Beaumont, Peter 56, 57
Belfer-Cohen, Anna 155
Binford, Lewis 93, 94
Birdsell, Joseph 142
Bordes, François 93, 94
Boule, Marcellin 85, 86, 87, 88, 97
Brace, C. Loring 87
Bräuer, Günter 63, 65, 80, 87, 88, 111
Breuil, Henri 153, 158, 172
Butzer, Karl 56, 65

Cann, Rebecca 34, 35, 36, 37, 38, 41, 42, 53
Causse, Charles 74
Cavalli-Sforza, Luigi Luca 40, 131, 239
Chun, Zhen 199
Clark, Desmond 76, 78
Cooke, Basil 56
Coon, Charlton 75
Cosgrove, Richard 145
Cuvier, Georges 84

Dart, Raymond 55, 56
Darwin, Charles Robert 84

Deacon, Hilary 58, 59, 61, 62
Dillehay, Tom 214
Dubois, Eugène 117

Foley, Robert 50, 51, 52, 66
Fresne, Marion du 146
Fuhlrott, Johann Carl 84

Garrod, Dorothy 101–103, 106, 153
Gordon, Bryan 166
Gould, Stephen Jay 30, 41, 238
Greenberg, Joseph 217, 218
Groube, Les 140
Guidon, Niède 213

Haar, Cornelis ter 128
Haeckel, Ernst 117
Hahn, Joachim 183
Harrisson, Tom 129
Horton, William 55
Howells, William 18
Hrdlička, Aleš 86, 87
Hutterer, Karl 121
Huxley, Thomas Henry 12, 84, 85

Irwin, Geoffrey 139
Isaac, Glynn 19, 20

Jelinek, Arthur 106, 108, 110, 132, 239
Johanson, Donald 12, 19
Jones, Rhys 136

Keith, Sir Arthur 103, 104

Kipling, Rudyard 44
Klein, Richard 56, 229
Koenigswald, Gustav Heinrich
  Ralph von 117, 128

Laitman, Jeffrey 97
Laričev, Vitalij 204
Lartet, Édouard 153
Laville, Henri 159
Leakey, Louis u. Mary 12, 19
Leroi-Gourhan, André 159, 160, 183
Lévêque, François 160
Lewis-Williams, David 182
Lieberman, Philip 97f.
Lowenkopf, Shelly 247

Malan, Barry 56
Marks, Anthony 108, 110, 132, 239
Marks, Stuart 45, 46
Marshack, Alexander 183
Martin, Paul 228
Mayer, Franz Joseph Carl 84
McCown, Ted 102, 103, 104
McNeish, Richard 213
Mellars, Paul 152
Močanov, Juri 205, 206
Movius, Hallam 120, 164

Nei, Masatoshi 38, 39, 40
Nelson, Richard 175
Neuville, René 104

O'Connell, James 142, 146
Okladnikov, Aleksej P. 95
Otte, Marcel 178

Pauling, Linus 31
Pope, Geoffrey 122, 123, 126
Praslov, N. D. 196
Protsch, Rainer 57
Pryor, Victoria 247

Roychoudhury, Arun 39

Runnels, Curtis 82
Rust, Alfred 104

Sapir, Edward 218
Sarich, Vincent 31, 32
Schaaffhausen, Hermann 84
Scott, Richard 247
Scott, Robert 174
Shackelton, Nick 58, 59, 82
Sibley, Charles 32
Singer, Ronald 57
Smith, Fred 156
Soffer, Olga 188, 192–197
Speke, John Hanning 73
Stoneking, Mark 34, 37, 38
Stringer, Chris 27, 46, 63, 75, 87, 110, 116, 121, 131

Taborin, Yvette 178
Thorne, Alan 129, 130, 131, 147
Tobias, Philip 97
Trinkaus, Erich 87–89
Turner, Christy 207, 209, 217, 244, 245

Valladas, Hélène 109
Vandermeersch, Bernard 105, 106, 110, 160
Virchow, Rudolf 84
Vrba, Elisabeth 23

Wallace, Douglas 37
Watanabe, Hiroshi 121, 122
Weidenreich, Franz 86
Wells, Lawrence 56
Wenzhong, Bei 117
White, Peter 142, 146
White, Randell 178
White, Tim 19
Wilson, Allan 28, 31, 32, 34, 36, 37
Wolpoff, Milford 25, 27, 37, 38, 69, 87, 91, 110, 129–131, 240
Woodward, Arthur 54, 55

Wymer, John 57, 58, 59, 61

Xinzhi, Wu 130, 198

Zubrow, Ezra 161
Zuckerkandl, Emile 31
Zwigelaar, Tom 53

2. Orts- und Sachregister

Abschläge (s. a. Klingenabschläge) 19, 48, 56, 59, 61, 77, 93, 106, 108, 109, 122, 124, 132, 135, 140, 141, 147, 154, 158, 159, 169, 190, 201, 206, 214, 220, 221
Abschlagstechnik 77, 101, 132, 169, 200
Abu Hureya 232
Adam 11
Afar-Senke 43, 63
Affen (s. a. einzelne Arten) 51, 85, 121
Afontova Gora/Ošurkovo 204–206, 215
Afrika 18, 21, 24, 26, 27, 34, 36–38, 40–42, 45, 48, 50–53, 65, 66, 79, 81–84, 87, 98, 100, 111, 120, 125, 128, 131, 151, 161, 163, 228, 238
– Nord- 25, 72, 73, 75, 76, 78, 79, 80, 93
– Nordwest- 100
– Ost- 12, 27, 29, 44, 76, 125, 238
– Süd- 19, 27, 43, 56–59, 62, 63, 80, 110, 239
– Südost- 50
– Zentral- (s. a. Schwarzafrika) 51, 122
Afrikaner 35, 36, 38, 40, 89
Afrikanischer Graben 43
Agamen 121
Ahlen 161, 172, 175
Ahmarien 154
Aibura 141
Ainu 147, 201, 207, 244

Alaska 16, 81, 206, 209, 210, 213, 215, 219, 220, 227
Aldan-Fluß 206
Alëuten 217, 218
Algerien 77
Algonkin-Völker 218
Allensche Kegel 89
Alpen 82, 151
Altägypter 72
Altai 203, 205, 215, 244
Altamira 15, 153, 179, 184
Altsibirier 218, 244
Amazonasbecken 228
Amerika 210–228, 238
– Erstbesiedlung 13, 206, 209–219, 245
– Mittel- 213, 221, 232
– Nord- 119, 214, 218–221, 227, 229, 231
– Süd- 40, 213, 214, 220, 221, 232
Amud 104
Amur 205, 215, 216, 244
Anatomie, s. Körperbau
– anatomische Modernität 51, 54, 63, 65, 75, 78, 79, 88, 89, 103, 105, 110, 115, 128, 129, 144, 147, 151, 152, 155, 198, 201
Andamanen 147
Angara-Fluß 215
Angola 44
Antarktis 16
Ante-Neandertaler 80, 87, 93
Antilopen 13, 19, 23, 44, 45, 47, 50, 78

– Saiga- 92, 178, 190, 199, 212
Arabische Halbinsel 116
Arafura 133, 142
Arche-Noah-Hypothese 18, 24, 25, 27, 28, 30, 38, 79, 80, 88, 100, 110, 115, 120, 129, 134, 240
Arcy-sur-Cure 159–161
Arnhem Land 144
Aruak/Tucano-Sprache 218
Asiaten 36, 38, 40, 83, 115, 121, 124, 239
Asien (s. a. Indien, Naher Osten, Sibirien) 18, 22, 25–27, 34, 37, 48, 87, 115–118, 123, 125, 131, 168, 215, 216, 218, 238, 240
– Inner- 81, 91, 205, 207, 232, 244
– Klein- 81
– Mittel- 25, 202
– Nordost- 198–209, 219, 244, 245
– Ost- 120, 122, 126, 209, 215
– Süd- 48, 163, 240
– Südost- 13, 16, 37, 87, 116, 121, 122, 124, 126–134, 146, 199, 234, 239
– Vorder- 25, 111, 129, 130, 134, 155, 240
Asowsches Meer 197
Atérianer, Atérien 77, 78
Athapasken 217, 218
Atherton-Gebirge 143
Äthiopien 43, 232
Atlas-Gebirge 67, 75
Auerochs 165, 183, 230
Auerwild 165
Aurignacien 153–162, 169, 172, 178
Australien (s. a. Schwarzaustralier) 16, 17, 34, 40, 116, 126, 127, 133, 134, 136, 138, 139, 141–146, 151, 228, 231, 232, 238, 240, 241
Australopithecus 19, 53, 55, 97
Austral-Inseln 236

Austronesier 234
Äxte 124, 133, 147
Azzel Matti 74

Bacho Kiro 157
Baikalsee 203–205, 209, 215
Bali 133
Balkan 156
Bambus 121, 124–126, 132, 135, 138, 146, 240
– Technologie 13
Bambusgeräte 124
Bambusratten 126
Bananen 234
Bandkeramiker 230
Banteng 128
Bär 95
– Braun- 80, 165
– Höhlen- 80, 95, 165
– Kurzschnauzen 228
Barnfield 83
Basalt 126
Bass-Landbrücke 146
Batari 141
Bauernkultur 230
Beeren 83, 118, 122, 215, 230
Begräbnis, s. Totenbestattung
Behälter 124, 141
Behausung (s. a. Windschirme, Zelte) 83, 89, 91, 124, 140, 144, 154, 160, 164, 170, 175, 190, 191, 194, 196, 204, 214, 231, 232
Beile 124, 140
Belau 234
Berber 72
Berelech 206
Bergkristall 196
Beringia 210, 212, 215, 216, 218, 219
Beringstraße 24, 196, 206, 209, 210, 215
Bering-Landbrücke 210, 211, 245
Bernstein 176, 196, 197

Bevölkerungsdichte (s. a. Siedlungs-
  dichte) 83, 92, 100, 187
Biber 165
Biltong 66, 67
Bilzingsleben 83, 87
Birkwild 165
Birma 125
Bismarck-Archipel 236
  – see 140
Bison 92, 221, 230
Blasrohr 121
Bluefish Caves 219
Bluff-Felsvorsprung 145
Bobongara 140
Bodenfaultier 221
Bodo-Mensch 63
Bogen, s. Pfeil und –
Bohnen 232
Bohrer 48, 61, 178
Boker Tachtit 108–110, 132, 155
Bola (Wurfwaffe) 199
Bone Cave 145
Boomplaas-Höhle 62
Boote, Bootsbau (s. a. Einbaum,
  Floß, Kanu, Wasserfahrzeuge)
  136, 216
  – Doppelrumpf- 235, 236
Boqueirão de Pedra Furada 213
Border Cave 55, 56, 57, 59, 61,
  63–66
Borneo 127, 133, 138, 234
Bosporus 187
Brandrodung (s. a. Rodung) 125,
  143
British Columbia 206
Broken Hill 53–55
Brünn 162
Bucheckern 230
Büffel
  – Gras- 77
  – Langhorn- 78
  – Schwarz- 47, 78
  – Wasser- 77, 126, 128
Buka 140 f.

Bukk-Berge 157
Buschleute 46
Canecaude 166
Cango-Tal 62
Celebes, s. Sulawesi
Chalzedon 221
Châtelperronien 158–161, 168,
  205
Chile 214
China 116, 118, 147, 198–201,
  206, 244
  – Nord- 244
  – Sprache 218
  – Süd- 122, 135, 138, 234

Chopper 120, 122, 124, 125, 132,
  147, 201, 206, 214
Clovis 220, 221
Cohuna 147
Combe Grenal 93, 94
Cranium, s. Schädel
Cro-Magnon-Mensch 153, 154,
  156, 157, 161, 162, 164–178,
  180–184, 241

Dachs 165
Dakar 77
Dali 118, 131, 198, 244
Dar-ês-Soltan 75, 80
Desâna 183
Devil's Lair-Höhle 143
Dingcun 118, 198
Dingo 148
Dinotherium 228
Diprotodonten 136
Djuchtai 205, 206, 216, 219, 245
Dnepr 186, 187, 197, 241
Dnestr 92, 186, 187, 192
Don 186, 187, 192, 241
Donau 16, 156, 157, 186, 241
Dordogne 164
Dörfer 194, 203, 231, 232, 245
Drachenberghöhle, s. Zhoukoudian
Dromedar 72

Dschungel 121, 125, 126
Ducker 44, 46

East Turkana Distrikt 53
Ehringsdorf 88
Eicheln 231
Eichen 76, 100, 231
Einbaum 139
Einkorn 231
Eiszeit (s. a. Hengelo-Interglazial, Kargin-Zwischeneiszeit, Klima, Moershoofd-Interglazial, Pleistozän) 15–17, 25, 74, 84, 98, 122, 132, 133, 143, 145, 162, 227
– Große- 67, 72
– letzte- 16, 59, 62, 74, 81, 84, 115, 122, 133, 135, 138, 141, 144, 145, 153, 163, 186, 187, 190, 210, 212, 215, 219, 224, 241
– Spät- 145, 165
– Weichsel/Würm- 163
– Wisconsin- 212, 219
– letzte Zwischen- 16, 59, 65, 78, 80, 100, 186
el' Ater-Höhle 77
Elch 165, 230
Elchgiraffe 77, 228
Elefant 23, 46, 47, 76–78, 122, 128, 214
Elfenbein 160, 190, 206
-geräte 170
-kunst 179, 203
Eliye Springs 65
Emiliani-Kurve 58, 133
Emireh-Höhle 101
Emireh-Spitzen 101, 103
Emu 145
„Eoanthropus dawsoni" 86
Erg Chech 74
Erg Tihoudaine 77
Eskimo 89, 94, 174, 175, 216
-sprache 218
et-Tabūn, s. Tabūn

Eukalyptus 143
Euphrat 231
Eurasien 16, 83, 100, 153, 227, 228, 238
– Südwest- 162
– West- 48, 80, 82, 120, 163
Europa 16, 18, 22, 25–27, 34, 73, 81–83, 85, 87, 93, 100, 103, 128, 140, 151–153, 161–164, 172, 177, 238, 239, 241
– Mittel- 86, 87, 92, 155, 166, 178, 232
– Nord- 186
– Ost- 86, 178
– Süd- 80, 153
– Südost- 151, 155, 158, 241
– West- 48, 87, 158, 166, 179
Europäer 38, 83, 155
Europide 39, 40, 209, 239
Eva 11, 37, 41–43
– afrikanische- 11, 35, 36, 238
– biblische 37
– in Asien 37
Eyasi 63

Fackeln 21
Fallen 47, 121, 124, 165
Fallensteller (s. a. Jagd) 92, 191
Fanggatter 221
Fasane 121
Faustkeile 14, 48, 77, 93, 120, 121, 122, 124
– als Grabbeigabe 94
Feldbau 125, 230, 232, 234, 245
Feldhofer Grotte 83
Felle 94, 154, 174, 175, 194, 204
Fell-Höhle 220
Felsbilder (s. a. Höhlenkunst) 73, 144, 182, 183, 213
Feste 184
Feuchtwälder 50
Feuer (s. a. Brandrodung) 21, 22, 47, 58, 59, 66, 83, 91, 109, 117, 125, 126, 238

Feuerstein (s. a. Werkzeug) 100, 159, 175, 196
Fibrolith 221
Fiji-Inseln 236
Finno-Ugrier 218
Fische 50, 67, 77, 78, 165, 200, 229, 231
Fischfang 77, 135, 138, 140, 165, 215, 221, 231, 245
Fischotter 165
Flechten 165, 188, 212
Fledermäuse 234
Fleischkonservierung (s. a. Biltong) 66, 67, 83, 94
Flint 157, 176
Florentine River 145
Florisbad 65
Floß, Floßbau 134, 136, 138, 139
Flughunde 140, 234
Flußpferd 19, 23, 73, 77, 128
– Riesen- 126
Folsom 220
Fontéchevade 88
Frankreich 16, 81, 158, 160, 178, 241
Frauendarstellung 179, 195, 196, 204
Fruchtbarkeitsriten 184
Früchte (s. a. einzelne Arten) 11, 44, 51, 67
Frühmensch, s. Homo erectus
Fuchs
– Polar- 165
– Rot- 165
– Steppen- 188

Gabelbock 221
Garten Eden 11, 153
Gartenkürbis 232
Gazellen 23, 190, 231, 232
Geier 190
Geißenklösterle-Höhle 183 f.
Gemse 165
Gene 11, 30, 34, 38, 42

Genetik 29–41, 216
Genfluß 87, 131, 157, 244
Genfrequenzen 38, 40
Genom 32
George Lake 143
Gepard 190
Geröllgeräte 14, 120, 122, 124, 125, 132, 134, 205
Gerste 232
Geschoßköpfe, s. Projektilspitzen
Geselligkeit 168
Gesellschaftsinseln 236
Gesellschaftssysteme (s. a. Sozialstruktur) 230, 231
Getreideanbau (s. a. Gerste, Roggen, Weizen) 231, 232
Geweihgeräte 154, 168, 170, 172
Geweihstangen 170, 172, 174
Gibbon 122
Gibraltar 73, 80, 82, 88, 100
Giljaken 216
Glazial, s. Eiszeit
Gletscher (s. a. Eiszeit) 16, 82, 145, 151, 187, 192, 214, 219, 224, 241
Gnu 44
Gobi Wüste 200
Gorilla 31, 32
Grabbeigaben 94, 95, 177, 192 f.
Granit 159
Gras (s. a. Bambus) 44, 165, 230
Grasland (s. a. Steppe, Tundra) 76, 100, 122, 136, 188, 212
Gravettien 162, 169, 179
Gravuren (s. a. Felsbilder) 144, 154, 174, 179, 180, 203
Great Plains 230
Grobkernindustrie 240
Großbritannien 81
Großflores 133
Grubenhaus 231
Guayaquil 231
Guitarrero 220
Güterverteilung 231

Hacken 48, 170
Hacksteingeräte 120–122, 125
Hadar 12, 18
Haida 218
Halsketten 178, 196
Hämmer 20, 61, 109, 159
Handel (s. a. Tauschhandel) 158, 166, 168, 169, 176, 193, 196, 197, 201, 234, 235
Harpunen 170, 172
Hasen 172, 196, 229
– Schnee- 165
Haua Fteah-Höhle 75
Haustiere (s. a. einzelne Arten) 232, 236, 241
Häute (s. a. Leder) 160, 164, 170, 174, 175
Hawaii 236
Heirat 168, 176
Hengelo-Interstadial 151
Hexian 118
Hirn
– Evolution 20
 -kapazität 20, 65, 129, 199
 -volumen 19, 21, 66, 85, 118, 128
Hirsch 92, 118, 128, 165, 170, 221, 230
– Felsmalerei 138
– Axis- 117
– Dam- 92, 231
– Muntjak- 135
– Riesen- 80, 165
– Rothirsch- 80, 165
– Sambar- 126
Hirschhornspitzen 172
Hochkratzer 154
Höhlenkunst, -malerei (s. a. Felsbilder, Gravuren, Tierdarstellung) 15, 96, 153, 177–181, 183, 247
– Abwehrzeichen 145
– in Tasmanien 145
Holozän 141, 146, 147, 227–232

Holz (s. a. Bambus) 121, 135, 160, 206
– Mangroven- 136
Hominiden 18, 55, 63, 65, 66, 116, 238
Homo erectus 19, 21–27, 46, 63, 66, 116–118, 121, 122, 126–133, 135, 146, 200, 238, 240
– Hirnkapazität 129
– Nahrung 23, 118
– Wanderung aus Afrika 24, 38, 116
Homo habilis 19, 20, 23, 43, 53, 116, 123, 125, 239
Homo heidelbergensis 27, 46, 63, 66, 83, 121
Homo modjokertensis 116, 238
Homo neanderthalensis, s. Neandertaler
Homo rhodesiensis 55, 65
Homo sapiens 12, 24, 26–29, 36, 37, 41, 43, 46, 51, 63–66, 75, 77–79, 81, 86–89, 96, 103, 118, 127, 128, 135, 153, 161, 198, 201, 205
– afrikanischer Ursprung 43, 60, 79, 110
– Wanderung nach Europa 100 f.
Homo sapiens sapiens 12–15, 17, 18, 25–28, 41, 50–53, 55, 57, 60–66, 73, 79, 80, 84–89, 91–98, 100, 102, 103, 106, 109–111, 115, 120, 123, 128, 129, 131–135, 146, 147, 151, 156, 160, 161, 163, 167, 177, 178, 190–193, 198, 205, 207, 227, 228, 239–245
– Anpassungsvermögen 14, 50, 51, 78, 91, 151, 163, 164, 187, 191, 192, 228, 232, 236
– Erscheinen in Asien 25, 110, 111, 129–131
– Jagdtechnik 66, 89, 91, 97, 152, 191

- Sprachvermögen 14, 15, 97, 98
- Ursprung 12, 13, 18, 24–43, 50, 57, 60, 66, 79, 80, 87
- Vergleich mit Neandertaler 88–91, 96–98, 156
- Wanderung aus Afrika 40, 100, 116
- – nach Amerika 212–215

Homo sapiens soloensis 128, 147
Honshu 201
Hopefield 63
Horn von Afrika 67
Hornvögel 121
Howieson's Poort 61–63
Huang He 199, 232
Hufkrallentiere 228
Hühnerhaltung 234
Hülsenfrüchte 231
Huon-Halbinsel 133, 140, 146
Hyäne 20, 24, 45
- Tüpfel- 165, 190

Impala 46
Indianer 40, 198, 214, 216–218, 231, 239
- Paläo- 216, 220–224, 229, 245

Indien 131, 200, 240
- Hinter- 17, 122, 124, 133, 135, 138, 146, 234
- Vorder- 118, 120, 131, 134, 238

Indigirka-Fluß 206
Indischer Ozean 44, 59
Indonesien 234
Indus 232
Initiationsriten (s. a. Reifezeremonien) 179f., 183
Insekten 21
„Inselspringen" 136, 138, 141, 233, 236
Interglazial, s. Eiszeit
Israel 100
Istállösko 157
Italien 82

Jabrud-Höhle 104
Jagd, Jäger (s. a. Wildbeuter) 13, 21, 45–47, 51, 59, 76–78, 80–83, 85, 91, 98, 118, 126, 154, 157, 165, 166, 168–170, 176, 188, 190–193, 196, 199, 201, 207, 219, 221, 228, 230–232, 238, 241, 244, 245
- Cro-Magnon-Mensch 153, 166–168
- Darstellung in der Kunst 152
- Neandertaler 91–93, 98
- Großwild- 21, 121, 122, 188, 202, 204, 205, 215, 221, 227–230
- Seetier- 215, 216, 219, 245
- Treib- 21
- Vogel- 165

Jagdtechnik (s. a. Fallen, Fanggatter, Feuer, Schlingen) 45, 76, 152, 172, 193, 221, 245
Jagdwaffen, Jagdgerät (s. a. Blasrohr, Harpune, Pfeil und Bogen u. a. Waffen) 63, 152, 172, 173, 200
Jagdzauber 181
Jäger und Sammler (s. a. Wildbeuter) 11, 12, 20, 21, 43, 47, 57, 59, 66, 76, 125, 135, 136, 196, 215, 230–232
Japan 199–201, 228, 245
Java 118, 122, 127, 128, 133–135, 234, 240
Jebel Irhoud 75, 80
Jenisej 203–205, 215
Jenseitsglaube 95, 98
Jersey 93
Jetztmensch, s. Homo sapiens sapiens
Jinniushan 118
Judäa 155
Jukagiren 216

Kabuh 128
Kabwe-Fossilien 53–55, 63

Register

Kafiavana 141
Kalahari 36, 44
Kalender 183 f.
Kalifornien 231
Kamele (s. a. Dromedar) 122, 199, 221, 228
Kanalküste 81
Kandelaber-Theorie 18, 24–28, 37, 38, 87, 100, 110, 129, 198
Känguruh 136, 145
Kaninchen 229
Kanjera 65
Kanu 134, 139
Kao Pha Nam 126
Kap der Guten Hoffnung 62, 67
Kapern 231
Kara Bom 203
Kargin-Interstadial 216
Karibu 221
Karmelberg 94, 101–104, 153
Karroo 44
Karthum 77
Kasachstan 244
Kebara 104, 106
Kedung Brubus 117
Keilor 147
Kenya 76
Keramik (s. a. Tonscherben) 231
 – Lapita- 236
Kerbsteine 48
Kerne (s. a. Klingen-, Pyramiden-, Scheiben-, Zylinder-) 48, 101, 108, 169, 200, 203, 206, 220, 221
Kerngeräte 140
Keulen 47
Khartum 77
Kieferknochen (s. a. Spitzkiefer) 58, 59, 75, 86, 88, 117, 118, 129
Kilu 140 f.
Kinderfürsorge 20
Klasies River Mouth 57–66, 80, 94, 229, 239
Kleidung 83, 91, 169, 174, 175, 190, 193, 228, 241
 – Bambus- 124
 – Fell- 91, 190
Kleinklingenindustrie 62, 161, 199, 200, 206
Kleinkunstwerke 174, 179, 183, 184
Klima, -veränderungen (s. a. Eiszeit) 15–17, 23, 24, 50, 58, 62, 72–74, 76, 133, 134, 136, 142, 145, 147, 148, 151, 159, 163, 168, 186, 188, 193, 227
Klingen (s. a. Mikroklingen) 50, 55, 56, 61, 62, 77, 108, 109, 111, 132, 153, 154, 156, 158, 161, 169, 170, 172, 190, 192, 199–201, 203, 205, 214, 220, 239, 240, 244
Klingenabschläge (s. a. Abschläge) 61, 62, 169, 199
Klingengeräte 56, 101, 103, 109
Klingenkerne 168
Klingenmesser 56
Klingentechnologie (s. a. Levallois-Technik, Moustérien) 62, 103, 106, 108, 109, 125, 154, 156, 159, 169, 175, 201, 203
Knochengeräte 132, 154, 160, 161, 170, 203
Knollen (Pflanzen-) 67, 125
Knollen (Stein-), s. Steinknollen
Knollengewächse 232
Koobi Fora 19, 30
Koonalda Cave 144
Korb 214
Korea 199
Körner 67
Körperbau (s. a. Skelett und einzelne Körperteile) 63, 65, 75, 78, 79, 84–90, 104, 105, 110, 117, 130, 162, 200
Korsika 82
Kosipe 141
Kostenki 192, 196
Kosushima 201
Kow-Sumpf 129–131, 147

Krabben 140
Kranich 165
Krapina 88
Kratzer (s. a. Hochkratzer) 200
Krim 92
Krokodile 77
K'sar Akil 155
Kudus 46
Kuk-Sumpf 234
Kult-Feste 184
Kult-Räume 95, 179
Kulturpflanzen (s. a. einzelne Pflanzen) 234, 241
Kung-Buschleute 36 f.
Kunst (s. a. Felsbilder, Frauendarstellung, Gravuren, Höhlenkunst, Tierdarstellung) 14, 15, 20, 96, 153, 163, 166, 177, 178, 180, 196, 203, 204, 241
Kürbis 140
Kutikina-Höhle 145

La Chapelle-aux-Saints 85–87, 94, 97
La Ferrassie 95, 169
La Hoguette 230
La Madeleine 166, 177
Lachs 172, 230
Laetoli 19, 65
Landwirtschaft (s. a. Feldbau, Tierzucht) 233
Lantian 117
Lanzen 91, 124
Lapita 236
Lascaux 15, 179, 181, 184
Laugerie Haute 165
Le Mâs d'Azil 174
Le Moustier (s. a. Moustérien-Kultur) 93, 94
Le Tuc d'Audoubert 179
Leang Burong 135
Lebombo-Berge 55
Leder (s. a. Häute) 154, 175
  -verarbeitung 169

Lena 205, 209, 215, 244
Leopard 24, 165
Les Combarelles 180
Les-Eyzies-de-Tayac 153
Levallois-Technik 48, 56, 77, 78, 93, 101, 102, 108, 120, 132, 159, 199, 203
„Levalloiso-Moustérien", s. Moustérien
Levante 76, 100, 101, 110, 151, 239
Lianen 121, 136
Libanon 100, 108, 155
Libyen 82
Limpopo 44
Liujiang 120, 199
Long Rongrien 134
Lößboden 187 f., 190
Lowasera 231
Löwe 20, 23, 44, 45, 136, 165, 183, 228
Luchs 165

Maba 118, 131, 198, 244
Mačaj 95
Madagaskar 234
Magdalénien 162, 166, 169, 172, 178, 221
Mahlsteine (s. a. Reibsteine) 67
Mais 232
Makaken 135
Malaja Sija 203–205
Malangangerr 144
Malawi 44, 66
Malawi-See 43
Malaysia 133, 147
„Malstifte" 144
Mal'ta 204, 205, 215
Mammut 92, 93, 160, 187, 188, 194, 203–207, 221, 228
  -Felsmalerei 183
  – Kältesteppen- 80, 82, 165, 188, 212
Mammuthaus 160, 194, 196

Maniok 232
Mannahill 144
Marokko 75, 77
Marquesas-Archipel 236
Massif Central 164
Mauer, Krs. Heidelberg 27
Maya, s. Penuti/Maya
Meadowcroft 214, 220
Meeresspiegelschwankungen 16, 58, 59, 81, 100, 121, 127, 133, 135, 136, 140, 142, 210, 227f.
Meerkatzen 50, 51
Melanesien 139
Melanesier 234
Menschenaffen (s. a. Gorilla, Orang-Utan, Schimpanse) 31, 32, 37
Menschendarstellung (s. a. Frauendarstellung) 184
Messer (aus Stein) 49, 50, 61, 77, 153, 159, 172, 199, 200, 214
– Bambus- 124
– Holz- 135
– Schlacht- 19, 221
Mezin 194
Mežirič 194, 196, 231
Mikroklingen, Mikrolithen (s. a. Kleinklingenindustrie) 199–201, 205, 206, 215, 245
Miombe-Wald 44
Mississippi 230
Mitochondrien-DNS 33–36, 41
Mitochondrien-Stammbaum 34f.
Mittelmeer 81, 100
Mittelmeerraum 73, 80, 85, 91, 239
Modjokerto 116
Moershoofd-Interstadial 151, 161
Mogočino 205
Mokassin 175, 193
Molekular-Uhr 32, 38
Molodova V. 187, 192
Molukken 133, 138
Mongolenfalte 217

Mongolide 39, 209, 217, 218, 234, 239, 244
Monsunwald 124, 135
Monte Circeo-Höhle 95
Monte Verde 214, 220, 221
Mortalität 161
Moschusochse 165, 196, 205
Mossgiel 147
Moustérien-Kultur 75, 93, 101–103, 105, 106, 108, 110, 153, 155, 156, 159–161, 187, 192
Movius-Linie 132, 240
Mugharet el' Aliya 75, 78, 80
Mugharet el' Wad 101–103
Mumba-Abri 65
„Mungai-Messer" 214
Mungo Lake 144, 147
Murmeltier 188
Muscheln 57, 58, 135, 136
– Nahrung 59, 67, 126, 135, 140, 144, 221
– Schmuck 154, 177
Mutation 31, 33, 34, 36, 38
Mutationsrate 33, 36, 38
Mythen 154, 182, 241
– Bildl. Darstellung 152, 182

Nadeln 174, 175, 190, 241
Nagetiere 21, 105, 121
Naher Osten 13, 26, 48, 78, 80, 86, 92, 93, 98–100, 103–106, 108, 110, 116, 128, 151, 154, 155, 161, 231, 240
Nahrung (s. a. einzelne Nahrungsmittel) 21, 51, 89, 121, 126, 154, 193, 214, 228, 229, 230, 231
Namibia 44
Nasenlidfalte, s. Mongolenfalte
Nashorn 93, 122
– Breitlippen- 78
– Fell- 82, 165, 188, 204
– Halbpanzer- 117
Navigation 139, 235
Ndutu 63

Neandertaler 11, 12, 25, 26, 54, 55,
   80–99, 101–104, 106, 110, 111,
   131, 140, 151, 153, 156–161, 167,
   175, 186, 187, 192, 239, 241, 244,
   247
 – Anatomie 84–90
 – Jagd 91–93, 98
 – Lebensweise 91–93
 – Schädel 11, 12
 – Sprache 96–98
 – Totenbestattung 94–96
 – Werkzeugherstellung 93, 94
Neanthropinen 103
Negev-Wüste 108
Negride 39
Negritos 147
Nelson's Bay Cave 229
Neubritannien 140
Neue Hebriden 236
Neuguinea 17, 34, 40, 126, 127,
   133, 136–140, 142, 146, 147, 234,
   241
Neuseeland 237
Neu-Irland 140, 141
Neu-Schottland 221
Ngandong 127, 130, 131, 134, 135
Niah 127, 129, 134, 135
Niaux 184
Niederlande 16
Niger 72, 74
Nigeria 74
Nil 43, 48, 72, 73, 77–80, 100,
   232, 239
Nitchie Lake 147
Nombe 141
Nordsee 82, 163
Notopuro 128
Nunamiut, s. Eskimo
Nüsse 11, 44, 51, 230, 231
Nutzpflanzen (s. a. einzelne Arten)
   140

Ob 205
Oberschenkel 117

Obsidian 140, 201
Obst, s. Früchte
Ocker 144, 154, 159, 170, 178
Okinawa 201
Olduvai-Schlucht 19, 30, 53
Oligozän 32
Omo-Schädel 75
Omo-Tal 65, 80
Orang-Utan 31, 32, 122
Ordos 199
Ornamente 175, 179
ORS 7-Abri 145
Osterinsel 236
Oudtshoorn 62
Ozeanien 125, 201
Ozeanier 40, 234, 235

Pakistan 116
Paläolithikum 178
 – Jung- 101–103, 109, 132, 152,
   153, 155–158, 161, 162, 166,
   172, 175, 178, 179, 183, 192,
   205, 207, 231, 239, 241, 244
 – Mittel- 48, 55–59, 61, 62, 77,
   78, 101, 102, 109, 132, 153,
   157, 159, 187
 – Ober- 101, 103, 108, 109, 156,
   158, 160, 204, 205, 209
Palästina 73, 81, 99–101, 110,
   111
Palau, s. Belau
Palawan 133
Paletten 159
Palmfasern 124
Panzertier 221, 228
Papuas 40, 136, 147, 234
Pataud 164, 165
Paviane 51
Pavlovien 162
pazifische Inseln 233
Pazifischer Ozean 139, 233–236,
   241
Pečora-Becken 192
Peking-Mensch, s. Zhoukoudian

Pelzkleidung u. -verarbeitung 174, 175
Penuti/Maya-Sprache 218
Perforationsinstrumente 108
Périgord 92, 153, 163, 164, 166
Perlen 177, 178, 193, 196
Perlhühner 47
Petralona 88
Pfeffer 232
Pfeil und Bogen 45, 172, 200
Pferd 122, 128
 – in der Kunst 15, 183, 192
 – Wild- 92, 94, 118, 190, 203, 212, 221
Pferdezucht 232
Pflanzenanbau, s. Feldbau
Pflanzennahrung 21, 229, 230
Pfrieme 154, 160, 174
Philippinen 133, 147, 234
Picken 48
Pikimachay 213
Piltdown Common 86
Pinguine 57, 231
Pirsch 46, 47
Pithecanthropus erectus 117
Plano-Kultur 220, 221
Pleistozän (s. a. Eiszeit) 25, 50, 71, 74, 228
 – Mittel- 75, 80
 – Ober- 75, 80, 128, 133, 135, 151
 – Spät- 144, 153, 165, 179
Polynesier 234–237
Postglazial, s. Holozän
„Prä-Neandertaler" 87, 88
Primaten 12, 33, 50
Prognathie, s. Spitzkiefer
Projektilköpfe u. -spitzen (s. a. Speerspitzen) 51, 62, 91, 101, 108, 124, 160, 170, 172, 199, 200, 220, 221
Proscopinie, s. Überaugendach
Purritjarra-Abri 143
Pyramidenkerne 109

Pythons 121

Qafzeh 75, 100, 104–106, 109–111, 239
Queen-Charlotte-Inseln 215

Rabat 75, 80
Ramapithecus 32
Regenwald 13, 48, 122, 124, 135, 138, 142, 145, 228
Régourdou 95
Reh 165, 230
Reibsteine (s. a. Mahlsteine) 67, 159
Reifezeremonien (s. a. Initiationsriten) 168, 179 f.
Religion (s. a. Mythen, Zeremonien) 15
Rentier 82, 92, 93, 161, 165, 166, 188, 190, 203, 204, 212, 224, 232
Reptilien 140
Rhône 164, 176
Riesenfaultier 213, 228
Riesenratten 140
Riesenwaran 136
Riesenwombat 136
Rillenschneider 61
Rinder (s. a. einzelne Arten) 23
Rindergiraffe 122
Rituale, s. Zeremonien
Robben 57, 67, 212, 216, 230, 231
Rocky Mountains 221
Rodung (s. a. Brandrodung) 140
Roggen 231, 232
Rollsteingeräte 122, 125
Römer 72
Rotang 124
Rückgrat, s. Wirbelsäule
Rüsselbeutler 136
Rußland 186–197

Säbelzahnkatze 190, 228
Saccopastore 88
Sägen 94

Sahara 16, 41, 50, 67, 71–74, 76–81, 100, 239
Sahara-Seen 73
Sahul 17, 127, 133, 134, 136–148, 163, 210, 233, 234, 241
Saiga, s. Antilope
Saint-Césaire 160, 161
Salawasu 120, 199, 244
Salé 75, 80
Salish-Sprache 218
Salomonen-Inseln 141, 233, 241
Sambesi 44, 62
Sambia 44, 45, 53
Sambungmachan 128, 131
Sammeln (s. a. Jäger und Sammler) 47, 230, 231
Sammelwirtschaft 47, 59, 67, 221, 238
Samoa 236
San Cristóbal 233
Sangiran 116, 117, 129–131
Santa Cruz 233
Sardinien 82
Säugetiere (s. a. einzelne Arten) 50, 234
Savanne 48, 50, 51, 65, 66, 67, 79, 123, 132, 135
– afrikanische 12, 13, 23, 36, 43–47, 50, 53, 65–67, 78, 125, 231, 238, 245
Savannenbewohner 36
Seefahrt, Seefahrer (s. a. Navigation, Wasserfahrzeuge) 127, 134, 138, 139, 141, 146, 201, 233–236, 240, 241
Seehund 212
Seekuh 141, 212
Seelöwe 212
Seeotter 212
Seevögel 212, 230
Semang 121
Senegal 77
Seßhaftigkeit 230, 231
Shanidar 104, 155

Sibirien (s. a. Altsibirier) 16, 81, 168, 186, 199, 202–207, 210, 213, 227, 244
Sidi Abderrahman 75
Siedlungsdichte (s. a. Bevölkerungsdichte) 76, 155, 201
Silkatpolitur 135
Silkrit 62
Sinai-Halbinsel 80, 100
Sinodontie 207, 209, 217, 244
Sirupgewinnung 231
Sivapithecus 32
Sizilien 82
Skandinavien 16, 82, 151
Skelett (s. a. einzelne Körperteile) 18, 20, 54, 56, 75, 89, 102, 104, 105, 117, 129, 130, 144, 147, 153, 156
Skhūl 75, 100–104, 106, 110, 111
skreblos 203, 205
Skulpturen (s. a. Frauen-, Menschen-, Tierdarstellung) 178, 203, 236
Solomonen 201
Solo-Fluß 117, 128
Solo-Mensch 135
Somalia 44
Sozialstruktur 170, 175, 176, 194, 196, 230
Sozialverhalten 20, 168, 178, 191, 197, 231
Spalter 122
Spanien 73, 82, 100, 159, 163, 178, 241
„Span- und Splittertechnik" 168, 170, 172
Spaten 170
Speere 45, 46, 47, 48, 61, 62, 154, 172, 192, 199, 200
– mit Vorschaft 172
– Bambus- 124
Speerschleuder 91, 172, 173, 221
Speerspitzen 50, 61, 77, 78, 108, 121, 154, 172, 205

Spitzkiefer 118, 130, 131
Sprache 14, 15, 47, 66, 152, 167, 178, 218, 238, 239, 240
– Neandertaler 96–98
Sprendlingen 176
Sudan 72, 73
Südandensprache 218
Südsee 201, 233–237
Sulawesi 133, 138, 147, 234
Sumatra 127, 133
Sunda-Archipel 16, 81, 122, 124, 133–138, 141, 142, 147, 163, 233
Sundadonte 207, 209, 244
Sungir 192, 193
Süßkartoffel 232
Swan River 143
Swanscombe 87
Swartkrans 21
Swasiland 55
Symbole 96, 154, 177, 180, 183, 241
Syrien 100
Syrte, Große S. 100
Széleta 160
Schaber (s. a. skreblo) 48, 50, 77, 78, 94, 108, 134, 135, 140, 154, 172, 199, 203
– Geröll- 203, 205
– Klingen- 109
– Nasen- 159
– Seiten- 93, 159
Schabrackentapir 122
Schädel 11, 12, 54–56, 58, 65, 66, 75, 84, 86, 88, 116–118, 128–130, 147, 153, 156, 162, 198, 199, 240
Schafe 199, 212, 232
Schäftung 48, 62, 77, 78, 220, 221
Schamanen 181, 183, 184
Scheibenkerne 48, 50, 56, 77, 78, 93, 120, 132, 199
Schenkelknochen 18, 89
Schienbein 128
Schimpansen 14, 18, 19, 20, 31, 32, 97

Schlagretuschen 154
Schlingen 45, 47, 121, 124, 196
Schmuck (s. a. Bernstein, Halsketten, Perlen) 152, 154, 175, 177, 178, 196, 197
Schneehühner 165, 196
Schnitzen 169, 174
Schraubenbaum 140, 141
Schulter 88
Schuppentiere 135
Schwäbische Alb 241
Schwarzafrika 43, 67, 71, 74, 75, 79, 80, 116, 123
Schwarzaustralier 40, 128, 130, 131, 147, 173
Schwarzes Meer 81, 187
Schweine
– Bart- 135
– Breitrüssel- 117
– Nabel- 221
– Wild- 165, 230
Schweinezucht 234
Staat 233
Stachelschweine 126
Städte 233
Stampfer 159
Stechmücken 82
Stein, s. Abschläge, Faustkeile, Geröllgeräte, Kerne, Klingen, Werkzeug und einzelne Geräte und Werkzeuge
Steinbock 165, 174
– gehörn (Grabbeigabe) 95
Steingeräte 47, 48, 55, 59, 94, 108, 118, 120, 165, 200, 213, 220
Steinheim a. d. Murr 83, 87
Steinknollen 50, 108, 109
Steinspitzen (s. a. Projektilköpfe) 91
Steinzeit 15, 45, 55, 57, 93, 103, 108, 164
– Alt- s. Paläolithikum
Steinzeittechnologie (s. a. Klingentechnologie, Levallois, Moustérien) 47, 48

Steppe 16, 23, 44, 76, 144, 145,
   146, 148, 186, 188, 190, 203
Steppentundra 16, 82, 163, 184,
   188, 202, 212, 224
Stichel 48, 108, 109, 159, 168, 169,
   170–172, 190, 192, 205
Stimmtrakt 97
Stirnbein 54
Strauß 145, 199

Tabon 129, 134
Tabūn 101–106, 110, 132
Tahiti 236
Taiwan 234
Talgai 147
Tanganjikasee 43
Tapir 221, 228
Taro 140, 234
Taschenmessereffekt 168–172, 175, 190
Tasmanien 142, 145–148, 227
Tassili-Plateau 73
Taurus 155
Tauschhandel 176, 236
Tautavel 83
Tell Abu Hureya 231
Témara-Station 75
Tequixquiac 220
Ternifine 75, 80
Territorialverteidigung 231
Tešik-Taš 95
Thailand 126
Tierdarstellung 174, 178–180, 203, 204
Tierzucht 231, 232, 234, 245
Timonovka 197
Timor 133, 136, 138, 147
Tlingit 218
Tolbaga 203
Tonga-Archipel 236
Tonscherben 73
Tonzhi 118
Totenbestattung 29, 53, 87, 94, 95,
   102, 176, 192, 196

Totenkult 98
Treibhauseffekt 15, 17, 227
Treibjagd, s. Jagd
Trinil 117
Trois Frères 179, 184
Troitskaja 206
Truthühner 230
Tsavo-Nationalpark 76
Tschad 74
Tschadsee 77
Tschechoslowakei 186, 241
Tschuktschen 216
Tundra (s. a. Steppentundra) 12, 16,
   82, 91, 186, 188, 190, 212
Tunesien 82
Turkana See 43, 116, 231
Türkei 155
Twin Rivers Kopje 66

Ubeidiya 100
Überaugendach 54, 88, 117, 118, 131
Ukraine 186, 207, 209, 232, 241
Ural 81, 163, 241
Urmensch, s. Australopithecus, Homo habilis
Usbekistan 86

Varvarina Gora 203
„Venusplastiken" 179
Verchene-Troitskaja 206
Vereisung, s. Eiszeit, Gletscher, Klima
Vermehrungsrituale 183
Vérteszöllös 83, 87
Viehzüchter (s. a. Tierzucht) 72
Vielfraß 165
Vögel (s. a. Seevögel und einzelne Arten) 140
– Wasser- 165, 200
Vorratshaltung (s. a. Behälter, Fleischkonservierung) 83, 92,
   168, 191, 193, 194, 231

Wadjak 129, 134
Waffen (s. a. Jagdwaffen und einzelne Waffenbezeichnungen) 62, 124, 125, 135, 152, 172, 220
Waffenspitzen (s. a. Projektilspitzen) 48, 78, 101, 106, 108, 109, 154, 159, 161, 172, 203, 220, 221
Wakash-Sprache 218
Waldbewohner 121–128, 131, 132
Wälder (s. a. Dschungel, Monsunwald, Regenwald) 50, 76, 82, 100, 116, 118, 120–128, 131, 134–136, 143, 168, 186, 224, 230
Wallacea 133, 134, 136, 138, 233, 241
Walroß 212
Wanderung 24, 115 f., 176, 196
Wangenbögen 54
Wasserfahrzeuge (s. a. Boote, Einbaum, Floß, Kanu) 133, 134, 141, 146, 234
Weddiden 147
Weichsel/Würm-Eiszeit, s. Eiszeit
Weidezyklus 212
Weizen 231
Werkzeugherstellung (s. a. Steinzeittechnologie, Klingentechnologie, Levallois, Moustérien) 12, 13, 19, 48, 61, 62, 77, 93, 100, 108, 121, 157, 165, 169, 170, 228, 240
Werkzeugmacher 61, 77, 108, 109, 118, 169, 170, 221
Werkzeug (s. a. einzelne Werkzeuge) 14, 18, 48, 50, 106, 120, 121, 129, 132, 140, 156, 158, 192, 200, 202, 203, 206, 220, 239
– Elfenbein- 206
– Feuerstein- 100, 159
– Knochen- od. Geweih- 134, 135, 154, 206
– Stein- 56, 58, 59, 61, 62, 73, 78, 89, 93, 94, 102, 103, 105, 108, 109, 120, 121, 124–126, 128, 132, 143, 144, 147, 153, 154, 155, 157, 160, 161, 168, 169, 187, 200, 201, 206, 213, 214
– Stiel- 77, 78
Wildbeuter (s. a. Jagd, Jäger und Sammler) 11, 43, 46, 47, 66, 72, 74, 76, 78, 89, 92, 101, 115, 121, 122, 139, 141, 142, 145, 153, 155, 157, 166, 172, 176, 181, 182, 184, 199, 232, 241
Wildesel 92, 190, 199
Wildpferde, s. Pferd
Willandra-Billabongs 144
Wilson Butte Cave 220
Windschirme 191
Winterlager 117
Wirbellose 50
Wirbelsäule 88
Wirbeltiere (s. a. einzelne Tiergattungen) 36
Wisconsin-Eiszeit, s. Eiszeit
Wisent 118, 165, 194, 203, 230
– Felsmalerei 15, 179, 183
– Plastik 179
– Steppen- 92, 165, 187, 190, 212
– Wald- 165
Wolf 136, 165, 177, 190, 228
Wolga 92
Wollmastodon 221
Wühlstöcke 125, 170
Würmeiszeit, s. Eiszeit
Wurzeln 125
Wüste (s. a. Gobi, Nagev, Sahara) 72, 73, 80, 100, 239

Xujiayao 118, 198, 244

Yafteh 155
Yak 212
Yam 232, 234
Yamashita-Höhle 201
Ylang-Ylang 124
Yuku 141

Zagros-Gebirge 155
Zähne 58, 88, 117
Zahnmorphologie 147, 198, 207,
    209, 217, 244
Zaire 44
Zebra 44
Zelte 191, 196
Zeremonien 95, 96, 176, 179, 181,
    183, 184, 214, 241
Zhoukoudian 117f., 122, 198, 207,
    244

Ziegen 232
Zuckerahorn 231
Zuckerrohr 140
Zürgelbaum 231
Zuttiyeh 104
Zwischeneiszeit, s. Eiszeit
Zylinderkerne 190
Zypressen 76

Expansionsgeschichte bei C. H. Beck

Eberhard Schmitt (Hrsg.)
Dokumente zur Geschichte der europäischen Expansion
Band 1
Die mittelalterlichen Ursprünge der europäischen Expansion
Herausgegeben von Charles Verlinden und Eberhard Schmitt.
1986. XVII, 450 Seiten, 19 Abbildungen und 15 Karten. Leinen

Band 2
Die großen Entdeckungen
*Herausgegeben von Matthias Meyn, Manfred Mimler,
Anneli Partenheimer-Bein und Eberhard Schmitt.*
1984. XX, 659 Seiten. Leinen

Band 3
Aufbau der Kolonialreiche
*Herausgegeben von Matthias Meyn, Manfred Mimler,
Anneli Partenheimer-Bein, Susanne Petersen-Gotthardt,
Horst Pietschmann, Thomas Schleich und Eberhard Schmitt.*
1987. XIX, 632 Seiten, 13 Karten und 32 Abbildungen. Leinen

Band 4
Wirtschaft und Handel der Kolonialreiche
*Herausgegeben von Piet C. Emmer, Manfred Mimler,
Anneli Partenheimer-Bein, Susanne Petersen-Gotthardt, Thomas
Schleich, Eberhard Schmitt und Johannes Schneider.*
1988. XX, 761 Seiten, 60 Abbildungen und Karten. Leinen

Brian M. Fagan
Die ersten Indianer
Das Abenteuer der Besiedlung Amerikas
Aus dem Englischen übersetzt von Christine Goetz.
1990. 232 Seiten, 47 Abbildungen 78 Tafelabbildungen. Gebunden

Paula Richardson Fleming / Judith Luskey
Die Nordamerikanischen Indianer in frühen Photographien
2., unveränderte Auflage. 1991. 244 Seiten und 295 Photos. Broschiert

Verlag C. H. Beck München

Alte Geschichte und Archäologie bei C. H. Beck

Dieter Flach
Römische Agrargeschichte
(Handbuch der Altertumswissenschaften III,9)
1990. XIV, 374 Seiten, 21 Abbildungen und 14 Tafeln. Leinen

Herbert Jennings Rose
Griechische Mythologie
Ein Handbuch
7. Auflage. 1988. XI, 441 Seiten. Broschiert

Herwig Wolfram
Die Goten
Von den Anfängen bis zur Mitte des sechsten Jahrhunderts.
Entwurf einer historischen Ethnographie
3., neubearbeitete Auflage. 1990. 596 Seiten. Leinen

Walter Burkert
Antike Mysterien
Funktionen und Gehalt
2., unveränderte Auflage. 1991. 153 Seiten, 12 Abbildungen auf Tafeln.
Gebunden

Werner Huß
Die Karthager
Sonderausgabe Auflage. 1990. XII, 438 Seiten. Leinen
Beck'sche Sonderausgabe

Paul Zanker
Augustus und die Macht der Bilder
2., durchgesehene Auflage. 1990. 269 Seiten, 351 Abbildungen.
Broschierte Sonderausgabe

Verlag C. H. Beck München